技術士
第一次試験
基礎・適性 科目

完全対策

オーム社 [編]

Ohmsha

執筆者一覧 (五十音順)

桐野　文良 (技術士・金属部門, 応用理学部門, 工博)

辰巳　　敏 (技術士・金属部門, 総合技術監理部門)

田所　秀之 (技術士・上下水道部門, 情報工学部門, 総合技術監理部門)

濱里　史明 (技術士・生物工学部門, 医博)

槇　　眞一 (技術士・情報工学部門, 電気電子部門, 総合技術監理部門)

満川　一彦 (技術士・情報工学部門)

南野　　猛 (技術士・情報工学部門, 総合技術監理部門, 工博)

受験者の皆さんへ

　技術士第一次試験は，基礎科目，適性科目および専門科目の3科目で実施されます。すべて五肢択一の設問形式で出題され，各々で50%以上の正解率で合格となります。この試験に合格後，必要な実務経験があれば，第二次試験に挑戦できます。

　本書では，これまでの試験に出題された問題の出題傾向を分析し，受験対策を記述しています。

　基礎科目は，「科学技術全般にわたる基礎知識」を問う30問が出題されます。試験時間は1時間です。30問は5群に分かれており，各群6問から3問，計15問を選んで解答します。受験者は，試験に臨んでから解く問題に迷っていると時間をロスしてしまうので，予め取捨選択方針を立てることをおすすめします。本書では，その参考になるよう5群をさらに細分化して分析し，解説しています。

　適性科目は，「技術士法第4章の規定の遵守に関する適性」を問う問題が15問出題され，すべてを解答します。同法には，技術士の「3義務2責務」が示されています。試験時間は1時間です。本書では，この出題傾向を理解しやすくするために，細分化して分析し，解説しています。適性科目の問題は，ホームページやマスメディア等で，誰でも知りうる出典（日本技術士会Webサイト，電子政府（e-Gov）Webサイト，図書館で閲覧可能な情報等）から多くが出題されています。中でも過去に数多く出題されている技術士法，個人情報保護法，公益通報者保護法等の関連法規や，日本技術士会の技術士倫理綱領，技術士に求められる資質能力（コンピテンシー）等を，本書の巻末に収録しています。

　専門科目は，全20科目（部門）から1部門を選んで受験します。選択した技術部門の基礎知識及び専門知識を問う35問から25問を選んで解答します。試験時間は2時間です。受験者の皆さんの中で，「中小企業診断士」，「情報処理技術者試験の高度試験等（9種類）」に合格している人は，この試験が免除されます。

　さて，試験問題分析によると，基礎科目の70%程度，適性科目の90%程度の類似問題が，過去に出題されていました。本書では，出題頻度の高い分野の基礎知識を解説するとともに，同じく出題頻度の高い過去問題とその解説を掲載しています。さらに受験者の学習の参考になる資料を巻末付録としています。本書によって，受験者が技術士試験合格をより確実にすることを期待します。

オーム社

目　　次

第1章　技術士第一次試験受験の手引き

1-1　技術士制度　*2*

　　1-1-1　技術士制度について　　2

　　1-1-2　技術士の定義　　2

　　1-1-3　技術部門　　3

　　1-1-4　技術士試験の仕組み　　3

　　1-1-5　技術士第二次試験の受験資格（実務経験）について　　3

　　1-1-6　修習技術者とは　　4

　　1-1-7　技術士補とは　　5

　　1-1-8　継続研鑽　　5

　　1-1-9　国際的な技術者資格　　6

1-2　技術士第一次試験　*7*

　　1-2-1　第一次試験の技術部門　　7

　　1-2-2　試験科目　　7

　　1-2-3　受験資格　　8

　　1-2-4　試験の方法　　9

　　1-2-5　試験科目と出題内容　　9

　　1-2-6　例年の試験スケジュール　　11

　　1-2-7　過去の技術士第一次試験の結果　　13

第2章　出題傾向と分析・対策

2-1　基礎科目の出題傾向と分析・対策　*16*

　　2-1-1　基礎科目の出題分野　　16

　　2-1-2　試験問題の構成と解答要領　　16

　　2-1-3　設問の方法　　17

　　2-1-4　基礎科目の出題傾向分析　　17

　　2-1-5　傾向と対策　　23

2-2　適性科目の出題傾向と分析・対策　*27*

　　2-2-1　適性科目の出題分野　　27

2-2-2　試験問題の構成と解答要領　　27

2-2-3　設問の方法　　28

2-2-4　適性科目の出題傾向分析　　28

2-2-5　傾向と対策　　31

第3章　基礎科目の研究

1群　設計・計画　*36*

1-1　設計理論　*36*

1-2　システム設計　*44*

1-3　材料・強度設計　*64*

　1-3-1　金属材料の試験法　　64

　1-3-2　金属材料の強化方法　　68

　1-3-3　構造物の強度設計　　71

2群　情報・論理　*74*

2-1　情報理論　*74*

　2-1-1　離散数学・応用数学　　74

　2-1-2　情報に関する理論　　86

　2-1-3　通信に関する理論　　91

　2-1-4　データ構造とマルチメディア技術　　93

　2-1-5　プロセッサ・メモリ　　96

2-2　アルゴリズム　*99*

2-3　情報ネットワーク　*103*

　2-3-1　通信回線とインターネット技術　　103

　2-3-2　情報セキュリティ　　105

　2-3-3　セキュリティ実装技術　　109

3群　解　析　*112*

3-1　解　析　*112*

　3-1-1　関数　　112

　3-1-2　微分と微分方程式　　113

　3-1-3　偏微分と偏微分方程式　　114

　3-1-4　ベクトル　　116

　3-1-5　行列と行列式　　117

　3-1-6　有限要素法と境界要素法　　119

　3-1-7　数値解析　　119

3-2　一般力学・材料力学（固体力学）　*121*

　　3-2-1　流体力学　　121

　　3-2-2　熱力学　　122

　　3-2-3　材料力学（固体力学）　　123

3-3　電磁界解析　*132*

4群　化学・材料・バイオ　　*133*

4-1　化　学　*133*

　　4-1-1　物理化学　　133

　　4-1-2　無機化学　　139

　　4-1-3　有機化学　　144

4-2　材　　料　*147*

　　4-2-1　工業化学　　147

　　4-2-2　材料の物理的特性　　150

　　4-2-3　材料の化学的特性　　154

　　4-2-4　材料設計　　154

4-3　バイオ　*159*

　　4-3-1　タンパク質とアミノ酸　　159

　　4-3-2　DNA の塩基組成及び塩基配列　　161

　　4-3-3　遺伝子組換え技術　　163

5群　環境・エネルギー・技術　　*166*

5-1　環　　境　*166*

　　5-1-1　環境保全　　166

　　5-1-2　廃棄物処理　　167

　　5-1-3　大気汚染，水質汚濁対策　　170

　　5-1-4　気候変動対策　　172

　　5-1-5　生物多様性の保存　　175

5-2　エネルギー　*176*

　　5-2-1　エネルギー需給　　176

　　5-2-2　エネルギー多様化　　180

　　5-2-3　エネルギー消費　　185

5-3　技術史等　*186*

　　5-3-1　科学史・技術史　　186

　　5-3-2　科学技術とリスク　　191

　　5-3-3　知的財産　　192

　　5-3-4　科学者・技術者の倫理　　192

目　　次

第4章　適性科目の研究

4-1　技術士法第4章全般　*195*

4-2　信用失墜行為の禁止（義務）　*198*

4-3　秘密保持義務　*207*

4-4　公益確保の責務　*215*

    4-4-1　公衆・公益・環境の保護　215

    4-4-2　個人（労働者等）の保護　234

    4-4-3　権利の保護　238

    4-4-4　リスクと安全対策　244

    4-4-5　国際的な取組み　254

4-5　資質向上の責務　*257*

付録　関連法令

技術士法（抄）　*263*

技術士倫理綱領　*266*

技術士に求められる資質能力（コンピテンシー）　*268*

個人情報保護法（抄）　*270*

公益通報者保護法（抄）　*273*

特許法（抄）　*277*

製造物責任法（抄）　*278*

索　引　*280*

第1章

技術士第一次試験
受験の手引き

1-1 技術士制度

■1-1-1■技術士制度について

　技術士制度は，「科学技術に関する技術的専門知識と高等の応用能力及び豊富な実務経験を有し，公益を確保するため，高い技術者倫理を備えた，優れた技術者の育成」を図るための国による資格認定制度（文部科学省所管）です。そして，「有能な技術者に技術士の資格を与え，有資格者のみに技術士の名称の使用を認めることにより，技術士に対する社会の認識と関心を高め，科学技術の発展を図ること」としています。さらに，「技術士」は，「技術士法」により，継続的な資質向上に努めることが責務となっています。

■1-1-2■技術士の定義

　技術士とは，「技術士法第32条第1項の登録を受け，技術士の名称を用いて，科学技術に関する高等の専門的応用能力を必要とする事項についての計画，研究，設計，分析，試験，評価又はこれらに関する指導の業務を行う者」のことです〔技術士法第2条第1項〕。

　技術士は，次の要件を備えもっています。

---

① 技術士第二次試験に合格し，法定の登録を受けていること。
② 業務を行う際に技術士の名称を用いること。
③ 業務の内容は，自然科学に関する高度の技術上のものであること（他の法律によって規制されている業務，例えば建築の設計や医療などは除かれる）。
④ 業務を行うこと，すなわち継続反覆して仕事に従事すること。

　簡単にいうと，技術士とは
「豊富な実務経験，科学技術に関する高度な応用能力と高い技術者倫理を備えている最も権威のある国家資格を有する技術者」ということになります。

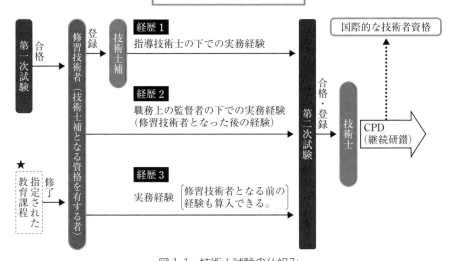

図1.1　技術士試験の仕組み

■1-1-3■技術部門

　「技術士」は，産業経済，社会生活の科学技術に関する，ほぼすべての分野（後出の表1.1に示す21の技術部門）をカバーし，先進的な分野から身近な生活にまでにかかわっています。

■1-1-4■技術士試験の仕組み

　技術士資格取得までの流れは，図1.1に示すとおりです。

■1-1-5■技術士第二次試験の受験資格（実務経験）について

　技術士になるためには，技術士第二次試験に合格し，技術士登録をする必要があります。この技術士第二次試験を受験するには，申し込み時点で修習技術者であり，かつ所定の実務経験（経歴1から経歴3のいずれか）を積んでいる必要があります。

　第二次試験受験者の大部分が，経歴2，もしくは経歴3を経て受験しており，技術士補に登録して経歴1を経る受験者は，少ないのが現状です。

経歴1	技術士補に登録した後，指導技術士の下で，4年（総合技術監理部門は7年）を超える期間の実務経験を積む。
経歴2	技術士補となる資格を得た後，職務上の監督者の指導の下で，4年（総合技術監理部門は7年）を超える期間の実務経験を積む。
経歴3	7年を超える期間（総合技術監理部門は10年）の実務経験を積む。

　経歴2に示された「職務上の監督者」については，技術士法施行規則第10条の2（監督の要件）に，次のように定められています。

①　科学技術に関する専門的応用能力を必要とする事項についての計画，研究，設計，分析，試験，評価又はこれらに関する指導の業務に従事した期間が七年を超え，かつ，第二次試験を受けようとする者を適切に監督することができる職務上の地位にある者によるものであること。

②　第二次試験を受けようとする者が技術士となるのに必要な技能を修習することができるよう，前号に規定する業務について，指導，助言その他の適切な手段により行われるものであること。

▼アドバイス△　「職務上の監督者」の要件は，読み方によっては厳しく感じられるかもしれませんが，計画から評価までの，いずれかの業務を指導していれば要件を満たします。

　また，経歴1〜3の，どのルートで第二次試験を受験すべきかに迷ったら，近くの先輩技術士に聞いてみることをおすすめします。

■1-1-6■修習技術者とは

　図1.1の左側に示されている修習技術者とは，技術士第一次試験に合格した者，もしくは指定された教育課程の修了者のことです。この「指定された教育課程の修了者」とは，日本技術者教育認定機構（JABEE）が認定した大学院，大学，高等専門学校の学部・学科・専攻に対して，文部科学大臣によって指定された教育課程の修了者のことです。

▼アドバイス△　受験者が，「指定された教育課程の修了者」であるかどうか不明の場合は，終了した大学院，大学，高等専門学校に問い合わせることをおすすめします。もしくは，インターネットで「JABEE」を検索し，JABEEのホームページにある「JABEE認定プログラム　教育機関名別一覧」に受験者が修了した教育

課程が認定されているか否かを調べてもらいたいです。これに該当すれば，第一次試験を受験する必要はありません。

■1-1-7■技術士補とは

図1.1の左上に示されている技術士補は，技術士法に「技術士となるのに必要な技能を修習するため，技術士法第32条第2項の登録を受け，技術士補の名称を用いて，技術士の業務について技術士を補助する者」と定められています。また，同法に，「技術士補となる資格を有する者が技術士補となるには，その補助しようとする技術士（合格した第一次試験の技術部門と同一の技術部門の登録を受けている技術士に限る）を定め，文部科学省令で定める事項の登録を受けなければならない」と定められています。

▼アドバイス△　技術士補に登録し，図1.1の経路1を経由して技術士第二次試験に挑戦する受験者の割合は多くありません。実務経験を積む環境（指導者や監督者等）を考慮して，経路を選択してほしいです。

■1-1-8■継続研鑽

図1.1の右端に，CPD（継続研鑽；Continuing Professional Development）が示されています。技術士は，技術士法により，資質向上を図るため，資格取得後の研鑽が責務として明文化されています。

日本技術士会が定めた「技術士倫理綱領」の10（継続研鑽と人材育成）には，「技術士は，専門分野の力量及び技術と社会が接する領域の知識を高めるとともに，人材育成に努める。」と記述されています。CPDは継続研鑽，継続学習，継続教育，自己研鑽等を意味しますが，日本技術士会では「継続研鑽」を用いています。

社会の急激な変化に伴い，技術士自らが継続して社会のニーズに合致した研鑽を実施することがますます重要となってきています。技術士は，専門職技術者として，以下の①から④の視点を重視して，継続研鑽に努めることが求められています（引用：日本技術士会「技術士の継続研鑽ガイドライン」）。

① 技術者倫理の徹底

現代の高度技術社会においては，技術者の職業倫理は重要な要素である。技術士は倫理に照らして行動し，その関与する技術の利用が公益を害することのないように努めなければならない。

② 科学技術の進歩への関与

技術士は，絶え間なく進歩する科学技術に常に関心をもち，新しい技術の習得，応用を通じ，社会経済の発展，安全・福祉の向上に貢献できるよう，その能力の維持向上に努めなければならない。

③　社会環境変化への対応

技術士は，社会の環境変化，国際的な動向，並びにそれらによる技術者に対する要請の変化に目を配り，柔軟に対応できるようにしなければならない。

④　技術者としての判断力の向上

技術士は，経験の蓄積に応じ視野を広げ，業務の遂行にあたり的確な判断ができるよう判断力，マネジメント力，コミュニケーション力の向上に努めなければならない。

技術士が目標とすべき CPD 時間（重み係数があるので，実時間はこれより短くてよい場合もある）は，年平均 50CPD 時間です。この目標をクリアしていれば，以下に記載する国際的な技術者資格申請その他に必要な CPD 時間条件を満たすことができます。継続研鑽の対象は，各種講演会参加，企業内研修受講，論文執筆，技術研修の講師や自己学習等，多岐にわたります。具体的な CPD 研鑽内容については，日本技術士会のホームページ等を参照してください。

日本技術士会会員は，上記の継続研鑽を行ったこと（CPD 活動実績）を，日本技術士会が管理する Web 登録・管理システム【Pe-CPD】に登録することができます。

■1-1-9■国際的な技術者資格

技術士になってから，CPD（継続研鑽）により「資質向上」に努めた技術士は，図 1.1 右上に示されている国際的な技術者資格（APEC エンジニア，IPEA 国際エンジニア）に登録することで，活躍の場を世界に広げることができます。

1-2 │ 技術士第一次試験

　ここでは，技術士第一次試験の受験者のために，当試験の内容を，より具体的に記述します。

■1-2-1■第一次試験の技術部門

　表 1.1 に技術士第二次試験の総合技術監理部門を含む 21 の技術部門と専門科目の範囲を示します。総合技術監理部門の第一次試験は実施されていないため，残る 20 の技術部門から選んで受験することになります。

　第一次試験で合格した部門にかかわらず，第二次試験では 21 のすべての部門を選択・受験することができます。

　▼アドバイス△　第一次試験の技術部門選択では，「受験を予定している第二次試験の部門」や「現在，実務経験を積んでいる部門」にこだわることなく，専門科目で合格点の取れる部門を選んでください。例えば，学窓を離れてからの期間が短い人は，教育機関で学んだ専門科目の方が，合格点が取りやすい場合もあるでしょう。ここでは，第一次試験の合格を第一に考えて選択してください。

■1-2-2■試験科目

　第一次試験は，技術士となるために必要な科学技術全般にわたる基礎知識，及び技術士法第 4 章の規定の遵守に関する適性，並びに修習技術者になるために必要な技術部門についての専門知識を有するかどうかを判定することを目的に，次の 3 科目について実施されます（技術士法第 5 条）。

① 基礎科目：科学技術全般にわたる基礎知識
② 適性科目：技術士法第 4 章（技術士等の義務）の規定の遵守に関する適性
③ 専門科目：機械部門から原子力・放射線部門までの 20 技術部門のうち，あらかじめ選択する 1 技術部門に係る基礎知識及び専門知識

　なお，「平成 14 年以前に受験して，第一次試験の合格を経ずに第二次試験に合格している者」，「中小企業診断士に登録している者」や「情報処理技術者試験の高度試験合格者又は情報処理安全確保支援士試験合格者」が，第一次試験を受験する場合は，表 1.2 に示すように，受験する技術部門によっては受験する科目の一部が免除されますので，詳細を確認してください。

表1.1　第一次試験の20技術部門と専門科目の範囲

	技術部門	専門科目（選択科目）の範囲
1	機械	材料力学，機械力学・制御，熱工学，流体工学
2	船舶・海洋	材料・構造力学，浮体の力学，計測・制御，機械及びシステム
3	航空・宇宙	機体システム，航行援助施設，宇宙環境利用
4	電気電子	発送配変電，電気応用，電子応用，情報通信，電気設備
5	化学	セラミックス及び無機化学製品，有機化学製品，燃料及び潤滑油，高分子製品，化学装置及び設備
6	繊維	繊維製品の製造及び評価
7	金属	鉄鋼生産システム，非鉄生産システム，金属材料，表面技術，金属加工
8	資源工学	資源の開発及び生産，資源循環及び環境
9	建設	土質及び基礎，鋼構造及びコンクリート，都市及び地方計画，河川，砂防及び海岸・海洋，港湾及び空港，電力土木，道路，鉄道，トンネル，施工計画，施工設備及び積算，建設環境
10	上下水道	上水道及び工業用水道，下水道，水道環境
11	衛生工学	大気管理，水質管理，環境衛生工学（廃棄物管理を含む），建築衛生工学（空気調和施設及び建築環境施設を含む）
12	農業	畜産，農芸化学，農業土木，農業及び蚕糸，農村地域計画，農村環境，植物保護
13	森林	林業，森林土木，林産，森林環境
14	水産	漁業及び増養殖，水産加工，水産土木，水産水域環境
15	経営工学	経営管理，数理・情報
16	情報工学	コンピュータ科学，コンピュータ工学，ソフトウェア工学，情報システム・データ工学，情報ネットワーク
17	応用理学	物理及び化学，地球物理及び地球化学，地質
18	生物工学	細胞遺伝子工学，生物化学工学，生物環境工学
19	環境	大気，水，土壌等の環境の保全，地球環境の保全，廃棄物等の物質循環の管理，環境の状況の測定分析及び監視，自然生態系及び風景の保全，自然環境の再生・修復及び自然とのふれあい推進
20	原子力・放射線	原子力，放射線，エネルギー
(21)	総合技術監理	上記1～20の全技術部門の全専門科目（第一次試験の対象外）

■1-2-3■受験資格

(a) 年齢，学歴，国籍，業務経歴等による制限はなく，すべての者が受験できます。

(b) 過去に第一次試験に合格した者は，図1.1に示す所定の実務経験により第二次試験を受験できますが，平成14年以前に第一次試験の合格を経ず第二次試験に合格している者が，他の技術部門の第二次試験を受験する場合には，免除科目を除

表1.2 技術士第一次試験の一部免除（技術士法施行規則第6条）

免除を受けることができる者	受験する技術部門	受験する科目		
		基礎	適性	専門
平成14年以前に受験して，第一次試験の合格を経ずに第二次試験に合格している者が，第一次試験を受験する場合	同一の技術部門	免除		免除
	別の技術部門	免除		
中小企業診断士に登録している者（養成課程又は登録養成課程を修了した者であって当該修了日から3年以内の者，中小企業診断士第二次試験に合格した者であって当該合格日から3年以内の者を含む）	経営工学部門			免除
情報処理技術者試験の高度試験合格者（ITストラテジスト試験，システムアーキテクト試験，プロジェクトマネージャ試験，ネットワークスペシャリスト試験，データベーススペシャリスト試験，エンベデッドシステムスペシャリスト試験，ITサービスマネージャ試験，システム監査技術者試験）又は情報処理安全確保支援士試験合格者	情報工学部門			免除

▼アドバイス△　表1.2の免除要件を併せて受験することができますので詳細は，受験申込み案内等で確認してください。

く第一次試験を受験して合格する必要があります（表1.2）。

■1-2-4■試験の方法

　第一次試験の試験科目は，基礎科目，適性科目及び専門科目の3科目となっています。3科目ともに，五肢択一のマークシート方式によって行われます（技術士法施行規則第3条，第5条第1項)。試験内容（概要），解答すべき問題数，試験時間や配点等は，表1.3に示すとおりです。

■1-2-5■試験科目と出題内容

　基礎科目，適性科目及び専門科目の出題内容は，表1.3に示すとおりです。難易度のレベルは，基礎科目及び専門科目については4年制大学の自然科学系学部の専門教育課程修了程度です。以下の(1)〜(3)に各試験科目の出題内容について，より詳細に記述します。

　(1)　基礎科目の出題内容

　科学技術全般にわたる基礎知識を問うもので，次の①〜⑤の問題群から五肢択一

表1.3　第一次試験の試験内容と試験方法等

試験科目	試験内容（概要）	解答すべき問題数	試験時間	配点
基礎科目	科学技術全般にわたる基礎知識	五肢択一式，五つの問題群分野から，それぞれ6問計30問出題　各問題群の中から3問を選択，計15問解答する	1時間	15点
適性科目	技術士法第4章（技術士等の義務）の規定の遵守に関する適性	五肢択一式，15問出題，全問解答する	1時間	15点
専門科目	あらかじめ選択する1技術部門に係る基礎知識及び専門知識	五肢択一式，35問出題，25問を選択し解答する	2時間	50点

式で出題されます。

① 設計・計画に関するもの

　　・設計理論　・システム設計　・材料・強度設計

② 情報・論理に関するもの

　　・情報理論　・アルゴリズム　・情報ネットワーク

③ 解析に関するもの

　　・解析　・力学・電磁気学

④ 化学・材料・バイオに関するもの

　　・化学　・材料特性　・バイオ

⑤ 環境・エネルギー・技術に関するもの

　　・環境　・エネルギー　・技術史等

以上の①〜⑤の問題群からそれぞれ6問計30問が出題され，各問題群からそれぞれ3問を選択し，計15問を解答します。

▼アドバイス△　5群すべてから，まんべんなく得点できる受験者もいると思いますが，5群の中に不得意分野がある受験者もいると思います。例年，50%以上の得点で合格となるので，15問選択して8問正解すればよいことになります。極端な例としては，得意な三つの群の9問中，8問に正解すれば合格できます。その場合，残りの不得意2群も直感でマークしてください。また，この受験を機に不得意分野（群）を勉強する機会にすることをおすすめします。

（2）　適性科目の出題内容

　技術士法第4章（技術士等の義務）の規定の遵守に関する適性を問う問題が，五肢択一式の形式で15問出題され，全問を解答します。

▼**アドバイス△** 技術士としての適性を問う常識レベルの問題が多く出題されます。その判断基準としての「技術士法第4章」及び「技術士倫理綱領」を確実に理解しておいてください。それぞれ，A4用紙1枚程度にプリントできるので，机の前に貼る等して覚えてください。また，気候変動対策，SDGsや公衆（市民）の安全や権利を守る法律等，時の関心事をもとに技術者としての判断力を問う問題も多く出題されていますので，書籍，新聞，テレビ，ネット等から，知識を得ておくとよいでしょう。

（3）専門科目の出題内容

表1.1に示す20技術部門の中から，あらかじめ選択する1技術部門に係る基礎知識及び専門知識を問う問題が，五肢択一式で35問が出題され，25問を選択して解答します。

▼**アドバイス△** 専門科目は，技術部門間の難易度のレベルを揃えるために，基礎的な出題に重点化していると思われます。また，当該技術部門の広い範囲から出題されるので，専門科目の基礎知識を中心に，広く勉強しておくことが望まれます。

■1-2-6■例年の試験スケジュール

（1）試験実施の公告

第一次試験の実施については，試験の日時，場所，その他試験の施行に関して必要な事項を文部科学大臣があらかじめ官報で公告します（技術士法施行規則第1条）。なお，官報公告日は3月上旬の予定です。その後，公益社団法人 日本技術士会ホームページ（https://www.engineer.or.jp/）に「技術士第一次試験実施案内」が掲載されますので，最新情報を確認してください。

（2）受験申込書の配布

例年6月に，指定試験機関である公益社団法人 日本技術士会および同会地域本部等で，受験申込書および受験申込み案内が配布されます。受験申込書等の請求先は，公益社団法人 日本技術士会技術士試験センターや，北海道から沖縄までの日本技術士会地方本部等です。詳細は日本技術士会ホームページを参照してください。

（3）受験申込みの受付期間と提出先

例年6月中の決められた期間です。受験申込書類は，公益社団法人 日本技術士会宛に，書留郵便で提出します。

受験申込書の様式は，公益社団法人 日本技術士会のホームページ（https://www.

engineer.or.jp）からダウンロードできます。詳細については，日本技術士会ホームページで確認してください。

　(4)　受験申込みに必要な書類

① 技術士第一次試験受験申込書

　技術士第一次試験受験申込書，写真，受験手数料払込受付証明書

② 基礎科目，専門科目の全部または一部の免除を希望する者は，技術士登録証（コピー），第二次試験合格証（コピー），過去の第一次試験受験票〔原本〕（当該試験の一部免除により受験したもの）のいずれか一つを添付します。

　(5)　試験日

令和2年（2020年）度以降は，11月下旬の日曜日に実施されています。

　(6)　試験地

北海道，宮城県，東京都，神奈川県，新潟県，石川県，愛知県，大阪府，広島県，香川県，福岡県及び沖縄県の全国12都道府県です。

　受験申込みが受理された者には，9月上旬に本人宛に受験票が送付され，試験会場が通知されます。

　(7)　合格発表及び成績の通知

例年2月に発表されます。合格者の受験番号，氏名を官報で公告するとともに，文部科学省，公益社団法人 日本技術士会のホームページに掲載し，合格者には文部科学大臣から合格証が送付されます。また，受験者には合否を問わず成績が郵便で通知されます。

　(8)　正答の公表

　試験終了後，速やかに試験問題の正答が公益社団法人 日本技術士会のホームページで公表されます。

■1-2-7■過去の技術士第一次試験の結果

（1）　合否決定基準

技術士第一次試験の合格適格者は，適性科目，基礎科目及び専門科目（免除される試験科目を除く）について，次に掲げるすべての要件を満たす者です。

① 基礎科目…50%以上の得点

② 適性科目…50%以上の得点

③ 専門科目…50%以上の得点

（2）　技術士第一次試験結果

技術士第一次試験は，昭和59年度の第1回からの合格率は，約40%となっています。部門ごとの合格率等は，日本技術士会ホームページを参照してください。

基礎科目合格のポイント（まとめ）

1. **選択する問題の種類を試験前に決める。**

　　5群から6問ずつ計30問出題される。受験者は各群から3問，合計15問を選択し，そのうち8問に正解すれば，正答率50％以上で合格となる。試験中に選択に迷って時間をロスしないよう準備する。

2. **過去問題を学習する。**

　①これまでの試験では，過去問の類似問題が70％程度出題されている。

　②この書籍を学習し，5群中どの群で重点的に得点するかを決める。同じく，強化すべき弱点群を見つける。

　③タイマーで過去問題を解く時間を測定し，1問平均4分以内で解けるようにする。

　④設問の方法（適切選び，不適切選び，組合せ選び）に慣れる。

3. **計算問題は1問4分で解くようにする。**

　①式や文章の差異に着目すると，すべてを計算しなくても解答できる場合がある。

　②簡単な問題から着手し，時間のかかる計算問題は後回しにする。

4. **直観力を磨く。**

　　直観的に正解でない選択肢がわかることがある。これで5択を2択程度に絞り込む。

5. **弱点を強化する。**

　　過去問を解いてみて，50％の正解率に届かない受験者は，重点を決めて弱点強化を図る。

第 2 章

出題傾向と分析・対策

2-1 基礎科目の出題傾向と分析・対策

■2-1-1■基礎科目の出題分野

　基礎科目は，科学技術全般にわたる基礎知識を問う問題が表 2.1 に示す五つの分野（5 群）から出題されます。

▼アドバイス△　受験者は，五つの出題分野を見て，どう考えればよいのでしょうか。決して「自分の不得意な分野があるから無理だ」と考えないでほしいです。例えば「比較的得意な分野が二つ，少し勉強すれば正解できそうな分野が一つあるから，大丈夫！」と考えてもらいたいです。なぜそのように考えられるかを以下に示します。

■2-1-2■試験問題の構成と解答要領

　基礎科目の問題は，表 2.1 に示すように 1〜5 群の各群から 6 問，合計 30 問が出題され，それぞれの群から 3 問を選択し，合計 15 問を五肢択一式で解答します。

表 2.1　基礎科目の出題分野と出題数，解答数

出　題　分　野	出題数	解答数
1 群：設計・計画に関するもの　　設計理論，システム設計，材料・強度設計	6 問	3 問
2 群：情報・論理に関するもの　　情報理論，アルゴリズム，情報ネットワーク	6 問	3 問
3 群：解析に関するもの　　　　解析，力学，電磁気学	6 問	3 問
4 群：材料・化学・バイオに関するもの　　化学，材料特性，バイオ	6 問	3 問
5 群：環境・エネルギー・技術に関するもの　　環境，エネルギー，技術史等	6 問	3 問
計	30問	15問

▼アドバイス△　30 問から 15 問を選び，8 問に正解すれば，この基礎科目は合格ライン（正解率 50％以上）を超えます。つまり，受験者は，比較的得意な三つの出題分野（群）の 9 問中 8 問に正解すれば，合格するということです。残った二つの分野についても，解答（マーク）してください。運が良ければ，6 問中 1〜2 問正解できる確率があります。ただし，技術士としては専門性の高さと，視野の広さが求められるので，第一次試験受験を機に，不得意分野の学習にも挑戦してください。

■2-1-3■設問の方法

　これまでの基礎科目の設問の方法を大別すると，表2.2に示すように三つに区分できます。

表2.2　設問の方法

1．「肯定的な問い方」の例
・正しいもの，最も適切なものを選択する
・適切なものの数を選択する
2．「否定的な問い方」の例
・誤っているもの，最も不適切なものを選択する
・不適切なものの数を選択する
3．「組合せを問うもの」の例
・最も適切な語句の組合せを選択する
・最も適切な組合せ（○×や正誤）を選択する

▼**アドバイス**△　「肯定的な問い方」については，正しいもの，最も適切なものを一つ選定すればよいのですが，他の選択肢が誤っている，もしくは不適切であることを確認すべきです。適切なものの数を選択する場合も同様です。時間が許せば，すべての選択肢を熟読した方がよいです。

　「否定的な問い方」については，誤っているもの，不適切なものを，比較的に探しやすい場合があります。この場合，解答時間を節約ができる可能性があります。

　「組合せを問うもの」については，正解の確信のある部分（語句，○×，正誤等）を選択肢にあてはめて，正答候補を絞りこむことをおすすめします。組合せの全部がわからなくても，正解に至れる場合があるので，諦めないで取り組んでください。

■2-1-4■基礎科目の出題傾向分析

　基礎科目の出題傾向をおおよそ7年単位で分析しました。傾向に大きな変動は，見られません。

　第3章では過去に出題頻度が高く，これからも出題されると思われる技術分野について，過去問解説を交えて詳しく記載しています。ここでは，出題頻度の高いものを群ごとに表として記載します。

　（1）　設計・計画に関するもの

　1群では，設計理論，システム設計，材料・強度設計の分野から出題されています。

　① 設計理論

設計理論では，設計製図法及び公差，ユニバーサルデザイン・バリアフリー，信頼性・安全性・保全性設計にかかわる問題等が出題されています。

表2.3　設計理論の出題傾向

	技術分野	出題数	割合
1	設計製図法及び公差	4	27%
2	バリアフリー，ユニバーサルデザイン	3	20%
3	信頼性・安全性・保全性設計等	8	53%
	No.1～3合計	15	100%

② システム設計

システム設計では，最適化設計（線形計画法等），アローダイヤグラム，信頼性設計，待ち行列モデル，解析その他に関する問題等が出題されています。

表2.4　システム設計の出題傾向

	技術分野	出題数	割合
1	最適化設計（線形計画法等）	7	39%
2	アローダイヤグラム，PERT等	2	11%
3	直列・並列の信頼性設計	3	17%
4	待ち行列モデル	2	11%
5	解析その他	4	22%
	No.1～5合計	18	100%

③ 材料・強度設計

材料・強度設計では，金属材料の試験法，金属材料の強化方法と構造物の強度設計に関する問題等が出題されています。

表2.5　材料・強度設計の出題傾向

	技術分野	出題数	割合
1	金属材料の試験法	5	56%
2	金属材料の強化方法と構造物の強度設計	4	44%
	No.1～2合計	9	100%

(2) 情報・論理に関するもの

2群では，情報理論，アルゴリズムや情報ネットワーク等が出題されています。

① 情報理論

情報理論では，基数変換，集合論，論理演算，形式言語（BNF記法），計算量，データ構造（スタック，2分探索木），決定表，メモリの性能（実効アクセス時間），情報の圧縮，システム開発（状態遷移図，決定表）等が出題されています。

表2.6　情報理論の出題傾向

No	技術分野	出題数	割合
1	基数，数値表現，数値計算	7	23.3%
2	集合論	5	16.6%
3	論理演算	4	13.3%
4	形式言語，計算量，誤り訂正	6	20.0%
5	データ構造	2	6.7%
6	メモリの性能	2	6.7%
7	情報の圧縮・伸長	2	6.7%
8	システム開発	2	6.7%
	No.1～8合計	30	100.0%

② アルゴリズム

アルゴリズムでは，ユークリッドの互除法，基数変換等が出題されています。

表2.7　アルゴリズムの出題傾向

No	技術分野	出題数	割合
1	ユークリッドの互除法	2	50%
2	基数変換	2	50%
	No.1～2合計	4	100%

③ 情報ネットワーク

情報ネットワークでは，情報セキュリティ（認証，脅威分析，暗号技術等），伝送時間の計算，IPアドレスの表現等の基礎知識を問う問題が出題されています。

表2.8　情報ネットワークの出題傾向

No	技術分野	出題数	割合
1	情報セキュリティ	6	75.0%
2	伝送時間の計算	1	12.5%
3	IPアドレスの表現	1	12.5%
	No.1～3合計	8	100.0%

（3）　解析に関するもの

3群では，解析や力学（熱流体力学，電磁気学を含む）等が対象となっています。

① 解析

解析では，ベクトル計算のほかに，有限要素法，導関数，積分，行列等の数学的な基礎を問う出題がされています。

表 2.9　解析の出題傾向

	技術分野	出題数	割合
1	ベクトル	7	29.2%
2	有限要素法	6	25.0%
3	導関数	3	12.5%
4	積分	3	12.5%
5	行列	3	12.5%
6	数値解析ほか	2	8.3%
	No. 1 ～ 6 合計	24	100.0%

② 力学・電磁気学

力学・電磁気学では，歪と変位の関係，固有振動，応力，流体力学や回路抵抗が出題されています。

表 2.10　力学・電磁気学の出題傾向

	技術分野	出題数	割合
1	伸び，歪，ばねのエネルギー	6	33%
2	固有振動	5	28%
3	応力ほか（重心，モータートルク）	4	22%
4	流体力学	2	11%
5	回路抵抗	1	6%
	No. 1 ～ 5 合計	18	100%

(4)　化学・材料・バイオに関する出題傾向分析

4 群では，化学，材料やバイオが対象になっています。

① 化学

化学では，酸塩基反応，酸と塩基の強さ，ハロゲン，燃焼による CO_2 の生成量，金属イオン種，有機反応機構，酸化還元反応の特徴，同位体等が出題されています。

表 2.11　化学の出題傾向

	技術分野	出題数	割合
1	酸と塩基，酸化数	3	21%
2	同位体の性質と応用	2	14%
3	その他の化学	9	65%
	No. 1 ～ 3 合計	14	100%

② 材料

材料では，公称応力と真応力，メッキ，鉄の製錬，金属の変形，金属材料の腐食・

変形，材料の結晶構造，合金の組成，有用無機材料知識等が出題されています。

表2.12　材料の出題傾向

	技術分野	出題数	割合
1	金属の変形	2	14%
2	材料の結晶	2	14%
3	材料の元素	2	14%
4	その他の材料	8	58%
	No. 1～4合計	14	100%

③　バイオ

バイオでは，タンパク質とアミノ酸，酵素，PCR（ポリメラーゼ連鎖反応）法を含む組換えDNA技術（遺伝子組換え技術），DNAの塩基組成及び塩基配列，好気呼吸とエタノール発酵等が出題されています。

表2.13　バイオの出題傾向

	技術分野	出題数	割合
1	タンパク質とアミノ酸（酵素関連の設問含む）	5	36%
2	組換えDNA技術（PCR法を含む）	5	36%
3	DNAの塩基組成及び塩基配列	2	14%
4	その他のバイオ技術	2	14%
	No. 1～4合計	14	100%

(5)　環境・エネルギー・技術に関する出題傾向分析

5群では，環境，エネルギー，技術史等に関する出題がされています。

①　環境

環境では，気候変動対策【IPCC】，大気汚染対策，パリ協定，環境保全・環境管理，生物多様性の保全，廃棄物の処理，プラスチックごみ対策，SDGs関連の問題等，広範囲ですが常識的な問題が出題されています。

表 2.14　環境の出題傾向

No.	技術分野	出題数	割合
1	環境保全	5	36%
2	気候変動対策	4	29%
3	廃棄物処理	3	21%
4	大気汚染・水質汚濁対策	1	7%
5	生物多様性の保護	1	7%
	No. 1 〜 5 合計	14	100%

② エネルギー

　エネルギーでは，水素エネルギー利用，石油輸入情勢【白書】，エネルギー情勢，スマートエネルギー利用，LNG の体積計算等が出題されています。

表 2.15　エネルギーの出題傾向

No.	技術分野	出題数	割合
1	エネルギー需給	8	57%
2	エネルギー多様化	4	29%
3	エネルギー消費	2	14%
	No. 1 〜 3 合計	14	100%

③ 技術史等

　技術史等では，科学史・技術史を中心に，科学技術とリスク対応，知的財産関連法，技術者倫理や行動規範等が出題されています。

表 2.16　技術史等の出題傾向

No.	技術分野	出題数	割合
1	科学史・技術史	10	72%
2	科学技術とリスク	2	14%
3	知的財産	1	7%
4	倫理・行動規範	1	7%
	No. 1 〜 4 合計	14	100%

▼アドバイス△　基礎科目の試験時間は，60 分であり，30 問すべての問題文を読んでいるだけで，時間を使い切ってしまうおそれもあります。繰返しになりますが，過去問題を解いてみる勉強は，短時間で 15 問を選択し，60 分以内で解答することにも役立ちます。また，試験中に「この問題と類似した問題を解いたことがあるぞ」と思えれば，自信をもって解答できると考えます。

▼アドバイス△　受験リハーサルとして，過去問題を解く挑戦をしてみてくださ

い。その際，タイマーをセットして，解答時間を計測し，1問を平均4分弱で解けるように訓練をしてください。4分弱というのは，解答を始める前に，氏名，フリガナ，受験する技術部門と受験番号を解答用紙に記入し，合わせて受験番号をマークする時間が必要だからです。

■2-1-5■傾向と対策——学習のポイントと受験勉強に関するアドバイス

出題傾向分析から今後の「学習のポイント」を列挙します。

（1）　設計・計画に関するもの

① 設計理論

設計の意義，内容，手法，設計の基本的な表現法である製作図（第三角法等）等の出題が引き続き予想されます。品質設計，安全率・安全係数，故障木解析，バリアフリー，ユニバーサルデザイン，ノーマライゼーション等，ユーザーやエンドユーザーの安心・安全・快適のための設計姿勢を考えさせる出題も予想さます。また，製造物責任法（PL法）等，設計者として公衆を守るための関係法令も学んでおくことが望まれます。

② システム設計

システムの信頼度を高めるための直列・並列の信頼度計算，構造物や材料の機械的特性等の出題が引き続き予想されます。技術者が設計したものを，構造物や製品等として実現する工程管理のためのアローダイアグラム，PERT図やデシジョンツリーの出題も予想されます。また，システム設計・計画の基本手法（分析，計画，評価）及びORの基礎的計算，最適化手法，線形計画法，ユーザーを待たせないシステムにするための待ち行列モデル等も学んでおくことが望まれます。

品質は設計段階から作り込む必要があります。品質管理のための抜取検査，最適な検査回数や品質を維持するための設備・機械の保全に関する出題や稼働率の計算問題が引き続き予想されます。また，統計的品質管理手法や品質保証体制の改善等を学んでおくことが望まれます。

③ 材料・強度設計

金属材料の試験法，金属材料や構造物の強度設計等が出題されています。情報システムやソフトウェア等を設計している人には縁遠い分野かもしれません。4群の材料特性等とともに学習すると効果的だと思います。

（2）　情報・論理に関するもの

① 情報理論

　ここでは，情報理論の基礎知識として，基数変換（2 進数⇔10 進数），論理式の計算，2 分探索木，補数計算，数値列，真理値表の演算結果，集合や単精度浮動小数点表現が出題されています。

　また，情報の圧縮（JPEG，MPEG を含む）方法や実効メモリアクセス時間の計算問題が，出題されています。情報処理の基本的セオリーを復習し，短時間で解く準備が望まれます。

② アルゴリズム

　コンピュータプログラムに落とし込める手続きの一つ，流れ図（フローチャート）が出題されています。ユークリッドの互除法に関する問題では，フローチャートの穴埋め，行列式を用いた方法の解析が出題されています。基数変換に関する問題では，2 進数を 10 進数に変換する過程をトレースする問題が出題されています。また，プログラムの実行結果の数値や出力データを問う問題も出題されています。アルゴリズムの流れ図から，ループによって 2 進数を 10 進数に変換する過程のデータを問う出題もされています。

　アルゴリズムの問題は，一見難しそうに感じるかもしれません。ただし，解答のために想定される時間を考えますと複雑なアルゴリズムは出題されないと予想できます。特に，プログラミング経験のある受験者は，選択してほしい分野です。

③ 情報ネットワーク

　暗号化，コンピュータウイルス対策，不正アクセス対策等，情報セキュリティの問題が，ほぼ毎年出題されています。テレワークの情報セキュリティが出題されています。他には，IP アドレスの表現形式や通信回線の伝送時間計算等，情報通信に関する出題がされています。

　情報ネットワーク技術は目覚ましい発達をしていますので，最新技術にも関心をもって学んでください。

（3）　解析に関するもの

① 解析

　偏微分，導関数，積分，二次補間多項式，ベクトル，数値解析，ニュートン法，シンプソン法，行列，ヤコビアン及び有限要素法等の各種の解析手法について，高校・大学での教育レベルの出題がされています。学窓を離れて社会に出てから，これらの解析手法に接していない受験者は，復習をして試験に臨むことが必要です。

② 力学・電磁気学

　技術士第一次試験では，物体や機械の運動や，それらに働く力や相互作用に関す

る出題が大部分です。これまでは，ばね，梁，棒，平板，振り子等の剛体や弾性体の変位に関する問題等が，出題されています。また，剛体の固有振動数等の問題や，モーターの加速トルクに関する出題がされています。力学・電磁気学は，回路の合成抵抗，量子力学や天体力学まで幅広い分野がありますが，受験者は過去問をみて，よく出題されている分野を中心に準備をしてください。

（4）　化学・材料・バイオに関するもの

① 化学

原子，同位体，ハロゲンに関する問題，金属イオン種，水溶液の沸点に関する問題，酸・塩基反応に関する問題，有機反応機構，化学反応に関する問題等が出題されています。気候変動対策に注目が集まる中，燃焼による CO_2 生成量を問う出題がされています。

② 材料

材料に関しては，製造技術，合金の組成，金属の特性，変形・腐食・破壊，力学特性試験，金属の結晶構造，材料に含まれる元素，ニッケルによるメッキや有用無機材料知識を問う出題がされています。材料と呼べるものは数多く存在するので，過去問の出題傾向を参考に重点的な学習が望まれます。

③ バイオ

バイオ分野では，毎年2題が出題されます。よく出題されるのが，タンパク質とそれを構成するアミノ酸に関する設問です。酵素に関する設問も，広い意味でタンパク質に関する設問に含まれるので，両者を合わせるとほぼ毎年出題されていることになります。

タンパク質関連以外には，遺伝子を操作する組換え DNA 技術（遺伝子組換え技術）に関する設問がよく出題されます。遺伝子解析で広く用いられている PCR（Polymerase Chain Reaction，ポリメラーゼ連鎖反応）法に関する設問もそこに含まれます。

また，DNA の塩基組成や塩基配列，あるいはその突然変異に関する設問が出題されています。他には，好気呼吸とエタノール発酵，生物の元素組成，クローン作製技術等に関する設問が出題されています。バイオ分野は技術発展のスピードが速いので，再生医療やゲノム編集技術等，最新の技術動向にもアンテナを張っていてください。

（5）　環境・エネルギー・技術に関するもの

① 環境

　地球規模の環境問題対策に関して，気候変動対策，マイクロプラスチック問題対策，パリ協定，環境に関する目標がある SDGs（17 のゴールを表 2.17 に示す），廃棄物処理，生物多様性の保全等，国内外での取組みに関する出題がされています。また，国内での取組みとして，環境保全，環境管理，事業者の環境関連活動等が出題されています。

　環境問題に，一市民として取り組んでいる受験者もおられると思います。全人類の課題でもあり，日ごろから関心をもって学んでください。

表 2.17　SDGs（持続可能な開発目標）17 のゴール一覧

SDGs　17のゴール	9.　産業と技術革新の基盤をつくろう
1.　貧困をなくそう	10.　人や国の不平等をなくそう
2.　飢餓をゼロ	11.　住み続けられるまちづくりを
3.　すべての人に健康と福祉を	12.　つくる責任 つかう責任
4.　質の高い教育をみんなに	13.　気候変動に具体的な対策を
5.　ジェンダー平等を実現しよう	14.　海の豊かさを守ろう
6.　安全な水とトイレを世界中に	15.　陸の豊かさも守ろう
7.　エネルギーをみんなに そしてクリーンに	16.　平和と公正をすべての人に
8.　働きがいも経済成長も	17.　パートナーシップで目標を達成しよう

　② エネルギー

　エネルギーは，国内外の経済，産業，環境，人類の文化的で快適な生活等と深いつながりをもっています。エネルギーの分野では，水素エネルギー利用，エネルギーの需給見通し，エネルギー消費，エネルギー情勢等が出題されています。また，エネルギーの CO_2 の排出量や発熱量に関する出題，石油の輸入情勢，電気エネルギーの貯蔵，家庭でのエネルギー消費，スマートエネルギー利用等も出題されています。これからは，地球規模の環境を意識したエネルギー政策や再生可能エネルギーにも関心をもって学んでください。

　③ 技術史等

　ここでは，科学史・技術史上の著名な人物と業績を，時系列を意識して解答する問題が毎回のように出題されています。平成 23（2011）年以来の出題累計数で最も多いのは「1769 年ジェームズ・ワットによる蒸気機関の改良」の 5 回です。過去問を参考にして作成した年表を第 3 章の 5 群に示すので参考にしてください。

　技術史以外では，知的財産関連法，技術者倫理と責任，科学技術コミュニケーション，科学技術とリスク，科学と技術の関わり等が出題されています。

2-2 適性科目の出題傾向と分析・対策

■2-2-1■適性科目の出題分野

　技術士第一次試験実施案内に記載されているように，適性科目では，「技術士法第4章（技術士等の義務）の規定の遵守に関する，技術士としての適性を問う問題」が出題されます。

　技術士法第4章には，信用失墜行為の禁止（義務），秘密保持義務，公益確保の責務，名称表示の場合の義務，技術士補の業務の制限等，資質向上の責務が4条6項にわたって示されています。

　以下に示すように適性科目の出典範囲は広く，その範囲の関係法令，倫理綱領や国際的取決めをすべて学ぶには多くの時間が必要です。そこで本書第4章では，出題頻度の高いところ（出るところ）を重点的に説明するとともに，関連する過去問題の解き方を解説しています。また効率の良い学習を支援し，合格を勝ち取れるように構成しています。

| 適性科目の出典範囲 |

　適性科目で扱われる主な出典を挙げると，技術士法，PL法（製造物責任法），個人情報保護法，公益通報者保護法，特許法，技術士倫理綱領，技術士に求められる資質能力，労働安全衛生法，知的財産関連法，景品表示法，消費生活用製品安全法等の法律，SDGsの2030アジェンダ，IPCC（気候変動に関する政府間パネル）の報告書等です。

▼アドバイス△　関連する法律等は，Webから検索できます。また，その一部は，本書付録に掲載していますので参考にしてください。すべての出典を事前に学習するのには時間を要しますので，本書の過去問を解いたうえで，正解できなかった場合に，解説に記載されている出典を学習する方法をおすすめします。ただし，毎回出題される技術士法第4章等は，本書の解説やアドバイスに沿って，事前にしっかり学習してください。

■2-2-2■試験問題の構成と解答要領

　試験問題は全15問から構成され，五肢択一式により全問題の解答が求められています。出題内容は，大別すると①技術士法第4章全般，②信用失墜行為の禁止

（義務），③秘密保持義務，④公益確保の責務，⑤名称表示の場合の義務，⑥技術士補の業務の制限等，⑦資質向上の責務の七つに区分できます。難易度は，技術士を目指す技術者としての判断を求める常識的な問題といえます。

▼アドバイス△　適性科目の試験時間は，60 分であり，15 問すべての問題文を読んでいるだけでも，かなりの時間を要します。1 問あたり A4 サイズ 1 ページで出題されます。これまでの合格者の中でも，60 分の中で全問を解けなかった人がいます。問題 1 から順に解いていくよりも，時間のかかりそうもない問題から解いて，より多く解答することが，良い結果につながると考えられます。

　適性科目は，全問解答ですので選択で迷うことはありませんが，1 問平均 4 分で解かなければならないのは，基礎科目と同じです。本書の過去問題を解くときも，この 4 分を意識することをおすすめします。

■2-2-3■設問の方法

　これまでの適性科目の出題状況から，設問の方法を大別すると「肯定的な問い方」，「否定的な問い方」及び「組合せを問うもの」に区分され，基礎科目の場合とほぼ同様であり，表 2.2 を参照してください。

■2-2-4■適性科目の出題傾向分析

　7 回分の問題を分析してみると，出題分野ごとの出題数とその割合は，表 2.18 に示すとおりです。毎年の出題傾向に大きな変化はありません。

　ここで，七つの出題分野の出題内容を見てみます。

（1）　技術士法第 4 章（技術士等の 3 義務 2 責務）全般

　技術士法第 4 章の条文について，技術士及び技術士補として遵守すべき「三つの義務」，「二つの責務」を問う問題が毎回出題されます。技術士補に対する「一つの制限」に関する理解を問う問題も，出題されます。

　「適性科目試験の目的」が出題されることもあります。何のために適性試験が行われるかを再確認するための設問です。「技術士になることは，目標ではあっても目的ではない」ということを考えさせられる出題です。

（2）　信用失墜行為の禁止（義務）

　技術士第一次試験結果の統計には受験者の職種の記載はありませんが，勤務先種別は発表されています。多い順から，一般企業，建設コンサルタント業，官庁・自治体，公益法人・独立行政法人等，教育機関の順となっています。つまり受験者は，

表 2.18　過去 7 回分の適性科目の出題内容ごとの出題数

出題分野	出題内容	出題数	割合
1.　技術士法第 4 章（全般）	3 義務 1 制限 2 責務全般	9	8.6%
2.　信用失墜行為の禁止（義務）	（1）技術者倫理	9	8.6%
	（2）研究者等の倫理	6	5.7%
3.　秘密保持義務	（1）営業秘密等	4	3.8%
	（2）情報セキュリティ	3	2.9%
4.　名称表示の場合の義務		(5)	0%
5.　技術士補の業務の制限		(7)	0%
6.　公益確保の責務	（1）公衆・公益・環境の保護	37	35.2%
	（2）個人（労働者等）の保護	6	5.7%
	（3）権利の保護	8	7.6%
	（4）リスクと安全対策	15	14.2%
	（5）国際的な取り組み	4	3.8%
7.　資質向上の責務	（1）継続研鑽（CPD）	3	2.9%
	（2）技術士の国際的同等性	1	1.0%
	合　　　計	105	100.0%

※カッコ付きの年平均出題数は，他の出題内容の問題の一部分として出題されていること
を示します。

技術者，研究開発者，研究者，教育者，学生等が多いと思われます。

　ここでは，「技術者倫理」と「研究者の倫理」の二つの区分で出題傾向を分析し
ます。

　① 技術者倫理

　各企業・団体，工学系学会にある倫理綱領や倫理規定に関する設問が出題されて
います。また，技術者倫理と顧客からの要望のジレンマに関する具体例，工事不正
や品質不正対策の適切・不適切の判断を求める出題もされています。また，技術者
の説明責任も出題されています。

　② 研究者等の倫理

　ここでは，公務員倫理，研究者倫理，科学者の行動規範，研究開発評価指針等が
出題され，研究活動の不正対応，利益相反（COI）対応等の具体例を通しての出題
もされています。

　（3）　秘密保持義務

　① 営業秘密等では，営業秘密漏洩対策，技術者の情報管理が出題されています。

②　情報セキュリティでは，<u>情報セキュリティマネジメント</u>や<u>情報セキュリティの具体例</u>の問題が出題されています。

(4)　公益確保の責務

受験者は，公益に関係する「公衆」を，どのような広さで意識しているでしょうか。ここでは，<u>公衆を労働者，国民，そして世界市民等として出題</u>しています。SDGs（持続可能な開発目標）は，「誰も置き去りにしない（no one will be left behind）」を基本理念としています。そういう意味では，<u>80億人に到達した人類すべてが公衆</u>であり，もしかすると人類と共生する多様な生命も，広い意味では公衆なのかもしれません。

ここでは，公益の対象別に七つの区分に分類して出題分析を行います。

①　公益通報

国内の<u>公益通報者保護法</u>に関する出題が主ですが，海外書籍の邦訳からも出題されています。

②　公正取引

<u>独占禁止法</u>に関する出題がされています。企業や特定のグループが市場を独占して価格を吊り上げる商行為は，公益に反します。

③　公衆・公益・環境の保護

消費者の保護，個人情報の保護，製造物責任法（PL法），公共の安全，インフラ長寿命化，地球環境保全，気候変動対策，ユニバーサルデザイン，安全保障貿易管理等，<u>公衆・公益・環境の保護に関する問題</u>が出題されています。

④　個人（労働者等）の保護

職場におけるハラスメント対策，労災対策，ワーク・ライフ・バランス，働き方改革，ダイバーシティ経営等，<u>労働者の保護に関する問題</u>が出題されています。

⑤　権利の保護

著作権法，特許法，<u>知的財産権制度等</u>が出題されています。

⑥　リスクと安全対策

ISO（国際標準化機構）の国際安全規格，国内の労働安全衛生法やBCP（事業継続計画）等，<u>安全対策に関する問題</u>が出題されています。

⑦　国際的な取組み

<u>SDGs</u>（持続可能な開発目標）に関する問題が出題されています。

(5)　名称表示の場合の義務

この区分の問題は単独で出題されたことはなく，(1)項の技術士法第4章（技術

士等の3義務2責務）全般の，設問の一部として出題されています。

（6）　技術士補の業務の制限等

この区分も，(1)項の技術士法第4章（技術士等の3義務2責務）全般の，設問の一部として出題されています。

（7）　資質向上の責務

① 継続研鑽

ここでは，技術士の継続研鑽（CPD：Continuing Professional Development）や求められる資質能力（コンピテンシー）に関して出題されています。

② 技術者の国際的同等性

ここでは，JABEE（日本技術士者教育認定機構），国際的な技術者資格であるAPEC・IPEA等について出題されています。JABEE，APEC・IPEAについては，本書の第1章「受験の手引き」の「修習技術者とは」と「国際的な技術者資格」に説明があります。

■2-2-5■傾向と対策——学習のポイントと受験勉強に関するアドバイス

出題分析に基づき，「学習のポイント」を列挙すると，次のようになります。

（1）　技術士法第4章（技術士等の3義務2責務）全般（本書付録に収録）

穴埋め問題や適切・不適切を判断する問題として毎回出題されている技術士及び技術士補として遵守すべき「三つの義務，二つの責務」は，暗記するくらい読み込んでください。信秘公名資（義義責義責）と順番に覚えることもおすすめです。この3義務2責務は，第二次試験合格後の口頭試験の質問内容になることもあり，技術士になっても自らの規範にもなるので，身につけることを重ねておすすめします。

（2）　信用失墜行為の禁止（義務）

①技術者倫理

毎回1～3問出題されている分野です。学習のポイントとしては，技術士倫理綱領の内容を把握しておくことと，受験者の専門に近い工学会（日本建築学会，電気学会，日本機械学会，情報処理学会等）の倫理綱領や倫理規定を一読しておくことをおすすめします。

②研究者等の倫理

研究者等の倫理は，ほぼ毎年出題されています。文部科学省の研究及び開発に関する評価指針に関する問題や公務員倫理に関する出題がされたこともあります。研

究者等の倫理問題は，技術者や学生の受験者も，比較的容易に解ける問題です。研究者倫理についても関心をもっていてください。

(3) 秘密保持義務

① 営業秘密等

デジタル時代の営業秘密漏洩は，その態様や対策が多様化しています。これまでの出題は，設問の情報が営業秘密にあたるか否かを問う問題が多いです。比較的容易に解ける問題なので，過去問等から理解を深めてください。

② 情報セキュリティ

どの組織でも，ネットワークや情報システムが活用されています。情報セキュリティ問題は，幅広く出題されており，受験者は情報セキュリティの基礎的なことを学んでおいてください。

(4) 公益確保の責務

① 公益通報

これまでは，国内の公益通報者保護法（本書付録に収録）からの出題が多いです。国内法は，令和 2 年に改正されており，一読をおすすめします。

② 公正取引

談合，相場操縦取引，カルテル，インサイダー取引の具体例の正誤を問う問題が出題されています。独占禁止法に関する出題頻度は高くはありませんが，関心をもっていてください。また，不正取引の結果，適性価格よりも高い取引が行われ，不当な利益を得る人間がいる反面，納税者，消費者，公衆等がその代償を払わされている構図を理解しておいてください。

③ 公衆・公益・環境の保護

適性科目試験の 15 問の中で，大きなウェイトを占める分野です。技術士倫理綱領（本書付録に収録）の基本綱領 10 項目の最初に掲げられているのが「公衆の利益の優先」です。公衆・公益・環境を保護するために種々の行政の施策，国内法，国際規格や IPCC（政府間パネル）があります。これらすべてを学習することは大変ですが，過去問に登場した法律等は，わかりやすい解説が政府の Web サイト等にありますので，一読しておくことをおすすめします。

個人情報保護法（本書付録に収録）が出題されています。この法律は「個人情報を隠す法」との誤解があります。この前文にある「個人情報の適正かつ効果的な活用が新たな産業の創出並びに活力ある経済社会及び豊かな国民生活の実現に資するものであることその他の個人情報の有用性に配慮しつつ，個人の権利利益を保護す

ることを目的とする。」との精神を理解しておいてください。

　安全保障貿易管理に関する出題がされています。世界で紛争や侵略戦争が起きる中，ドローンやロボットだけでなく，多くの技術がテロや軍事に転用可能であり，科学者・技術者は，所属する組織の輸出管理手続きや法令を学び，遵守することが求められています。安全保障貿易管理には，複数の関連法令があり，経済産業省のWebサイトに「安全保障貿易管理の概要」等が掲載されているので，読者に関係の深い部分や概要の一読をおすすめします。

　製造物責任法（PL法）の出題頻度は，ずば抜けて高いので，必ず一読しておいてください。

　④ 個人（労働者等）の保護

　職場のハラスメント対策，ワーク・ライフ・バランス，働き方改革，ダイバーシティ経営等が出題されています。過去の類似問題の割合が高いことも特徴ですので，過去問を解いて学習することをおすすめします。

　⑤ 権利の保護

　著作権法，特許法（本書付録に収録），知的財産権制度が，ほぼ毎年出題されています。日常の業務でも権利の保護は重要ですので，しっかり学んでください。

　⑥ リスクと安全対策

　ISO（国際標準化機構）の国際安全規格やリスク対策に関する問題，労働安全衛生法に関する問題，事業継続計画（BCP）に関する問題を合わせると，毎年1問以上が出題されています。安全に関するニュースや過去問から学ぶことが重要です。

　⑦ 国際的な取組み

　出題頻度の高いSDGs（持続可能な開発目標）に関する問題の出題頻度が高くなっています。SDGsは，2030年達成を目指す国際目標であり，これからも出題が予想されます。国連の2030アジェンダと17の持続可能な開発目標を理解しておいてください。

（5）　名称表示の場合の義務

　問題文の一部として技術士法第46条（技術士の名称表示の場合の義務）が，ほぼ毎年出題されています。技術士になったときに，必要な知識ですので，理解を深めてください。

（6）　技術士補の業務の制限等

　問題文の一部として技術士法第47条（技術士補の業務の制限等）が出題されます。（5）項と同様に理解を深めてください。

(7)　資質向上の責務

①　継続研鑽

技術士の継続研鑽（CPD：Continuing Professional Development）や求められる資質能力（コンピテンシー，本書付録に収録）に関して毎回出題されています。本書の第 1 章や日本技術士会のホームページ「技術士 CPD（継続研鑽）ガイドライン（第 3 版）」に記載がありますので，理解を深めておいてください。技術士法第47 条の 2（技術士の資質向上の責務）を一読しておいてください。

②　技術士の国際的同等性

ここでは，JABEE（日本技術者教育認定機構），国際的な技術者資格であるAPEC エンジニア・IPEA 国際エンジニア等についての出題がされています。JABEE，APEC・IPEA については，本書の第 1 章の「修習技術者とは」と「国際的な技術者資格」に説明がありますので，一読しておいてください。技術士に合格したら，是非とも国際エンジニアへの登録を検討してください。

第3章

基礎科目の研究

1群　設　計・計　画

1群は，設計理論，システム設計，材料強度設計の分野です。設計理論は，扱う範囲が広いですが，まず同様の問題が繰り返し出題されている製図法，ユニバーサルデザイン・バリアフリーについて解説します。次に信頼性工学・安全性工学，保全性工学に関して，過去問から今後とも出題が予想されるテーマについて紹介していきます。

システム設計は，工学分野横断的な共通技術である最適化をはじめとして，工程管理，性能設計，信頼性設計，意思決定手法等から出題されています。このなかでも，繰り返し出題されている，線形計画法に代表される最適化問題，信頼度計算，待ち行列，アローダイアグラム型工程表を中心に解説していきます。

材料・強度設計は，金属材料の試験方法，金属材料の強化方法，構造物の強度設計に関して技術的な解説と関連する過去問の解答・解説をしていきます。

1-1　設　計　理　論

⚠ 製図法（第一角法・第三角法・公差）

製図法は頻出のテーマ，かつ類似問題が出題されていますので，過去問を通じて理解を深めて，得点源としてください。これまでの出題は次のようになっています。

(a) 第一角法・第三角法に関する問題

　　令和 3 年度 I-1-6，令和 2 年度 I-1-5

(b) 公差に関する問題

　　令和元年度 I-1-3，平成 29 年度 I-1-5

まず，(a) について解説します。

図学理論上，図 3.1.1 で示すように，空間座標上の第 1 象限に対象物を置いて転写する作図法が**第一角法**，第 3 象限に置いて転写する作図法が**第三角法**です。したがって，第一角法では，上方からの投影図（平面図）は下へ，右方からの投影図（右側面図）は左へ，左方からの投影図（左側面図）は右へ配置されます。同様に第三角法では，上方からの投影図は上へ，右方からの投影図は右へ，左方からの投影図は左に配置します。

　第一角法では，見る側と反対側に平面図，側面図が配置されるのに対して，第三角法では見る側と同じ側に配置されるので，図面から形状を把握しやすいという特徴があります。日本，米国では第三角法が用いられ，欧州では歴史的経緯から第一角法が用いられています。また，造船分野では第一角法が用いられています。投影法が異なると，同じ図面でも対象物の形状は違ったものになってしまいます。そこで，図面には投影法を明示することになっています。

　以上を予備知識として，過去問題を解いていきます。

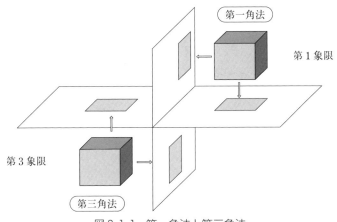

図3.1.1　第一角法と第三角法

問題3-1-1　製図法に関する次の（ア）〜（オ）の記述について，それぞれの正誤の組合せとして，最も適切なものはどれか。

（ア）対象物の投影法には，第一角法，第二角法，第三角法，第四角法，第五角法がある。

（イ）第三角法の場合は，平面図は正面図の上に，右側面図は正面図の右にというように，見る側と同じ側に描かれる。

（ウ）第一角法の場合は，平面図は正面図の上に，左側面図は正面図の右にというように，見る側とは反対の側に描かれる。

（エ）図面の描き方が，各会社や工場ごとに相違していては，いろいろ混乱が生じるため，日本では製図方式について国家規格を制定し，改訂を加えてきた。

（オ）ISO は，イタリアの規格である。

	ア	イ	ウ	エ	オ
①	誤	正	正	正	誤

②	正	誤	正	誤	正
③	誤	正	誤	正	誤
④	誤	誤	正	誤	正
⑤	正	誤	誤	正	誤

[出題：令和3年度　Ⅰ-1-6]

解　説　（ア）理論上は，第二角法，第四角法はあり得ますが，実用上上述の第一角法，第三角法が使われています。また，空間座標上に投影するので，第五角法は存在しません。したがって誤です。

（イ）上記の解説で説明したとおり，正です。

（ウ）「見る側と反対に投影される」は，上述の解説のとおりですが，「平面図は正面図の上」ではなく，「平面図は正面図の下」になるので，誤です。

（エ）問題文のとおりで，日本ではJISで第三角法を用いるべきであることが規定されていますので，正です。

（オ）ISOは国際標準規格を策定する組織 International Organization for Standard の略で，本組織が策定した国際規格をISO規格と呼んでいます。したがって，誤です。

　以上より正解は③です。記述のうち三つほどわかれば正解できます。　**答** ③

▼アドバイス△　令和2年度Ⅰ-1-5もほとんど類似の出題ですが，正面図に関しての選択肢があるので，補足しておきます。問題文「（オ）：正面図とは，その対象物に対する情報量が最も多い，いわば図面の主体になるものであって，これを主投影図とする。したがって，ごく簡単なものでは，主投影図だけで充分に用が足りる。」のとおりで，正面図は主投影図とも呼ばれています。また，ごく簡単なものは主投影図だけで目的を充足させ，図面枚数を減らす場合があります。あわせて覚えておいてください。

　次に（b）公差について解説します。

　工業製品の高度化，精密化，ものづくりのグローバル化に伴って，設計者の意図を詳細に，海外を含む製造現場に伝えることが求められています。これを実現するために**幾何公差**が活用されています。幾何公差はJIS B 0021:1998「製品の幾何特性仕様（GPS: Geometrical Product Specification）-幾何公差表示方式-形状，姿勢，位置及び振れの公差表示方法」で表示方法が規定されています。例えば，平面度（どれだけ平面がなめらかか），真円度（どれだけ正確な円か）等を，定量的に図面

内に表現することができます。

公差については，ここ数年は出題されていませんが，特に幾何公差は，ものづくりのグローバル化の中，今後出題される可能性があると思われます。余裕のある方は，過去問題を解いてみてください。

平成29年度I-1-5では「はめあい方式」が出題されていますので，最後に説明しておきます。「**はめあい**」とは，軸と穴の組合せの関係のことで，それぞれに合わせた穴と軸の許容寸法が指定されます。

- **すきまばめ**：軸と穴の間にすきまがある。
- **しまりばめ**：穴と軸の間にすきまがなく，しめしろがある状態。
- **中間ばめ**：穴の最大許容寸法より軸の最小寸法が小さく，穴の最小許容寸法より軸の最大許容寸法が大きく，相反する条件となっているはめあい。すきまができたり，しめしろができたりします。

❗ バリアフリー，ユニバーサルデザイン

このテーマも，よく出題されるテーマです。特にダイバーシティ，インクルージョンが社会的課題となっている今，計画・設計を担う技術者として欠かせない視点となるため，これを機会に再確認し，自身の業務で活用ください。過去問題では，以下で出題されています。

- 令和3年度I-1-1
- 令和2年度I-1-1
- 平成30年度I-1-3

バリアフリー，ユニバーサルデザインは，総務省の「障害者基本計画」（平成14年12月閣議決定）の資料では，以下のように説明されています。

バリアフリー：障がいのある人が社会生活をしてゆくうえで障壁（バリア）となるものを除去するという意味で，もともと住宅建設用語で登場し，段差等の物理的障壁の除去をいうことが多いですが，より広く障がい者の社会参加を困難にしている社会的，制度的，心理的なすべての障壁の除去という意味でも用いられます。

ノーマライゼーション：ユニバーサルデザインに先立つ概念で，1950年代にデンマークで提唱されています。厚生労働省の「身体障害者ケアガイドライン〜地域生活を支援するために〜」（平成14年4月）では「障がいのある者が障がいの無い者と同等に生活し，ともにいきいきと活動できる社会を目指す理念」と説明されています。障がい者を特別視せず，健常者と同等に当たり前に生活できる社会を目指すという考えです。

ユニバーサルデザイン：あらかじめ，障がいの有無，年齢，性別，人種等にかかわらず多様な人々が利用しやすいように都市や生活環境をデザインする考え方です。より広い概念であるとともに，計画，設計段階に力点を置いています。

ユニバーサルデザインは，1985年アメリカのロナルド・メイス博士によって提唱されており，以下の7原則が掲げられています。

（原則1）公平な利用（Equitable Use）：誰もが使える。

（原則2）利用における柔軟性（Flexibility in use）：使ううえでの柔軟性。

（原則3）単純で直感的な利用（Simple and intuitive）：使い方が簡単で自明である。

（原則4）認知できる情報（Perceptible information）：必要な情報がすぐわかる。

（原則5）失敗に対する寛大さ（Tolerance for error）：うっかりミスを許容できる。

（原則6）少ない身体的努力（Low physical effort）：身体への過度な負担を必要としない。

（原則7）接近や利用のためのサイズと空間（Size and space for approach and use）：アクセスや利用のための十分な大きさと空間が確保されている。

では過去問題で，ユニバーサルデザインを具体的にみていきましょう。

問題3-1-2　次のうち，ユニバーサルデザインの特性を備えた製品に関する記述として，最も不適切なものはどれか。

① 小売店の入り口のドアを，ショッピングカートやベビーカーを押していて手がふさがっている人でも通りやすいよう，自動ドアにした。

② 録音再生機器（オーディオプレーヤーなど）に，利用者がゆっくり聴きたい場合や速度を速めて聴きたい場合に対応できるよう，再生速度が変えられる機能を付けた。

③ 駅構内の施設を案内する表示に，視覚的な複雑さを軽減し素早く効果的に情報が伝えられるよう，ピクトグラム（図記号）を付けた。

④ 冷蔵庫の扉の取っ手を，子どもがいたずらしないよう，扉の上の方に付けた。

⑤ 電子機器の取扱説明書を，個々の利用者の能力や好みに合うよう，大きな文字で印刷したり，点字や音声・映像で提供したりした。

[出題：令和3年度　I-1-1]

解説　①「誰でも使える」という原則1に沿った製品といえます。

② 次の理由から，原則1，2に従った機能といえます。聴覚障がいをもつ人や，聴

力が低下した高齢者が，早口の会話やラジオの聴き取りが難しい場合があります。再生速度を調整することで，聞き取りやすくすることが可能です。

③ ピクトグラムは「絵ことば」ともいわれ，文字を使わず，シンプルな図や記号で情報を伝える絵文字です。駅構内では非常口，トイレ，授乳室等，絵文字で見ることができます。母国語の違いから，文字では理解できない人にも情報を伝えることができるので，原則1，3に従ったデザインといえます。

④ 扉を上の方に付けることで，子供のいたずらは防止できますが，背の低い人や，車椅子を用いる人が冷蔵庫を使う事を困難にしている可能性があります。したがって，原則1，原則6を考慮すると，最も不適切であると考えられます。

⑤ 電子機器の使い方に関する情報を，すべての人に，速やかに伝えるための配慮として，原則1，原則4に則った配慮といえます。

　以上より，正答は④になります。　　　　　　　　　　　　　　　　答 ④

▼アドバイス△　令和2年度 I-1-1 は，知識を問う問題です。ここまでの解説で説明した範囲で解答可能です。ぜひ，ご自身で解いてみて，知識を定着させてください。平成30年度 I-1-3 の出題も知識を問う問題です。バリアフリーが，物理的な障がいだけでなく，制度的，心理的なすべての障壁の除去も含んでいることを再確認してください。

❗ 信頼性工学・安全性工学

過去問より，重要と考えるポイントを解説します。

稼働率（アベイラビリティ：Availability）

　　稼働率＝動作可能時間／（動作可能時間＋動作不可能時間）

で表されます。稼働率を，MTBF，MTTR を用いて表すと

　　稼働率＝MTBF／（MTBF＋MTTR）

となります。

ここで，MTBF，MTTR の定義は以下のとおりです。

MTBF（平均故障間隔：Mean Time Between Failures）：機器，システム等が故障してから次の故障発生までの平均時間。

MTTR（平均修復時間：Mean Time To Repair）：機器，システムに故障が発生した後に修復までに要する平均時間。

過去問では，次の令和3年度 I-1-4 で出題されています。

問題3-1-3　ある装置において，平均故障間隔（MTBF：Mean Time Between Failures）がA時間，平均修復時間（MTTR：Mean Time To Repair）がB時間のとき，この装置の定常アベイラビリティ（稼働率）の式として，最も適切なものはどれか。

① A／（A－B）

② B／（A－B）

③ A／（A＋B）

④ B／（A＋B）

⑤ A／B

［出題：令和3年度　I-1-4］

解　説　前記の稼働率の定義より③が正解です。　　　　　　**答**③

その他，関連する用語を整理しておきます。

フェールセーフ：システムに故障が発生しても，システムが正常に機能し続け安全に停止できるように設計された機能や仕組み。例えば，踏切の遮断機では，停電した際に遮断かんが降りるように作られているのはフェールセーフの考え方に基づくものです。

フールプルーフ：人間の操作ミスに対する安全性確保。人間が操作する際に，誤った操作をした場合でもシステムが危険な動作をしない，あるいは間違った使い方ができないように設計された機能や仕組み。「ポカヨケ」とも呼ばれます。身近な例では，扉を閉めないと動作しない電子レンジが該当します。

フェールソフト：故障個所を切り離す等で，機能低下を許容しながらもシステム全体を停止させず動作を継続させる仕組みや考え方。縮退運転ともいわれます。

フォールトトレランス：システムの構成要素に故障が発生した場合でも，予備系への切り替え等で，全体機能を継続させる仕組みや考え方。フェールソフトと異なり，全体機能が継続することが基本です。多重系構成を採る計算機システムは，この考え方の一例です。

令和5年度I-1-5に，本件に関する出題があります。ご自身で解いてみて，理解を確実にしてください。

❗ 保全性工学

最近の出題では，平成元年度再試験I-1-6のみですが，インフラ設備の維持管理が課題となってきている，IoT活用による予防保全の進展といった背景から，出題

される可能性ありとして解説します。

図3.1.2に保全方式を分類しました。

事後保全：壊れてから修理する（故障修理）

設備の故障が発生してから対処する保全方式。通常事後保全（計画事後保全）と緊急保全があります。通常事後保全は，あらかじめ代替機を準備しておき，故障時に切り替えることで設備機能が完全停止しないようにする方式です。また，緊急事後保全は，突発的に起こった故障に対して，現場で直ちに修理等を実施する保全活動です。

予防保全：壊れないように管理する（設備監視）

遠隔監視や定期検査により，故障の可能性を察知し機器を早めに交換する方式。予防保全には**時間計画保全**（**TBM**：Time Based Maintenance）と**状態監視保全**（**CBM**：Condition Based Maintenance）があります。TBMは定められた時間間隔で実施する保守保全活動，CBMは状態監視に基づく保守保全活動です。IoT技術を活用し状態を監視する仕組みを導入することでCBMの検討，導入が活発です。

TBMはさらに，予定された時間間隔で行う**定期保全**と，管理対象となる機器の累積動作時間が所定の時間に到達して時に行う**経時保全**に分類されます。

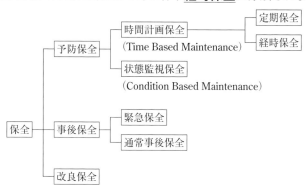

図3.1.2　保全方式の分類

以上の準備のもとに，過去問を解いてみましょう。

問題3-1-4　保全に関する次の記述の　　　に入る語句の組合せとして，最も適切なものはどれか。

設備や機械など主にハードウェアからなる対象（以下，アイテムと記す）について，それを使用及び運用可能状態に維持し，又は故障，欠点などを修復するた

めの処置及び活動を保全と呼ぶ。保全は，アイテムの劣化の影響を緩和し，かつ，故障の発生確率を低減するために，規定の間隔や基準に従って前もって実行する　ア　保全と，フォールトの検出後にアイテムを要求通りの実行状態に修復させるために行う　イ　保全とに大別される。また，　ア　保全は定められた　ウ　に従って行う　ウ　保全と，アイテムの物理的状態の評価に基づいて行う状態基準保全とに分けられる。さらに，　ウ　保全には予定の時間間隔で行う　エ　保全，アイテムが予定の累積動作時間に達したときに行う　オ　保全がある。

	ア	イ	ウ	エ	オ
①	予防	事後	劣化基準	状態監視	経時
②	状態監視	経時	時間計画	定期	予防
③	状態監視	事後	劣化基準	定期	経時
④	定期	経時	時間計画	状態監視	事後
⑤	予防	事後	時間計画	定期	経時

［出題：令和元年度再試験　I-1-6］

解　説　　ア：「規定の間隔」は時間計画保全のこと，「規定の基準」は状態監視保全のことと考えられるので，予防保全の説明で，「予防」が入ります。

イ：「フォールトの検出後」とあるので，事後保全の説明と考え，「事後」を選択します。

ウ：予防保全のうち，時間計画保全の説明部分ですので，「時間計画」が入ります。

エ：時間計画保全には，定期保全と経時保全がありますが，予定の時間間隔で実施するのは前者です。したがって，「定期」となります。

オ：こちらは，累積動作時間に達した際に実施する時間計画保全なので「経時」となります。

以上より正解は⑤です。　　　　　　　　　　　　　　　　　　　　　　**答** ⑤

1-2 ┃ システム設計

❗ 直列・並列の信頼度設計

信頼度の計算問題は，以下で出題されています。

・平成 30 年度 I-1-1

・令和 2 年度 I-1-6

・令和 3 年度 I-1-2

JIS Z 8115：2019 では，**信頼度**（Reliability）は，アイテムが与えられた条件で規定の期間中，要求された機能を果たす確率（性質）と定義されています。試験問題では，アイテムが正常である確率と理解すればよいでしょう。

過去の出題は，アイテムの信頼度が与えられて（平成 30 年度 I-1-1 のように与えられていない問題もありますが），系全体の信頼度を求める問題が基本形となっています。

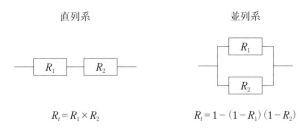

直列系 $R_t = R_1 \times R_2$

並列系 $R_t = 1 - (1 - R_1)(1 - R_2)$

図 3.1.3　システムの信頼性

予備知識として必要となるのは，直列系，並列系の信頼度を計算する方法のみです（図 3.1.3）。2 アイテムの場合（各アイテムの信頼度を R_1, R_2 とする）で説明すると，総合信頼度 R_t は

・直列系：両アイテムが正常である確率，$R_t = \underline{R_1 \times R_2}$

・並列系：両アイテムが故障しない確率，$R_t = \underline{1 - (1 - R_1)(1 - R_2)}$

並列系では，$(1 - R_n)$ は，アイテム n が故障する確率となるので，すべてが故障する確率は，アイテム 1〜n の故障確率の積になります。いずれか 1 アイテム以上が正常である確率は，$(1 -$ （すべてが故障する確率））で計算できます。

それでは，過去問題を解いてみましょう。

問題3-1-5　下図に示した，互いに独立な 3 個の要素が接続されたシステム A〜E を考える。3 個の要素の信頼度はそれぞれ 0.9，0.8，0.7 である。各システムを信頼度が高い順に並べたものとして，最も適切なものはどれか。

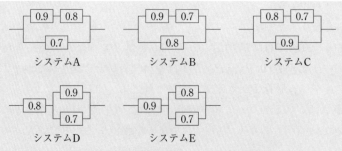

図　システム構成図と各要素の信頼度

① C＞B＞E＞A＞D
② C＞B＞A＞E＞D
③ C＞E＞B＞D＞A
④ E＞D＞A＞B＞C
⑤ E＞D＞C＞B＞A

［出題：令和 3 年度　I-1-2］

解　説　　五つのシステムの総合信頼度を高い順に並べる問題です。システム構成は，A〜C と D〜E が同じ構成で，各アイテムの信頼度が異なっています。計算方法が同じなので，各構成より，システム A，システム D で解き方を説明します（図 3.1.4）。

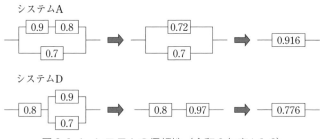

図 3.1.4　システムの信頼性（令和 3 年度 I-1-2）

・システム A：

直列となっている上部の信頼度を求めます。

$$0.9 \times 0.8 = 0.72$$

並列システムの基本形に帰着されたので，図 3.1.3 の計算法に従ってシステム信頼度を求めます。

$$1-(1-0.72)\times(1-0.7)=0.916$$

・システム D：

並列系となっている右側の信頼度を求めます。

$$1-(1-0.9)\times(1-0.7)=0.97$$

直列系の基本形に帰着されたので，システム信頼度は

$$0.8\times0.97=0.776$$

同様の手順で，システム B，C，E の信頼度を計算します。

・システム B：

上側の信頼度：$0.9\times0.7=0.63$

システム信頼度：$1-(1-0.63)\times(1-0.8)=0.926$

・システム C：

上側の信頼度：$0.8\times0.7=0.56$

システムの信頼度：$1-(1-0.56)\times(1-0.9)=0.956$

・システム E：

右側の信頼度：$1-(1-0.8)\times(1-0.7)=0.94$

システムの信頼度：$0.9\times0.94=0.846$

以上の計算結果より，信頼度の高い順に並べると

C ＞ B ＞ A ＞ E ＞ D

となり，選択肢②が正解となります。　　　　　　　　　　　　**答** ②

▼**アドバイス**△　信頼度の計算問題は時間を要する場合が多いので，時間がないときは，勘を働かせて解答することも大切です。本問題では，並列系である A，B，C に比べて，直列系 D，E の信頼度が低いと推定されるので，D，E とも低い順位になっている選択肢②を選ぶことができます。

　新傾向として，令和 5 年度 I-1-4 に 2/3 多数決冗長系（2 out of 3）の信頼度の計算問題が出題されています。並列系となっている 3 要素のうち 2 要素以上が正常の場合，系が正常に動作する仕組みです。計算は，2 要素が正常かつ 1 要素が異常の場合と，3 要素とも異常の場合に分けて確率を計算して和をとることで求められます。余力ある方はあわせて確認しておくとよいでしょう。

❗ アローダイアグラム /PERT

　アローダイアグラム型の工程管理手法は，Program Evaluation and Review Technique（**PERT** と略されます）と呼ばれ，工程間の前後関係が複雑なプロジェ

クトの工程管理に適しています。工程をキープするために重点管理すべき工程を明確にすることができます。

　最新の出題状況は下記のとおりです。

　・計算問題

　　平成30年度I-1-2

　・PERTの用語に関する問題

　　令和元年度再試験I-1-4

　ここではPERTの用語解説をした後，平成30年度の問題を通じて，計算問題を解説します。

　また，PERTにコストの要素を加え，工程長を最適なコストで短縮する**CPM**（Critical Path Method）という手法があります。最近は出題されていませんが，下記の出題実績があります。今後出題される可能性があることから，平成28年度の問題で解説してゆきます。

　・平成25年度I-1-4，平成28年度I-1-4

　図3.1.5は平成30年度で出題されたPERTのアローダイヤグラム工程図に，解説用に加筆したものです。PERT図の構成要素を下記に説明します。

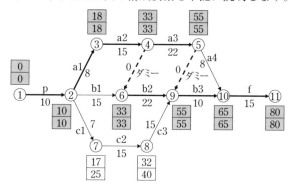

図3.1.5　PERTの例（平成30年度I-1-2）

直線の矢印：作業（アクティビティ）

作業に要する時間（所要時間）は，矢印上に数字で記載します。

○：結合点（ノード）

作業間の区切り，作業の終了点，次の作業の開始点です。

ダミー：

点線の矢印，作業間の順序関係を示すために設けられた，作業時間ゼロの作業です。

　PERTでは，ボトルネックとなる作業（クリティカルパス）を求めます。**クリティカルパス**とは，プロジェクト全体の所要日数を決定する作業の列（要素作業群）と定義されます。言い換えれば，クリティカルパス上の作業のいずれかに遅延が発生すると，全体工程に遅延が生じる作業の列（要素作業群）です。

　クリティカルパスを求めるには，各ノードの**最早結合点時刻**と**最遅結合点時刻**を算出します。前者は，プロジェクト開始時刻を 0 として，最早でそのノードを始点とした作業を開始できる時刻です。また，後者は，プロジェクトの全体工程を遅延させることなく，作業を開始しなければならない最遅の時刻です。用語に関しては，令和元年度再試験 I-1-4 で知識の定着を図ってください。

　次に，クリティカルパスを求める計算問題（平成 30 年 I-1-2）を解いてゆきます。図 3.1.5 を用いて説明します。

問題3-1-6　設計開発プロジェクトのアローダイアグラムが下図のように作成された。ただし，図中の矢印のうち，実線は要素作業を表し，実線に添えた pや a1 などは要素作業名を意味し，同じく数値はその要素作業の作業日数を表す。また，破線はダミー作業を表し，〇内の数字は状態番号を意味する。このとき，設計開発プロジェクトの遂行において，工期を遅れさせないために，特に重点的に進捗状況管理を行うべき要素作業群として，最も適切なものはどれか。

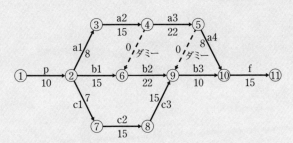

図　アローダイアグラム（arrow diagram：矢線図）

① （p, a1, a2, a3, b2, b3, f）

② （p, c1, c2, c3, b3, f）

③ （p, b1, b2, b3, f）

④ （p, a1, a2, b2, b3, f）

⑤ （p, a1, a2, a3, a4, f）

［出題：平成 30 年度　I-1-2］

解　説　図 3.1.5 の各ノードに上下 2 段のボックスを記載しておりますが，上段が最早結合点時刻，下段が最遅結合点時刻です。このボックスの数値を埋めていきます（各ノードの最早／最遅結合点時刻を求めていきます）。

まず最早結合点時刻を計算してゆきます。始点（ノード 1）から終点（ノード 11）に向かって順番に進めます。ノード 2 は，アクティビティ p の所要日数 10 を開始時刻に加算して 10，同様にノード 3 は，アクティビティ a1，ノード 7 はアクティビティ c1 の所要日数 8，7 をノード 2 の最早開始時刻に加算して，それぞれ 18，17 となります。

以下同様に計算してゆきますが，複数ノードからの接続があるノード（6，9，10）の場合は，そのノードに至る最大の時刻を最早開始時刻とします。たとえばノード 6 では，ノード 3 → 4 → 6 に至るルートと，ノード 2 →ノード 6 のルートがありますが

　　前者は，（ノード 3 最早結合点時刻）＋a2＋0＝33

　　後者は，（ノード 2 最早結合点時刻）＋b1＝25

したがって，ノード 6 の最早結合点時刻は，両者が終了した時刻のため，最大値をとって 33 となります。

同様の計算を続けて

ノード 5：33＋22＝55

ノード 8：17＋15＝32

ノード 9：ノード 5 からのルート 55＋0＝55

　　　　　ノード 6 からのルート 33＋22＝55

　　　　　ノード 8 からのルート 32＋15＝47

　　　　　以上から，最大値をとって 55

ノード 10：ノード 5 からのルート 55＋8＝63

　　　　　　ノード 9 からのルート 55＋10＝65

　　　　　　以上から，最大値をとって 65

ノード 11：65＋15＝80

　　　　　　本ノードが終点ですから，80 が最短の工程長（所要時間）となります。

次に，最遅結合点時刻を求めます。最遅結合点時刻は，終点（ノード 11）より始点（ノード 1）に向かって，つまり最早結合点時刻とは逆方向に計算していきます。

　ノード11：最早結合点時刻と同じ80とします。

　これは，最遅で各アクティビティを開始しても最短工程をキープするための時刻を求めるためです。以下，始点に向かって計算します。

　ノード10：80－f＝80－15＝65

　ノード9　：65－b3＝65－10＝55

　ノード5　：ノード10へのルート 65－a4＝65－8＝57

　　　　　　　ノード9へのルート 55－0＝55

　このように複数のノードと接続がある場合は，最小の時刻を最遅結合点時刻とします。遅くともこの時刻に作業を開始しないと，プロジェクト全体の最短工程をキープできなくなるからです。よって，55となります。

　ノード6：55－b2＝55－22＝33

　ノード4：ノード5へのルート 55－a3＝55－22＝33

　　　　　　ノード6へのルート 33－0＝33

　　よって，33となります。

　ノード3：33－a2＝33－15＝18

　ノード8：55－c3＝55－15＝40

　ノード7：40－c2＝40－15＝25

　ノード2：ノード3へのルート 18－a1＝18－8＝10

　　　　　　ノード6へのルート 33－b1＝33－15＝18

　　　　　　ノード7へのルート 17－c1＝17－7＝10

よって10となります。

　以上で，最早，最遅結合点時刻が算出できました。次に，各ノードの最早結合点時刻，最遅結合点時刻を比較します。両者が一致しているノードが，遅延が許されないノードとなります。図3.1.5では，グレー表示したノードです。また，両者に差があるノードは，最遅結合点時刻までに開始できれば全体のプロジェクト工程に影響を与えない，時間的な余裕をもったノードになります。この差をフロートと呼びます。

　両者に差がないノードをつないだ作業順序は

　1→2→3→4→5→10→11　（p→a1→a2→a3→a4→f）

　ダミーを考慮すると

$1 \rightarrow 2 \rightarrow 3 \rightarrow 4 \rightarrow 6 \rightarrow 9 \rightarrow 10 \rightarrow 11$ 　（p → a1 → a2 → b2 → b3 → f）

$1 \rightarrow 2 \rightarrow 3 \rightarrow 4 \rightarrow 5 \rightarrow 9 \rightarrow 10 \rightarrow 11$ 　（p → a1 → a2 → a3 → b3 → f）

これらの作業工程のルートをクリティカルパスと呼んでいます。

なお，ノード2→ノード6のルートは，最遅結合点時刻で開始してもノード6の結合点時刻は25であるため，余裕のある作業順序となり，クリティカルパスからは除外されます。

平成30年度I-1-2では「工期を遅れさせないために，特に重点的に進捗管理を行うべき要素作業群」を問うているので，クリティカルパス上の要素作業を列挙していけばよいことになります。図3.1.5で太字になっている要素作業（矢印），p，a1，a2，a3，b2，b3，fが相当します。したがって，正解は①です。　　　**答** ①

最後に，平成28年度I-1-4を加工した問題でCPMを説明します。クリティカルパスを求めた結果を図3.1.6に示します。クリティカルパスを求めるところまではPERTと同じです。本問はネットワークの構成が，平成30年度I-1-2とほとんど同じです（a3の作業時間のみ異なる）。CPMでは，短縮可能な要素作業の作業時間をコストの関数として表現しますが，ここでは，1日短縮可能な要素作業と発生するコストが表で記載されています。この問題では，プロジェクト全体の工程を1日短縮（最早完了日数を1日短縮）するには，どの要素作業を短縮するのが最小の追加コストでできるかを問うています。

CPMではクリティカルパスを求めた後，どの要素作業を短縮するかの検討に入ります。ネットワーク図中で，短縮可能な要素作業の記号を四角で囲みました。まずクリティカルパス上にない要素作業を短縮してもプロジェクト全体の完成日数は変わらないので，a3，b1，c1は候補から外れます。クリティカルパス上のある要素作業a2，b3が短縮する候補になりますが，このうち追加費用が少ないb3を短縮するべきという結論になります。したがって，④が正解です。

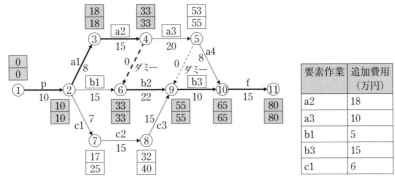

図3.1.6　CPMの問題（平成28年度I-1-4）

要素作業	追加費用 （万円）
a2	18
a3	10
b1	5
b3	15
c1	6

　実際のCPMでは，要素作業を短縮することによってクリティカルパスが変わってくることも考慮しなければなりませんが，時間が限られる試験では，そこまで難しくなっていません。

！ 最適化技法（線形計画法等）

　与えられた制約条件の下に，何かを最適化（最大，最小化）するという課題に実務で向き合うことがあると思います。この課題を数学モデルで記述できれば，数理最適化問題に帰着し，最適解を得ることができます。最近は，PCで動作する数理最適化ソルバーが入手しやすくなっていることから，最適化技法を活用する機会が増えてきていると思います。この分野になじみのない方も，試験対策を通じて概要を押させておきましょう。

　これまでの出題は次のようになっています。

（a）数理最適化全般に関する知識を問う問題

　　令和元年度I-1-1，令和元年度再試験I-1-2

（b）線形計画法の計算問題

　　平成30年度I-1-4，令和2年度I-1-4（感度分析の問題を含む）

（c）その他の最適化問題（コスト最小化）

　　令和元年度I-1-2，令和元年度再試験I-1-5，令和4年度I-1-4

　本項目では出題傾向に対応して，また数理最適化問題の概要を理解するため，次の順序で解説していきます。

　まず，全体像を概観できるように，数理最適化法の分類，用語解説を行います。これを予備知識として，（a）の過去問を解き，理解の定着を図ります。

　次に，（b）の線形計画法の計算問題を，令和2年度I-1-4を例として解説します。

手計算で解く試験問題では，図式解法で解ける2変数の問題が出題されます。

(c) は総コストを最小にする変数を求める問題です。特に，安全率に関する問題が2度出題（令和元年度再試験I-1-5，令和4年度I-1-4）されているので，令和4年度I-1-4で解説します。令和元年度I-1-2は，発注量の最適サイズを求める問題ですが，目的関数が，安全率の問題と同様の関数形（双曲線関数）に定式化されます。

❗ 数理最適化問題の概要

数理最適化問題は

制約条件　$g_i(X) \geqq 0$　$(i=1, 2, \cdots, m)$ の下で

$f(X)$ を最小化（または最大化）する $X = (x_1, x_2, \cdots, x_n)$ を求める問題です。

$f(x)$ を**目的関数**と呼び，最適化したい対象（総コスト，エネルギー消費量等）を X の関数として表現します。

図3.1.7に代表的な数理最適化問題を分類しました。大別して変数がすべて連続値の**連続最適化問題**と，変数に離散変数を含む**離散最適化問題**に分類されます。連続最適化問題は，さらに目的関数，制約条件がすべて線形関数の**線形計画問題**（**LP**：Linear Programming）と，非線形関数を含む**非線形計画問題**（**NLP**：Non Linear Programming）に分かれます。また，離散最適化問題は，変数がすべて離散値（整数）の**整数計画問題**（**IP**：Integer Programming），変数の一部が離散値となっている**混合整数計画問題**（**MIP**：Mixed Integer Programming）に分類されます。特に，すべての変数が0，1の2値のみをとる場合，**0-1整数計画問題（2値整数計画問題）**と呼ばれています。最適な順序を求めるスケジューリング問題等の組合せ最適化問題も，整数計画問題として定式化できます。

線形計画問題は，1947年にDanzigが提案した**シンプレックス法**が効率的なアルゴリズムとして用いられています。シンプレックス法は，計算時間が問題サイズ（変数や制約条件の数等）の多項式関数にならない（計算に時間がかかる）場合があることが指摘されていましたが，これを解決した多項式関数アルゴリズムとしてKarmarkarが1984年に提案した**内点法**も実用的なアルゴリズムとして活用されてきています。

非線形計画問題は，変数 X のとりうる実行可能解（制約条件を満たす解）すべてにおいて，最適解である大域最適解のほかに，局所的な最適解（その近傍で最適な解，最大値問題では，局所的なピーク）が存在することが一般的であり，汎用的なアルゴリズムは提案されていません。しかし非線形計画問題のうち，目的関数が

凸関数，実行可能領域が凸領域である場合は，局所最適解が最適解になることが知られており，最急降下法，ニュートン法等のアルゴリズムがあります。

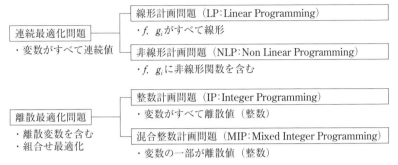

図 3.1.7　代表的な数理最適化問題の分類

　離散最適化問題は，連続最適化に比べて計算量が大きくなることが知られており，問題サイズの多項式関数にならない，つまり，変数が多くなると急激に計算時間が増加する問題が一般的になります。そこで，必ずしも最適解は得られないものの近似解を求める方法として**メタヒューリスティクス**が，組合せ最適化問題に活用されています。実行可能解を少しずつ変化させ改善させるとともに，別の可能解も試行し，局所最適解から逃れることで最適解に近づけてゆく手法で，遺伝的アルゴリズム等が知られています。**遺伝的アルゴリズム**では，突然変異を模擬することで，局所最適解からの脱出を図るようにしています。

　ここまで，目的関数 $f(X)$ が一つであることを前提として説明してきましたが，目的関数が複数の最適化問題も考えられます。たとえば，総コスト，温室効果ガス排出量等，複数の目的とする数値を最小化したい，というような場合です。このように，目的関数が複数ある最適化問題を**多目的最適化問題**と呼んでいます。

　多目的最適化のイメージを理解するために，図 3.1.8 に目的関数が二つ（$f_1(X)$，$f_2(X)$）で，いずれも最大化する例を示します。一般的に，すべての目的関数を最適化することはできず，目的関数間に**トレードオフ**の関係が生じます。図 3.1.8 では，目的関数 $f_1(X)$ の最適値を A_1 に固定した場合，目的関数 $f_2(X)$ の最適値は A_2 となります。$f_2(X)$ の最適値をさらに良くしようとすると，A_1 の最適値を下げねばなりません。このように他の目的関数値を悪化させることなく目的関数の最適値を改善できない状態を**パレート最適**と呼び，図 3.1.8 では太線の部分になります。多目的最適化では，このパレート最適解の中から目的関数間のトレードオフを考慮して最適解の組合せを選んでいきます。

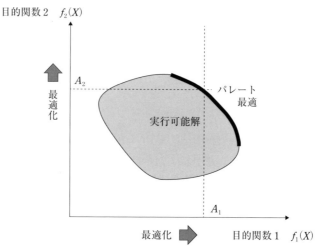

目的関数2　$f_2(X)$

A_2

最適化

パレート最適

実行可能解

A_1

最適化　　目的関数1　$f_1(X)$

図3.1.8　多目的最適化問題のイメージ

　以上の解説を予備知識として，（a）数理最適化全般に関する知識を問う問題として，次の過去問題（令和元年度 I-1-1）を解いていきましょう。

問題3-1-7　最適化問題に関する次の（ア）から（エ）の記述について，それぞれの正誤の組合せとして，最も適切なものはどれか。

（ア）線形計画問題とは，目的関数が実数の決定変数の線形式として表現できる数理計画問題であり，制約条件が線形式であるか否かは問わない。

（イ）決定変数が2変数の線形計画問題の解法として，図解法を適用することができる。この方法は2つの決定変数からなる直交する座標軸上に，制約条件により示される（実行）可能領域，及び目的関数の等高線を描き，最適解を図解的に求める方法である。

（ウ）制約条件付きの非線形計画問題のうち凸計画問題については，任意の局所的最適解が大域的最適解になるといった性質を持つ。

（エ）決定変数が離散的な整数値である最適化問題を整数計画問題という。整数計画問題では最適解を求めることが難しい問題も多く，問題の規模が大きい場合は遺伝的アルゴリズムなどのヒューリスティックな方法により近似解を求めることがある。

	ア	イ	ウ	エ
①	正	正	誤	誤

②	正	誤	正	誤
③	誤	正	誤	正
④	誤	誤	正	正
⑤	誤	正	正	正

[出題：令和元年度　I-1-1]

解 説　（ア）（ウ）（エ）は，これまでの説明どおりで，（ア）は誤，（ウ），（エ）は正です。また，線形計画問題では，2変数の場合二次元平面で考えることが可能で，過去出題されているように図解法が適用できます。したがって，（イ）は正です。以上より，⑤が正解となります。　　　　　　　　　　　　　　**答** ⑤

▼アドバイス△　同様の問題が，令和元年度再試験I-1-2に出題されています。ここまでの解説の範囲で正解にたどりつけますが，双対問題に関する記載があります。今後の出題可能性を考えて補足説明しておきます。余裕のある方は一読ください。

線形計画法において

制約条件：$\sum_{j=1}^{n} a_{ij}x_j \le b_i, \quad i = 1, 2, \cdots, m$

$x_j \ge 0 \quad j = 1, 2, \cdots, n$ の下で

目的関数：$f(X) = \sum_{j=1}^{n} c_j x_j$ を最大化する $X = (x_1, x_2, \cdots, x_n)$ を求める最大値問題（主問題）があったとすると，制約条件の定数 b_i と目的関数の係数 c_j を入れ替えて

制約条件：$\sum_{i=1}^{m} a_{ij}y_j \le c_j \quad j = 1, 2, \cdots, n$

$y_i \ge 0 \quad i = 1, 2, \cdots, m$ の下で

目的関数：$g(Y) = \sum_{i=1}^{m} b_i y_i$ を最小化する $Y = (y_1, y_2, \cdots, y_m)$ を求める最小値問題を，上記した主問題の**双対問題**と呼びます。最適解が存在する場合は，主問題と双対問題の最適値は等しくなります。

次に，（b）線形計画法の計算問題として，線形計画法の図解法の問題（令和2年度I-1-4）を解きます。

問題3-1-8　ある工場で原料A，Bを用いて，製品1，2を生産し販売している。下表に示すように製品1を1［kg］生産するために原料A，Bはそれぞれ3［kg］，1［kg］必要で，製品2を1［kg］生産するためには原料A，Bをそれぞれ2［kg］，3［kg］必要とする。原料A，Bの使用量については，1日当たりの上限があり，

57

それぞれ 24 [kg]，15 [kg] である。

(1) 製品 1，2 の 1 [kg] 当たりの販売利益が，各々 2 [百万円／ kg]，3 [百万円／ kg] の時，1 日当たりの全体の利益 z [百万円] が最大となるように製品 1 並びに製品 2 の 1 日当たりの生産量 x_1 [kg]，x_2 [kg] を決定する。なお，$x_1 \geqq 0$，$x_2 \geqq 0$ とする。

表　製品の製造における原料使用量，使用条件，及び販売利益

	製品 1	製品 2	使用上限
原料 A [kg]	3	2	24
原料 B [kg]	1	3	15
利益 [百万円／kg]	2	3	

(2) 次に，製品 1 の販売利益が Δc [百万円／ kg] だけ変化する，すなわち $(2+\Delta c)$ [百万円／ kg] となる場合を想定し，z を最大にする製品 1，2 の生産量が，(1) で決定した製品 1，2 の生産量と同一である Δc [百万円／ kg] の範囲を求める。

1 日当たりの生産量 x_1 及び x_2 [kg] の値と，Δc [百万円／ kg] の範囲の組合せとして，最も適切なものはどれか。

① $x_1 = 0$，$x_2 = 5$，$-1 \leqq \Delta c \leqq 5/2$

② $x_1 = 6$，$x_2 = 3$，$\Delta c \leqq -1$，$5/2 \leqq \Delta c$

③ $x_1 = 6$，$x_2 = 3$，$-1 \leqq \Delta c \leqq 1$

④ $x_1 = 0$，$x_2 = 5$，$\Delta c \leqq -1$，$5/2 \leqq \Delta c$

⑤ $x_1 = 6$，$x_2 = 3$，$-1 \leqq \Delta c \leqq 5/2$

[出題：令和 2 年度　I-1-4]

解　説　　まず題意より，制約条件を定式化すると，本問題は

原料 A の制約：$3x_1 + 2x_2 \leqq 24$

原料 B の制約：$x_1 + 3x_2 \leqq 15$

$x_1, x_2 \geqq 0$

目的関数（販売利益）：$z = 2x_1 + 3x_2 \Rightarrow$ 最大化

となります。

(1) は，最大値となる x_1, x_2 を求める（最適解を求める）問題です。x_1, x_2 の取り得る実行可能領域は，原料 A，B 両者の制約を満たし，かつ非負の領域となるので，

図 3.1.9 に図示した実行可能領域で描くことができます．また，目的関数は，z が未知数ですが，図中の点線で記載した，x_1 軸の切片が $\frac{z}{2}$，x_2 軸の切片が $\frac{z}{3}$ である直線となります．z を最大にするには，この直線が原点から極力遠くに引き，かつ実行可能領域を通るようにすればよいことになります．したがって，直線 $3x_1+2x_2=24$ と，直線 $x_1+3x_2=15$ の交点 $x_1=6$，$x_2=3$ を通る直線が，$z=21$ の最大値をとります．

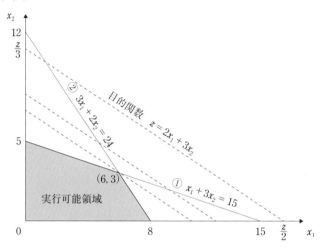

図 3.1.9　線形計画法の図式解法（令和 2 年度 I-1-4）

　線形計画法では，解が存在する場合，実行可能領域の頂点のいずれかが最適解になります．シンプレックス法のアルゴリズムでも，実行可能領域の頂点を，n 次元空間上で効率的に探索していきます．本問では，$(x_1, x_2)=(0, 5), (6, 3), (8, 0)$ が頂点になりますが，図解法で $(6, 3)$ が最適解になるのは一目瞭然だと思います．試験では，時間も限られていることから，このようなシンプルな問題が出題されると考えられます．解答に迷う場合は，頂点の値を目的関数に代入して，選択肢から最適（最大または最小）になるものを選ぶのもよいでしょう．

　(2) は定式化したモデルの条件が変わってきた場合の最適解を検討する**感度分析**に関係した問題です．本問では，目的関数の係数（製品 1 の kg 当たりの販売利益）が変化した場合の，最適解が変化しない範囲が問われています．実際の感度分析では，先ほど紹介した双対問題が活躍するのですが，2 変数の場合は図解法で対応できます．

　ここでは最適解になり得るのは，$(x_1, x_2)=(0, 5), (6, 3), (8, 0)$ のいずれかですが，

（1）で説明したとおり，(6,3) が最適解でした。したがって最適解が (6,3) から，(0,5)，(8,0) のいずれかに変化する条件を求めればよいことになります。図 3.1.9 より，目的関数の直線の傾きが直線①に等しくなると（$\Delta c = -1$ のとき）最適解が (0,5) となり，目的関数の傾きが直線②に等しくなると（$\Delta c = 5/2$ のとき）最適解が (8,0) となります。以上より $-1 \leqq \Delta c \leqq 5/2$ であれば最適解には変動はありません。

（1），（2）の解答結果より，本問題の正解は⑤となります。　　　　　　　**答** ⑤

最後に，（c）その他の最適化問題（コスト最小化）のなかから，次の過去問題（令和 4 年度 I-1-4）を解いていきます。

問題3-1-9　ある工業製品の安全率を x とする（x＞1）。この製品の期待損失額は，製品に損傷が生じる確率とその際の経済的な損失額の積として求められ，損傷が生じる確率は 1/(1+x)，経済的な損失額は 9 億円である。一方，この製品を造るための材料費やその調達を含む製造コストが x 億円であるとした場合に，製造にかかる総コスト（期待損失額と製造コストの合計）を最小にする安全率 x の値はどれか。

①　2.0　　②　2.5　　③　3.0　　④　3.5　　⑤　4.0

［出題：令和 4 年度　I-1-4］

解　説　題意より

$$期待損失額 = \frac{1}{1+x} \times 9$$

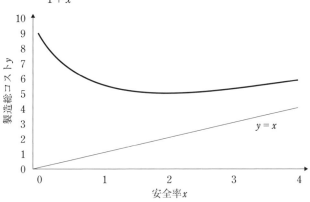

図 3.1.10　製造総コストのグラフ（令和 4 年度 I-1-4）

製造コスト x 億円，ここで製造総コストを y とすると

$$y=x+\frac{1}{1+x}\times 9$$

となります。これをグラフに描くと図 3.1.10 のようになります。$y=x, x=-1$ を漸近線とする双曲線となります。これは下に凸な関数（最小値が存在する）ですので，y を微分し，$y'=0$ となる x が求める安全率となります。

$$y'=1-\frac{9}{(1+x)^2}=0$$

これを解くと $(x-2)(x+4)=0$ より，$x=2, -4$ で，$x>1$ ですので，$x=2.0$（選択肢①）が正解となります。　　　　　　　　　　　　　　　　　　　　　**答　①**

▼アドバイス△　解き方としては，選択肢の数値を y の関数に代入してゆく方法もよいでしょう。双曲線なので谷は一つです。x の小さい順に代入し，y が減少→上昇に転じると，それ以上は計算しなくてよくなります。本問題では，①②を計算したところで正解にたどりつきます。

ほとんど同じ問題が，令和元年度再試験 I-1-5 で出題されておりますので解いてみてください。また，令和元年度 I-1-2 も，双曲線になるので，同様の解き方になります。

❗ 待ち行列

待ち行列に関する問題は，下記で出題されています。

　　・平成 29 年度 I-1-1

　　・令和元年度 I-1-5

いずれも銀行 ATM を利用する客が到着してから ATM 処理（サービス）が終了するまでの時間（システム滞在時間）を求めるもので，ほとんど同じ問題です。また，計算式（公式）が与えられているので，待ち行列理論特有の用語と考え方を理解しておけば容易に解くことができます。

待ち行列は，出題問題の銀行 ATM や，商店等のレジ（サービスと呼んでいます）の待ち時間や，行列の長さ（人数等）を求めるための理論と考えればイメージが沸くと思います。大規模なものでは，コンピュータネットワークや，古くは電話の交換機網の設計等に活用されています。

試験問題では，解析的に解ける最もシンプルな，顧客の到着率が**ポアソン分布**，**サービス時間**（銀行 ATM の処理時間等，サービスに要する時間）が**指数分布**に従うステーション数 1 の待ち行列が出題されています（**M/M/1 型の待ち行列と**

呼ばれ，客の到着，サービス時間がランダムな場合です）。

まず，待ち行列固有の用語を説明します。

時間当たりの客の到着数：**到着率**（平均到着率を λ で表現）

平均到着間隔は到着率の逆数をとって $1/\lambda$ で表現します。

時間当たりの処理数：**サービス率**（平均サービス率を μ で表現）

平均処理時間（平均サービス時間）はサービス率の逆数をとって $1/\mu$ で表現します。

M/M/1 型の待ち行列では，到着率が平均 λ のポアソン分布，平均処理時間が $1/\mu$ の指数分布に従う前提で，下記のとおり特徴量を解析的に解いています。

なお，ポアソン分布に従う確率変数の逆数は指数分布となります。客の到着率が平均 λ のポアソン分布なので，到着間隔は平均 $1/\lambda$ の指数分布に従います。同様にサービス時間が $1/\mu$ の指数分布なので，サービス率は平均 μ のポアソン分布に従います。

トラフィック密度（利用率，稼働率）：$\rho = \lambda/\mu$

ρ は計算機システムでは CPU 負荷率，生産システムでは設備稼働率になります。要するに，サービスステーションが仕事中である割合です。

平均待ち行列長さ（平均系内列長：ステーションに待っている人数の平均値）：

$$L = \frac{\rho}{1-\rho}$$

平均待ち時間：$Tw = (\text{平均待ち行列長さ } L) \times (\text{平均処理時間}) = \dfrac{\rho}{1-\rho} \times \dfrac{1}{\mu}$

平均系内滞在時間：$T = (\text{平均待ち時間 } Tw) + (\text{平均処理時間}) = \left(\dfrac{\rho}{1-\rho} \times \dfrac{1}{\mu} \right) + \dfrac{1}{\mu}$

$$= \frac{\rho}{1-\rho} \times \frac{1}{\lambda}$$

導出方法に興味ある方は，オペレーションズリサーチの教科書やインターネットで紹介されているので確認してみてください。確率過程微分方程式で定式化されます。

では，過去問題（令和元年度 I-1-5）を解いてゆきましょう。

問題3-1-10　ある銀行に1台の ATM があり，この ATM を利用するために到着する利用者の数は1時間当たり平均40人のポアソン分布に従う。また，この ATM での1人当たりの処理に要する時間は平均40秒の指数分布に従う。このと

き，利用者がATMに並んでから処理が終了するまで系内に滞在する時間の平均
値として最も近い値はどれか。

　トラフィック密度（利用率）＝到着率÷サービス率

　平均系内列長＝トラフィック密度÷（1－トラフィック密度）

　平均系内滞在時間＝平均系内列長÷到着率

① 68秒　　② 72秒　　③ 85秒　　④ 90秒　　⑤ 100秒

[出題：令和元年度　I-1-5]

解 説　　題意より，平均到着率 λ：ATMの1時間当たり到着数が40人なので

$$\lambda = \frac{40}{60 \times 60} = \frac{1}{90} \ [\text{人／秒}]$$

平均サービス率 μ：1人当たりの処理に要する時間が40秒なので

$$\left(\text{平均処理時間} \ \frac{1}{\mu}\right) = 40 \ [\text{秒／人}] \ \text{より，} \ \mu = \frac{1}{40} \ [\text{人／秒}]$$

ですから，トラフィック密度は

$$\rho = \frac{\lambda}{\mu} = \frac{1}{90} \times 40 = \frac{4}{9}$$

です。

　したがって，平均系内列長（平均待ち行列長さ）L は

$$L = \frac{\rho}{1-\rho} = \frac{\dfrac{4}{9}}{1 - \dfrac{4}{9}}$$

となります。問題で与えられた式を使うと

　(平均系内滞在時間 T)＝(平均系内列長 L)÷到着率

$$= \frac{\rho}{1-\rho} \times \frac{1}{\lambda} = \frac{\dfrac{4}{9}}{1 - \dfrac{4}{9}} \times 90 = 72 \ [\text{秒}]$$

となり，②が正解となります。　　　　　　　　　　　　　　**答** ②

1-3 | 材料・強度設計

　材料の強度に関する諸数値は設計において重要です。ここでは数値のもつ意味と設計との関係についてこれまでに多く出題されている事項について解説します。1群では材料として金属に関する内容が多く出題されているので金属中心に解説しますが，この内容は無機材料や有機材料にもあてはまります。また，金属に関しては3群で材料の基礎として，また，4群では金属の腐食・防食や製造法に関しての出題があります。関連する部分もあわせて学ばれると解答の幅が広がります。

■1-3-1■金属材料の試験法

　材料強度に関する諸数値は様々ありますが，まず第一に考えることはどのような環境や条件で使われるかです。高温環境であったり，腐食環境，高応力下…等，様々です。ここでは各種試験法についてまとめます。

⚠ 金属組織観察

　金属試料表面を鏡面研磨した後にエッチング液で表面を腐食させます。この場合，結晶粒界の腐食が結晶面より著しく，それにより表面に凹凸が生じます。用いるエッチング液は金属材料により使い分けられます。この試料表面を目視や偏光顕微鏡（金属顕微鏡），電子顕微鏡等で観察して金属組織像が得られます。この金属組織の形状から対象金属（材料）の有する基本的な特性を知ることができます。

⚠ 硬度測定

　硬度は材料の引張強さや耐摩耗性等と関係があります。試験片表面に圧子を一定荷重で押し当て圧痕の大きさを測定し単位面積当たりの荷重から硬度を求めます。試験の様式によりブリネル硬度，ビッカース硬度，ロックウェル硬度，ショアー硬度等があります。通常は表面における硬度が測定されます。

⚠ 引張試験

　棒状に加工した試験片を長さ方向に引張り，荷重（応力）と試験片の長さ（伸び）の関係（**応力－歪曲線**）を求め，この図（本章4群の図3.4.2参照）を解析することで材料特性が得られます。材料の変形には**弾性変形**と**塑性変形**（永久変形）に大別されます（4群4-2-2参照）。弾性変形では荷重により生じた変形が荷重の除去により変形前の状態に戻ります。これに対して，塑性変形は変形に加えた荷重を除去しても一部は戻る（弾性変形成分）が大半は変形状態を維持しています。

この性質を利用して材料の特性を調べるのが**引張試験**です。応力-歪曲線をみると、変形の様式により応力が除去されると元に戻る**弾性変形領域**と応力が除去されても元に戻らない**塑性変形領域**とからなり、その境界が**弾性限界**です。弾性変形領域は荷重に比例して伸びる領域と線形的に変化しない領域とからなり、その境界が**比例限界**となります。この領域では応力 σ と歪 ε とは $\sigma=E\varepsilon$ の比例関係があり、E は**ヤング率**（**弾性率**）と呼ばれます。塑性変形領域に入ると荷重のピーク（最大荷重点）となります。この最大荷重点はほぼ引張強さです。また、最大荷重点を境にして歪が小さい側が均一変形、大きい側が不均一な変形（くほみ変形）となっています。応力-歪曲線は試料が破断して終点となります。これは典型的な曲線で、その形状は材料により異なります。塑性変形は図 3.1.11 で示す転位^{てんい}の移動で説明されます。例えば、比例限に達する前に破断する材料や、最大荷重点をもたず伸びるだけの材料（樹脂やアルミニウム）等、曲線の形状は様々で、これが材料の強度特性を表しています。

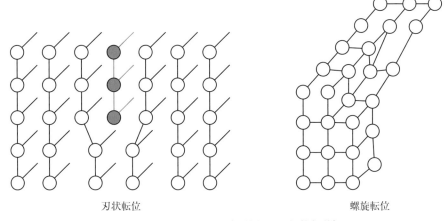

刃状転位　　　　　　　　　　　　　　　　螺旋転位

図 3.1.11　転位の種類（刃状転位と螺旋転位）

ところで、強度試験において加える荷重は大きさと向き（印加方向）を有するベクトル量です。上述の引張試験以外に、図 3.1.12 で示す荷重の印加方法があり、材料の用いられ方により強度試験方法を選択します。

⚠ 衝撃試験

衝撃試験では、振り子を利用して試験片に錘を介して力（衝撃力）を印加して破断する荷重を求めます。破断に必要なエネルギーは振り子の置かれた高さ（位置エネルギー）がすべて運動エネルギーに変わったものとして求めます。

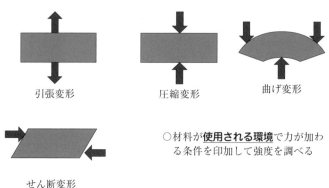

図 3.1.12　材料への荷重の印加方法

❗ クリープ試験

クリープ試験では，試験片に一定の荷重を印加してそのまま放置したときの伸びの時間変化を測定します。材料を室温より高い温度で使用する場合においての試験となることが多くなります。試験に要する時間が長いのも特徴で，使用温度より高い温度で試験を行う加速試験も行われます。また，クリープ破断を生じる高荷重を印加したクリープ破断試験が行われることもあります。

❗ 疲労試験

材料に印加される荷重の印加方向や大きさが周期的に変わる場合があります。例えば，板の折り曲げや転動疲労等がその代表です。この場合，静的な試験で得られる荷重より小さな荷重で破壊が起こることがあります。繰返し荷重による破壊が**疲労破壊**です。これは予測が極めて困難で，表面の仕上げ状況や残留応力，介在物等の影響があります。このなかで，圧力隔壁の疲労破壊による日航ジャンボ機の墜落やエキスポランドのジェットコースターの車軸の破壊等，大きな事故につながっています。

❗ 座屈

断面積に比べて長さが長い物体に圧縮応力を長さ方向に印加します。この場合，応力値が臨界値を超えると長さと 90° 方向の変形は大きくなり続け物体は曲がります。この現象が**座屈**です。

問題3-1-11　材料の機械的特性に関する次の記述の，□□□に入る語句の組合せとして，最も適切なものはどれか。

材料の機械的特性を調べるために引張試験を行う。特性を荷重と ┌ ア ┐ の線

図で示す。材料に加える荷重を増加させると　ア　は一般的に増加する。荷重を取り除いたとき，完全に復元する性質を　イ　といい，き裂を生じたり分離はしないが，復元しない性質を　ウ　という。さらに荷重を増加させると，荷重は最大値をとり，材料はやがて破断する。この荷重の最大値は材料の強さを表す重要な値である。これを応力で示し　エ　と呼ぶ。

	ア	イ	ウ	エ
①	ひずみ	弾性	延性	疲労限
②	伸び	塑性	弾性	引張強さ
③	伸び	弾性	延性	疲労限
④	ひずみ	延性	塑性	破断強さ
⑤	伸び	弾性	塑性	引張強さ

［出題：平成 29 年度　I-1-4］

解　説　このような空欄を埋める問題に対しては空欄を無視し，文全体を読むと応力-歪曲線（線図）に関する基本的事項を聞かれていることがわかります。このことをふまえて，材料に加える荷重を増加させると材料の伸びは増加します。変形である伸びの初期は応力を除去すると元に戻ります（弾性変形）。しかし，一定値以上の荷重を印加すると元に戻らない変形となります（塑性変形）。曲線の荷重の最大値は最大荷重点と呼ばれ，引張強さとなります。　**答** ⑤

問題3-1-12　材料の強度に関する次の記述の，　　　　に入る語句の組合せとして，最も適切なものはどれか。

下図に示すように，真直ぐな細い針金を水平面に垂直に固定し，上端に圧縮荷重が加えられた場合を考える。荷重がきわめて　ア　ならば針金は真直ぐな形のまま純圧縮を受けるが，荷重がある限界値を　イ　と真直ぐな変形様式は不安定となり，　ウ　形式の変形を生じ，横にたわみはじめる。この種の現象は　エ　と呼ばれる。

圧縮荷重

細い針金

図　上端に圧縮荷重を加えた場合の水平面に垂直に固定した細い針金

	ア	イ	ウ	エ
①	小	下回る	ねじれ	座屈
②	大	下回る	ねじれ	共振
③	小	越す	ねじれ	共振
④	大	越す	曲げ	共振
⑤	小	越す	曲げ	座屈

［出題：令和元年度　I-1-4］

解　説　　前問同様，このような空欄を埋める問題に対しては空欄を無視し，文全体を読みます。それにより空欄に何が求められているかがわかります。針金にかかる荷重が小さい場合は純圧縮ですが，一定値以上の大きさとなる（限界値を超す）と針金は曲がります。これが座屈現象です。　　　　　　　　　　　**答** ⑤

■1-3-2■金属材料の強化方法

　金属材料は元素によりその強度が決まります。用い方や用いる環境により材料を選択しますが，それに加えて強化処理を行い，強度を高めます。主な手法を紹介します。金属材料の場合，熱処理により利用の幅が広がるのが特徴です。

！ 合金による強化

　合金による強化は，溶媒である金属元素と原子半径の異なる溶質となる元素を固溶させることにより格子歪を生じさせることにより強度を上げる手法です。この歪の存在が転位の移動を困難にするため強化されたことになります。合金の場合は強化に加えて耐食性の向上にも寄与することがあり，強化と耐食性の両面から用いられます。

⚠ 焼入れ（熱処理）

格子欠陥は材料の温度の上昇とともに増え，高温から急冷する（**焼入れ**）ことでこの欠陥を維持することで材料が強化されます。

⚠ マルテンサイト変態（熱処理）

Fe-C 系で Fe の固溶体を急冷することにより面心立方晶（**マルテンサイト相**）から体心立方晶へ結晶変態することを抑制して強化する手法です。熱処理による強化の一つになります。

⚠ 時効硬化（熱処理＋保持時間）

相互溶解度が温度により変化する二元系合金において，単一相の固溶体から急冷すると過飽和状態になります（**溶体化処理**）。この状態は不安定状態で，時間の経過とともに安定化に向かいます。これを利用したのが**ジュラルミン**です。ジュラルミンは鉄鋼材料を超える強度を有するものもあり航空機の機体に用いられています。

⚠ 析出強化（熱処理＋固相反応）

析出強化では，二元系合金において，金属間化合物の生成温度まで材料を加熱，析出させた後に冷却します。析出物が転位の移動の障害となり，材料は強化されます。

⚠ 結晶粒微細化

金属相の結晶粒子サイズを微細化することで材料の強度は増します。そのために，材料の熱処理や合金化が行われています。

⚠ 加工硬化

鍛造等の加工により金属内に転位が増殖し，それが格子歪となるために硬化（**加工硬化**）が生じ，材料の強化につながります。

⚠ 表面処理（窒化，浸炭）

材料の表面を窒化や炭化，あるいは窒素や炭素を表面から内部に向かって拡散させることにより，材料本来の特性を維持しつつ，表面近傍を硬化することができ材料強化を果たすことができます。シャフトと軸受の摩耗の抑制やドリルの刃の表面処理等に用いられています。

⚠ 複合強化

性質の異なる複数の材料を組み合わせて，互いの長所を生かして強化する手法です。例えば，炭素繊維強化樹脂（CFRP）では炭素繊維を用いて樹脂を強化し，モーターボートの船体やスキーの板にはじまり，近年では航空機の機体等，幅広く用い

られています。

問題3-1-13　鉄鋼とCFRP（Carbon Fiber Reinforced Plastics）の材料選定に関する次の記述の，　　　に入る語句又は数値の組合せとして，最も適切なものはどれか。

　一定の強度を保持しつつ軽量化を促進できれば，エネルギー消費あるいは輸送コストが改善される。このパラメータとして，　ア　で割った値で表す比強度がある。鉄鋼とCFRPを比較すると比強度が高いのは　イ　である。また，　イ　の比強度当たりの価格は，もう一方の材料の比強度当たりの価格の約　ウ　倍である。ただし，鉄鋼では，価格は60〔円/kg〕，密度は7,900〔kg/m^3〕，強度は400〔MPa〕であり，CFRPでは，価格は16,000〔円/kg〕，密度は1,600〔kg/m^3〕，強度は2,000〔MPa〕とする。

	ア	イ	ウ
①	強度を密度	CFRP	2
②	密度を強度	CFRP	10
③	密度を強度	鉄鋼	2
④	強度を密度	鉄鋼	2
⑤	強度を密度	CFRP	10

〔出題：令和5年度　I-1-1〕

解　説　CFRPは炭素繊維で強化した樹脂で，軽く強度に優れています。このような材料と鉄鋼材料の強度を比較する場合に，強度を材料の密度で割った比強度で比較します。この場合，比較する諸数値を表3.1.1のように整理します。

表3.1.1　鉄鋼材料とCFRPの諸数値の比較

	強度〔MPa〕	密度〔kg/m^2〕	比強度	価格〔円/kg〕	価格/比強度
鉄鋼材料	400	7,900	0.051	60	1,176
CFRP	2,000	1,600	1.25	16,000	12,800

　この表から，比強度は鉄鋼材料よりCFRPの方が高く，比強度当たりの価格は鉄鋼材料の約10倍になります。この結果はこのように材料設計に生かされています。

答 ⑤

■1-3-3■構造物の強度設計

　土木や建造物の設計のなかで強度設計として材料力学（3群にポイント解説があります）の視点から強度計算が行われます。その結果，用いる材料への強度，使用環境による腐食等の耐食性，クリープ特性や疲労特性等，様々な強度への要求があります。また，特殊な例は原子炉等に用いる材料の放射線損傷への耐性等もあります。ここで，上述の強度測定の結果と強度計算からの要求との対応がポイントとなります。

　具体的には，応力は外部から印加される力やモーメントにより発生する**一次応力**，周囲の変形により発生する**二次応力**，応力集中により局部的に発生する**ピーク応力**に分類されます。強度設計では，設計応力と対応した強度を安全係数で除した許容応力以下に抑制します。安全係数の値も安全を確保する場合の重要なポイントになります。

　　　　設計応力 ≦ 許容得応力 ＝ 強度 / 安全係数

　また，材料設計にあたり材料の選択が重要です。これまで，材料強度についてまとめてきましたが，材料間の比較を行う場合に比強度を用います。アルミニウム合金と鉄鋼材料，あるいは木材と金属材料等がその例として挙げられます。アルミニウム合金と鉄鋼材料では比重が異なり，単純に強度のみで比較していいかが問題になります。この場合の一つの方法として強度を密度あるいは比重で割って求めた値を用います。これが**比強度**です。この視点で見ると金属材料と木材では同等の強度となります。このように材料設計では絶対的な比較方法はなく，様々な視点から比較を行っていきます。特に，材料を用いる環境を考慮した方法等が用いられます。

問題3-1-14

　次の（ア）から（オ）の記述について，それぞれの正誤の組合せとして，最も適切なものはどれか。

（ア）荷重を増大させていくと，建物は多くの部材が降伏し，荷重が上がらなくなり大きく変形します。最後は建物が倒壊してしまいます。このときの荷重が弾性荷重です。

（イ）非常に大きな力で棒を引っ張ると，最後は引きちぎれてしまいます。これを破断と呼んでいます。破断は，引張応力度がその材料固有の固有振動数に達したために生じたものです。

（ウ）細長い棒の両端を押すと，押している途中で，急に力とは直交する方向に

変形してしまうことがあります。この現象を座屈と呼んでいます。

（エ）太く短い棒の両端を押すと，破断強度までじわじわ縮んで，最後は圧壊します。

（オ）建物に加わる力を荷重，また荷重を支える要素を部材あるいは構造部材と呼びます。

	ア	イ	ウ	エ	オ
①	正	正	正	誤	誤
②	誤	正	正	正	誤
③	誤	誤	正	正	正
④	正	誤	誤	正	正
⑤	正	正	誤	誤	正

[出題：令和 2 年度　I-1-3]

解　説　（ア）の弾性荷重は弾性変形領域での試験を指します。荷重の増大により降伏，荷重が上がらなくなり（最大荷重点），建物の倒壊（破壊）に至る意味が記されており，この荷重は弾性荷重ではなく塑性荷重を指しています。よって本記述は誤りです。（イ）の引張による破断は降伏応力以上の荷重が印加されたときで固有振動の関与はないので，誤った記述です。（ウ）の座屈の定義として正しい記述です。（エ）は圧縮に関するもので，正しい記述です。（オ）は構造部材に関するもので，正しい記述です。　**答** ③

問題3-1-15　金属材料の一般的性質に関する次の（A）～（D）の記述の，□□□に入る語句の組合せとして，適切なものはどれか。

（A）疲労限度線図では，規則的な繰り返し応力における平均応力を　ア　方向に変更すれば，少ない繰り返し回数で疲労破壊する傾向が示されている。

（B）材料に長時間一定荷重を加えるとひずみが時間とともに増加する。これをクリープという。　イ　ではこのクリープが顕著になる傾向がある。

（C）弾性変形下では，縦弾性係数の値が　ウ　と少しの荷重でも変形しやすい。

（D）部材の形状が急に変化する部分では，局所的に von Mises 相当応力（相当応力）が　エ　なる。

	ア	イ	ウ	エ
①	引張	材料の温度が高い状態	小さい	大きく

②	引張	材料の温度が高い状態	大きい	小さく
③	圧縮	材料の温度が高い状態	小さい	小さく
④	圧縮	引張強さが大きい材料	小さい	大きく
⑤	引張	引張強さが大きい材料	大きい	大きく

［出題：令和4年度　I-1-1］

解　説　この問題は空欄と選択肢群を見比べていくことで正解に早く近づけます。アの疲労破壊は引張方向に繰返し応力を受ける場合に生じます。それを調べるための方法です。イは材料に一定の力を印加し続けるときに生じるのがクリープ現象で，特に金属材料を高温で保持した場合に加速されます。ウは弾性係数（ヤング率）が小さい場合に小さな荷重で変形が生じます。エは部材の形状により応力の印加のされ方が変化して，応力集中が生じて大きくなることがあります。**答**　①

2群　情　報　・　論　理

　2群は，情報工学を中核とした出題分野で，ほかに，プログラムの論理を表すアルゴリズム，インターネットに代表される情報ネットワークが出題分野となっています。情報工学が取り扱う範囲は非常に広いです。ただし，過去に出題された問題を分析すると，多くの問題が出題されている技術分野を明確にできます。効率よく学習を進めることによって，2群も十分な得点源になります。幅広い領域を対象とする情報ネットワークについても，情報セキュリティが出題数の大半を占めていますので，範囲を限定した学習で相応の得点が確保できるものと考えられます。

2-1 情報理論

■2-1-1■離散数学・応用数学

❗ 基数変換

　普段，私たちは10進数を使っています。コンピュータの内部では，電気信号として取り扱いやすい**2進数**が使われています。10進数の「10」や2進数の「2」は**基数**と呼ばれます。10進数では，0～9の10種類の数字で数値を表し，2進数では0と1の2種類の数字で数値を表します。

　2進数で数値を表すと桁数が多くなるため，4桁の2進数0000～1111（10進数の0～15）を1桁にまとめ，0～9にA～Fを加えた16文字で表現する**16進数**が使われる場合があります。10進数から2進数への変換，16進数から10進数への変換等，基数を変更することを**基数変換**といいます。

　10進数は9に1を加えたとき桁上がりして10となります。2進数では1に1を加えると10，16進数ではFに1を加えると10となって桁上がりします。

　10進数では，下位から1（$=10^0$）の位，10（$=10^1$）の位，100（$=10^2$）の位と位取りします。2進数では，下位から1（$=2^0$）の位，2（$=2^1$）の位，4（$=2^2$）の位となります。位取りの考え方を使って，次のように2進数から10進数へ変換できます。

$$(10111)_2 = 1 \times 2^4 + 1 \times 2^2 + 1 \times 2^1 + 1 \times 2^0 = (23)_{10}$$

（下付き数字は「進数」を表します）

❗ 補数表現

負の数の表現方法として「**補数**」という考え方があります。補数には基数ごとに 2 通りの表現があって，k 進数の場合「k の補数」と「$k-1$ の補数」と呼ばれています。例えば，2 進数の場合は「**2 の補数**」と「1 の補数」，10 進数の場合は「10 の補数」と「9 の補数」となります。2 進数で数値を表現するコンピュータ内部では「2 の補数」が使われています。2 の補数は次の手順で求めます。

1. 補数を求めたい数値の絶対値を 2 進数で表す
2. 各ビットを反転する
3. 反転した結果に 1 を加える

たとえば，-3 の「2 の補数」は次のように変換して，求めます。

$-3 \rightarrow 3$（絶対値）$\rightarrow 0011$（2 進数）$\rightarrow 1100$（ビット反転）$\rightarrow 1101$（1 を加算）

❗ 固定小数点数と浮動小数点数

コンピュータ内部で実数を表現する場合，固定小数点数や浮動小数点数が用いられます。**固定小数点数**は，小数点の位置を固定した 2 進数で，例えば，有効桁数を 16 桁（16 ビット）とし，小数点の位置を最も右の位置にすると，表すことのできる値は最大でも「1111111111111111」（10 進数の $2^{16}-1 = 65535$）となります．

浮動小数点数は，符号，仮数，指数，基数を用いて

（符号）仮数 × 基数^{指数}

という形式で表します。実際に数値として保持する情報は，符号，仮数，指数です。2 進数の場合，符号は 1 ビットで，0 はプラス，1 はマイナスを表し，指数は 2 の補数で表現します。例えば，16 ビットの 2 進数の浮動小数点数が，符号 1 ビット，指数 7 ビット，仮数 8 ビットから構成されるとき，最大の値は図 3.2.1 のようになります。

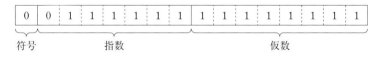

図 3.2.1　浮動小数点数

小数点の位置は定義によって異なり，図 3.2.1 では仮数部の一番左に小数点があるとしておきます。指数の 0111111 は 10 進数の 63，仮数の 0.11111111 は 10 進数の（約）0.996 ですから，図 3.2.1 の浮動小数点数を 10 進数に変換すると

$+0.996 \times 2^{63}$ （10 進数の 19 桁の数）

となり，同じビット数で非常に広い範囲の数値を取り扱えることがわかります。

⚠ 誤差

コンピュータは数値表現の桁数に制約があるため，次のような誤差が生じます。

・桁落ち

桁落ち（図 3.2.2）は，値がほぼ等しい二つの数値の差を計算したときや，絶対値がほぼ等しく符号が異なる二つの数値の和を計算したとき，有効桁数の減少によって生じる誤差です。

$$
\begin{array}{r}
24318 \\
-\quad 24317 \\
\hline
1
\end{array}
$$
←有効桁数が 5 桁から 1 桁に減少

図 3.2.2　桁落ち

・情報落ち

情報落ち（図 3.2.3）は，絶対値が非常に大きい数値と絶対値が小さい数値の加算や減算を行ったときに，絶対値が小さい数値の情報が計算結果に反映されないために生じる誤差です。

有効桁数 5 桁で計算
$$
\begin{array}{r}
24318. \\
+\quad 0.765 \\
\hline
24318.
\end{array}
$$
←有効桁数が 5 桁のため0.765の加算が反映されない

図 3.2.3　情報落ち

・丸め誤差

丸め誤差は，計算結果が有効桁数に収まらない場合，四捨五入などで下位の桁を切り捨てたり，切り上げたりするために生じる誤差です。

・打切り誤差

打切り誤差は，近似式などによる数値の計算において，有限の回数で計算が終了しないときに計算を途中で打ち切るために生じる誤差です。

⚠ 数値の範囲

コンピュータでは限られた桁数で数値を保持するため，保持できる数値に限界があります。限界を超えた数値を保持しようとした場合，オーバーフロー，アンダーフローが生じます。

・オーバーフロー

オーバーフローは，有効桁数 3 桁では 9,876 が保持できないように，有効桁数で扱える数値の範囲を超ええた数値を表現できなくなることです。

・アンダーフロー

アンダーフローは，浮動小数点数の指数で表せる範囲の最小値を min とすると，min よりも小さい指数となるような数は浮動小数点数で保持できなくなることです。言い換えると，0 に非常に近い数値は表せないということになります。

便宜的に 10 進数で説明すると，たとえば，指数部が 3 桁とすると

$$0.621 \times 10^{-2048}$$

という値は，浮動小数点数として保持できません。

🛈 命題

命題は，真偽が明確に判別できる文章です。具体的には，「A さんの身長は 165cm 以上である」，「B 駅の始発列車の発車時刻は 5：15 である」のような文章が命題です。真偽が不明確な「C 君は背が高い」のような文章は命題ではありません。

🛈 真理値表

命題の**真**（True），**偽**（False）を**真理値**と呼び，**真理値表**は真偽の状況を一覧にまとめたものです。一般に，真を 1，偽を 0 の 1 ビットの 2 進数で表します。

🛈 論理演算

論理演算は，**論理和**（**OR**），**論理積**（**AND**），**排他的論理和**（**XOR**），**否定**（**NOT**）などを組み合わせて論理式を表現し，論理的な関係を求めます。二つの命題 X と Y に対する論理演算の結果の真理値表を表 3.2.1 に示します。

表 3.2.1　論理演算

X	Y	論理和 (X OR Y)	論理積 (X AND Y)	排他的論理和 (X XOR Y)	X	否定 ($\overline{\text{X}}$)
0	0	0	0	0	0	1
0	1	1	0	1	1	0
1	0	1	0	1		
1	1	1	1	0		

「否定」は真理値を反転させる論理演算です

次に，主な論理演算の公式を表 3.2.2 に示します。公式では，論理和を「＋」，論理積を「・」，排他的論理和を「(＋)」，否定を「￣」で表現しています。

表3.2.2　論理演算の公式

交換法則	$A+B=B+A$
	$A \cdot B=B \cdot A$
結合法則	$A+(B+C)=(A+B)+C$
	$A \cdot (B \cdot C)=(A \cdot B) \cdot C$
分配法則	$A+(B \cdot C)=(A+B) \cdot (A+C)$
	$A \cdot (B+C)=(A \cdot B)+(A \cdot C)$
ド・モルガンの法則	$\overline{A+B}=\overline{A} \cdot \overline{B}$
	$\overline{A \cdot B}=\overline{A}+\overline{B}$

　その他に，$A+A=A$，$A \cdot A=A$，$A+\overline{A}=1$（全体集合），$A \cdot \overline{A}=\phi$（空集合），$\overline{\overline{A}}=A$ などの公式もあります。公式を使用すれば，次のように，複雑な論理演算式を簡単な論理演算式に変形できます。

$$\overline{\overline{A \cdot B}}=\overline{\overline{A}+\overline{B}}=A+B$$

！ グラフ理論

　グラフ理論は，**ノード**（node；**節点**）と**エッジ**（edge；**枝**）から構成されるグラフ（図3.2.4）を取り扱います。エッジは，ノードとノードがつながっていること，あるノードからエッジでつながっている別のノードへ移動できることを表します。

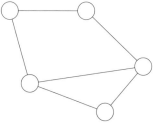

図3.2.4　グラフ

　有向グラフ（図3.2.5）は，次のようにエッジが矢印になっているグラフです。ノードAからノードBには移動でき，ノードBからノードAには移動できないことを表しています。

図3.2.5　有向グラフ

❗ 木

　木（図3.2.6）はグラフの一つの形態で，**ルート**（root；**根**），**ノード**（node；**節点**），**エッジ**（edge；**枝**），**リーフ**（leaf；**葉**）から構成されます。木は閉路をもちません。

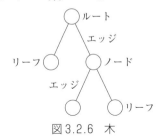

図3.2.6　木

　関連する過去問題を解説します。

問題3-2-1　基数変換に関する次の記述の，□□□に入る表記の組合せとして，最も適切なものはどれか。

　私たちの日常生活では主に10進数で数を表現するが，コンピュータで数を表現する場合，「0」と「1」の数字で表す2進数や，「0」から「9」までの数字と「A」から「F」までの英字を使って表す16進数などが用いられる。10進数，2進数，16進数は相互に変換できる。例えば10進数の15.75は，2進数では $(1111.11)_2$，16進数では $(F.C)_{16}$ である。同様に10進数の11.5を2進数で表すと　ア　，16進数で表すと　イ　である。

	ア	イ
①	$(1011.1)_2$	$(B.8)_{16}$
②	$(1011.0)_2$	$(C.8)_{16}$
③	$(1011.1)_2$	$(B.5)_{16}$
④	$(1011.0)_2$	$(B.8)_{16}$
⑤	$(1011.1)_2$	$(C.5)_{16}$

［出題：令和元年度　I-2-1］

解　説　小数点を含む数の基数変換は，小数点以上の桁（整数部分）と小数点以下の桁（小数部分）に分けて行います。与えられている11.5であれば，11と0.5に分けて変換します。多数の基数変換の方法が提唱されています。基本的には，変換先の基数のべき乗の和に分解します。2進数であれば

$$a_n \times 2^n + a_{n-1} \times 2^{n-1} + a_{n-2} \times 2^{n-2} + \cdots + a_0 \times 2^0$$

のように分解します。2 進数ですから，a_n, a_{n-1}, a_{n-2}, $\cdots$, a_0 は 0 または 1 になります。11 は

$$11 = 8+2+1 = 1 \times 2^3 + 0 \times 2^2 + 1 \times 2^1 + 1 \times 2^0$$

と分解できますから，2 進数で $(1011)_2$ になります。小数点以下の 0.5 は

$$0.5 = (1/2) = 1 \times 2^{(-1)}$$

と変形でき，2 進数では $(0.1)_2$ になります。$(1011)_2$ と $(0.1)_2$ を加えて

$$11.5 = (1011.1)_2$$

となります。16 進数への変換も同様です。$1/16 = 0.0625$，$0.5 = 1/2 = 8 \times (1/16)$ を踏まえて

$$11 = 11 \times 16^0$$
$$0.5 = 8 \times 16^{-1}$$

と変形できます。11 は 16 進数で $(B)_{16}$ ですから

$$11.5 = (B.8)_{16}$$

となります。したがって，正解は①です。

答　①

▼**アドバイス**△　10 進数を他の基数へ変換する方法は複数存在します。小数点以上の桁（整数部分）は，変換先の基数で商がゼロになるまで割り算を繰り返し，剰余を逆に並べる方法が代表的です。小数点以下の桁（小数部分）は，変換先の基数で小数点以下がゼロになるまで掛け算を繰り返し，掛け算の結果の整数部分を順に並べる方法があります。2 進数への変換は，小数点以下も含め 2 のべき乗の和に分解すれば容易になりますので，2^7（$=128$）～2^{-4}（$=0.0625$）の範囲の 2 のべき乗は覚えておくとよいでしょう。

問題3-2-2　計算機内部では，数は 0 と 1 の組合せで表される。絶対値が 2^{-126} 以上 2^{128} 未満の実数を，符号部 1 文字，指数部 8 文字，仮数部 23 文字の合計 32 文字の 0，1 から成る単精度浮動小数表現として，以下の手続き (1)～(4) によって変換する。

(1) 実数を，$0 \leq x < 1$ である x を用いて $\pm 2^\alpha \times (1+x)$ の形に変形する。

(2) 符号部 1 文字を，符号が正（＋）のとき 0，負（－）のとき 1 と定める。

(3) 指数部 8 文字を，$\alpha + 127$ の値を 2 進数に直した文字列で定める。

(4) 仮数部 23 文字を，x の値を 2 進数に直したときの 0，1 の列を小数点以下順に並べたもので定める。

例えば，-6.5 を表現すると，$-6.5 = -2^2\times(1+0.625)$ であり，

符号部は，符号が負（$-$）なので 1，

指数部は，$2+127 = 129 = (10000001)_2$ より 10000001，

仮数部は，$0.625 = 2^{-1}+2^{-3} = (0.101)_2$ より 10100000000000000000000 である。

実数 13.0 をこの方式で表現したとき，最も適切なものはどれか。

	符号部	指数部	仮数部
①	1	10000010	10100000000000000000000
②	1	10000001	10010000000000000000000
③	0	10000001	10010000000000000000000
④	0	10000001	10100000000000000000000
⑤	0	10000010	10100000000000000000000

［出題：令和元年度再試験　I-2-4］

解　説　問題文に示されている手順に沿って計算を進めます。

(1) α を決めるために，与えられている 13.0 を 2 のべき乗で割り算をして商が 1 を下回らない最大の除数を探します。$13\div8 = 1.625$ ですから $8 = 2^3$ より $\alpha = 3$ が決まり，$13.0 = +2^3\times(1+0.625)$ と変形できます。

(2) 13.0 は正の数ですから，符号部は「0」になります。

(3) $\alpha+127 = 3+127 = 130 = 128+2 = 2^7+2^1 = (10000010)_2$ ですから，指数部は「10000010」になります。

(4) $0.625 = 0.5+0.125 = 2^{-1}+2^{-3} = (0.101)_2$ ですから，仮数部は「10100000000000000000000」になります。

したがって，正解は⑤です。　　　　**答** ⑤

▼アドバイス△　浮動小数点数は，IEEE の標準規格など複数の表現形式があります。問題にはどのような表現形式であるのかが明示されますので，先入観をもたず，指示に従って解答を考えるようにしましょう。

問題3-2-3　ある村に住民 A，B，C，D の 4 名が住んでいる。ここでは，重要なことがらの決定には全員が会議に出席して決めることになっているが，以下のように，他人の意見を見ながら自分の意見を決める住民がいる。

＊住民Cは，住民AとBが共に議案に賛成のときに反対し，それ以外のときは議案に賛成する。

＊住民Dは，住民AとCが共に議案に賛成のときに反対し，それ以外のときは議案に賛成する。

このとき，次の記述のうち最も適切なものはどれか。なお，住民は，必ず賛成か反対のどちらかの決定をするものとする。

① 住民Cが議案に賛成するのは，住民Aと住民Bが共に賛成するときだけである。

② 住民Cが議案に賛成するのは，住民Aと住民Bの賛否が異なるときだけである。

③ 住民Dが議案に賛成するのは，住民Aと住民Bが共に賛成するときだけである。

④ 住民Dが議案に賛成するのは，住民Aと住民Bの賛否が異なるときだけである。

⑤ 住民Bが議案に賛成すれば，必ず住民Dも議案に賛成する。

[出題：平成27年度　I-2-2]

解 説　「賛成」か「反対」のどちらか一方を必ず表明するということですから，2値（真または偽）をとる真理値と同様に考え，「賛成」と「反対」の真理値表を描きます。住民Aと住民Bは独立に賛否を決定しますので，「賛成」と「反対」の組合せは4通りになります。住民Cと住民Dは，住民Aと住民Bの賛否の状況によって賛否を変えます。問題文に示されている条件を加味して，住民A〜住民Dの真理値表は次のようになります。

#	住民A	住民B	住民C	住民D
1	賛成	賛成	反対	賛成
2	賛成	反対	賛成	反対
3	反対	賛成	賛成	賛成
4	反対	反対	賛成	賛成

真理値表をもとに選択肢ごとの正誤を確認します。

①住民Cが議案に賛成するのは，住民Aか住民Bの少なくとも一人が反対する場合です（真理値表の#2〜4）。選択肢の文面は適切ではありません。

②住民Aか住民Bの両方が「反対」で一致していても，住民Cは議案に賛成しま

す（真理値表の #4）。選択肢の文面は適切ではありません。

③住民 A が「反対」の場合であっても，住民 D が議案に賛成します（真理値表の #3〜4）。選択肢の文面は適切ではありません。

④住民 A か住民 B の両方が「反対」で一致していても，住民 D は議案に賛成します（真理値表の #4）。選択肢の文面は適切ではありません。

⑤住民 B が議案に賛成するとき，住民 D は議案に賛成します（真理値表の #1 と #3）。選択肢の文面は適切です。

　したがって，⑤が正解です。　　　　　　　　　　　　　　　　　**答** ⑤

▼アドバイス△　命題の真偽を検討において，論理和と論理積が組み合わさっていたり，複数の条件の否定が含まれていたりするなど，真偽の判定に場合分けが必要になる場合があります。条件の抜け漏れを防ぐために真理値表などを用いて条件の組合せの網羅性を確保するようにしましょう。

問題3-2-4　　4つの集合 A, B, C, D が以下の 4 つの条件を満たしているとき，集合 A, B, C, D すべての積集合の要素数の値はどれか。

条件 1　A, B, C, D の要素数はそれぞれ 11 である。

条件 2　A, B, C, D の任意の 2 つの集合の積集合の要素数はいずれも 7 である。

条件 3　A, B, C, D の任意の 3 つの集合の積集合の要素数はいずれも 4 である。

条件 4　A, B, C, D すべての和集合の要素数は 16 である。

① 8

② 4

③ 2

④ 1

⑤ 0

[出題：令和 4 年度　I-2-2]

解　説　　集合の元（要素）の数を求める場合，集合の重なりに含まれる元の数を重複しないように数えることがポイントになります。集合 A の元の数を $n(A)$，集合 A と集合 B の和集合を $A \cup B$，積集合を $A \cap B$ と表すことにします。

・集合が三つの場合

　図中の A〜C は集合で，p〜v はそれぞれの領域に含まれる元の数を表しています。

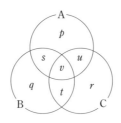

　$n(\mathrm{A})+n(\mathrm{B})+n(\mathrm{C})$ を計算すると A と B，B と C，C と A の積集合を重複して数えることになりますので，$(n(\mathrm{A}\cap\mathrm{B})+n(\mathrm{B}\cap\mathrm{C})+n(\mathrm{C}\cap\mathrm{A}))$ を引く必要があります。集合 A〜C の積集合の部分は，$n(\mathrm{A})+n(\mathrm{B})+n(\mathrm{C})$ で 3 回プラス，$(n(\mathrm{A}\cap\mathrm{B})$ $+n(\mathrm{B}\cap\mathrm{C})+n(\mathrm{C}\cap\mathrm{A}))$ の部分で 3 回マイナスとなりますので，$n(\mathrm{A}\cap\mathrm{B}\cap\mathrm{C})$ を 1 回加える必要があります。

$$n(\mathrm{A}\cup\mathrm{B}\cup\mathrm{C}) = n(\mathrm{A})+n(\mathrm{B})+n(\mathrm{C})-(n(\mathrm{A}\cap\mathrm{B})+n(\mathrm{B}\cap\mathrm{C})+n(\mathrm{C}\cap\mathrm{A}))+n(\mathrm{A}\cap\mathrm{B}\cap\mathrm{C})$$
$$= ((p+s+u+v)+(q+s+t+v)+(r+t+u+v))$$
$$-((s+v)+(t+v)+(u+v))+v$$
$$= p+q+r+s+t+u+v \text{ となります。}$$

　和集合の元の数を求める際の

$$n(\mathrm{A}\cup\mathrm{B}) = n(\mathrm{A})+n(\mathrm{B})-n(\mathrm{A}\cap\mathrm{B})$$

$$n(\mathrm{A}\cup\mathrm{B}\cup\mathrm{C}) = n(\mathrm{A})+n(\mathrm{B})+n(\mathrm{C})-(n(\mathrm{A}\cap\mathrm{B})+n(\mathrm{B}\cap\mathrm{C})+n(\mathrm{C}\cap\mathrm{A}))+n(\mathrm{A}\cap\mathrm{B}\cap\mathrm{C})$$

という式は**含除の原理**と呼ばれています。各集合の元の数を合計し，積集合の元の数について，「減ずる」と「加える」を繰り返して重なりを調整する方法です。

・集合が四つの場合

　ベン図は非常に複雑になりますので省略します。含除の原理は集合の数によらず使えますから，四つの集合 A〜D の場合は

$$n(\mathrm{A}\cup\mathrm{B}\cup\mathrm{C}\cup\mathrm{D}) = n(\mathrm{A})+n(\mathrm{B})+n(\mathrm{C})+n(\mathrm{D})$$
$$-(n(\mathrm{A}\cap\mathrm{B})+n(\mathrm{A}\cap\mathrm{C})+n(\mathrm{A}\cap\mathrm{D})+n(\mathrm{B}\cap\mathrm{C})+n(\mathrm{B}\cap\mathrm{D})+n(\mathrm{C}\cap\mathrm{D}))$$
$$+(n(\mathrm{A}\cap\mathrm{B}\cap\mathrm{C})+n(\mathrm{A}\cap\mathrm{B}\cap\mathrm{D})+n(\mathrm{A}\cap\mathrm{C}\cap\mathrm{D})+n(\mathrm{B}\cap\mathrm{C}\cap\mathrm{D}))$$
$$-n(\mathrm{A}\cap\mathrm{B}\cap\mathrm{C}\cap\mathrm{D}) \quad \cdots \quad (1)$$

という式が成り立ちます。問題文で与えられた条件から

$$n(\mathrm{A}) = n(\mathrm{B}) = n(\mathrm{C}) = n(\mathrm{D}) = 11$$
$$n(\mathrm{A}\cap\mathrm{B}) = n(\mathrm{A}\cap\mathrm{C}) = n(\mathrm{A}\cap\mathrm{D}) = n(\mathrm{B}\cap\mathrm{C}) = n(\mathrm{B}\cap\mathrm{D}) = n(\mathrm{C}\cap\mathrm{D}) = 7$$
$$n(\mathrm{A}\cap\mathrm{B}\cap\mathrm{C}) = n(\mathrm{A}\cap\mathrm{B}\cap\mathrm{D}) = n(\mathrm{A}\cap\mathrm{C}\cap\mathrm{D}) = n(\mathrm{B}\cap\mathrm{C}\cap\mathrm{D}) = 4$$
$$n(\mathrm{A}\cup\mathrm{B}\cup\mathrm{C}\cup\mathrm{D}) = 16$$

であり，式(1)に代入すると

$$16 = 11 \times 4 - 7 \times 6 + 4 \times 4 - n(A \cap B \cap C \cap D) \quad \cdots \quad (2)$$

となります。式(2)を解いて

$$n(A \cap B \cap C \cap D) = 2$$

が得られます。したがって，③が正解です。　　　　　　　　　**答** ③

▼アドバイス△　集合の元の数を求めるとき，基本的にはベン図を描いて検討します。ただし，本問のようにベン図を描くことが難しい場合，論理的に導くことが必要になることもあります。複数の導き方を理解しておきましょう。

問題3-2-5　下図は，ある地域の道路ネットワークである。丸印は交差点，辺は道路を示している。各辺に付された数字は，その道路を通過できる車の車高制限を示している。したがって，その数字以下の車高であれば，通行が可能である。地点Aから地点Bに移動できる車両の最大車高はどれか。

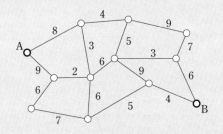

① 3　　　② 4　　　③ 5　　　④ 6　　　⑤ 7

[出題：平成26年度　I-2-6]

解　説　次のように，地点Aと地点Bが左右に分かれるように直線（折線・曲線）でグラフを分割します。

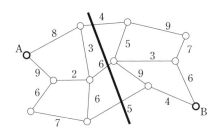

地点 A から地点 B まで移動するとき，元のグラフ（道路ネットワーク）と分割した直線の交点のいずれかを通り，通過する交点を含む辺の車高制限を受けることになります。上記の例であれば，グラフの上から順に，車高制限が 4，6，5 ですから，与えられえたグラフを移動できる車両の車高は最大でも 6 ということがわかります。グラフを左から右に移動しながら，同様の直線（折線・曲線）を描き，車高の最大値が最も小さくなる直接（折線・曲線）を探します。多少の試行錯誤により，下図のとき車高の最大値が 5 で，全体で一番小さくなります。

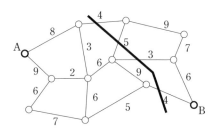

得られた最大値 5 は候補になるので，5 の辺を前後に延長し，5 以上の他の辺をたどって地点 A と地点 B に到達できることを確認します。下図の太線のとおり経路は確保できます。

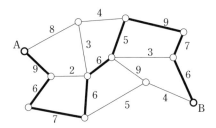

したがって，③が正解です。　　　　　　　　　　　　　　　　　　　　　答 ③

▼**アドバイス**△　本来であれば，論理的に解答を導くことが本来の道筋です。ただし，解答するための時間が数分という制約の下では，多少の試行錯誤によって解答を考えることも必要になります。多くの解き方を身につけておきましょう。

■2-1-2■情報に関する理論

❗ 逆ポーランド記法

2 分木は，ノード（ルートを含む）から下位方向（ルートとは逆方向）に向かう

エッジが高々二つであるグラフです。2分木を用いて数式を表現できます。具体的には図3.2.7のように表します。

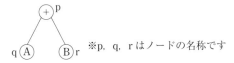

図 3.2.7　数式の2分木表現

ここでは，ノードpを「**親**」，ノードqを「**左の子**」，ノードrを「**右の子**」と呼びます。2分木には，表3.2.3に示す3通りの深さ優先探索の探索順があります。

表 3.2.3　探索順

名称	ノードの探索順序
先行順探索	親→左の子→右の子
中間順探索	左の子→親→右の子
後行順探索	左の子→右の子→親

図3.2.7の2分木のノードを先行順探索すると「+AB」，中間順探索すると「A+B」，後行順探索すると「AB+」と読めます。中間順探索の結果「A+B」は，普段使っている数式の表現です。後行順探索の結果「AB+」は，**逆ポーランド記法**による数式になります。ノードの探索は再帰的に行われます。詳細は，後ほど取り上げる過去問題の解説をご覧ください。

❗ BNF

BNF（Backus-Naur Form）は，プログラムの言語の定義などに使用される構文記述法です。BNFでは，定義「::=」とOR「|」という記号を用いて

　　〈文字〉::=A|B|C

　　〈数字〉::=0|1|2

のように表現します。上記の例は，文字がAまたはBまたはC，数字が1または2または3であることを表しています。BNF，は次のように再帰的な定義も可能です。

　　〈文字〉::=〈文字〉|〈文字〉〈数字〉

❗ 計算量

プログラムを実行する時間は，同じ処理であっても使用するアルゴリズムによって変わってきます。**計算量**は，プログラムの実行に必要となる相対的な処理時間です。計算量はO記法を用いて表現します。データ件数nに比例する時間であれば$O(n)$，データ件数nの2乗に比例する時間であれば$O(n^2)$と表します。nは十分に大きい値と考えます。例えばプログラムの実行時間がn^2+nに比例する場合，

n が十分大きな値であれば $n \ll n^2$ となりますので，$\mathrm{O}(n^2+n)$ ではなく $\mathrm{O}(n^2)$ と表します。計算量は相対的な処理時間ですから，n の式の係数も省略します。例えば $\mathrm{O}(3n)$ ではなく $\mathrm{O}(n)$ と表します。

⚠ 決定表

決定表（図3.2.8）は，条件と条件に応じた動作を表すマトリックスで，次のような形式をしています。

条件部	今日は平日である	Y	N	N
	晴れている	—	Y	N
	雨が降っている	—	—	Y
動作部	仕事をする	X	—	—
	ハイキングに行く	—	X	—
	読書する	—	—	X

図3.2.8 決定表

条件部に示されている，"Y" は条件が真，"N" は条件が偽であることを表し，"－" は条件の真偽に無関係であることを表しています。動作部に示されている，"X" は条件が満たされたときに対応する処理が実行されることを表しています。例に示した決定表であれば，「平日には仕事をする」，「平日でなく晴れていればハイキングに行く」，「平日でなく雨が降っていれば読書する」ことを表しています。

関連する過去問題を解説します。

問題3-2-6 次の表現形式で表現することができる数値として，最も不適切なものはどれか。

数値 ::= 整数 | 小数 | 整数 小数

小数 ::= 小数点 数字列

整数 ::= 数字列 | 符号 数字列

数字列 ::= 数字 | 数字列 数字

符号 ::= ＋ | －

小数点 ::= .

数字 ::= 0|1|2|3|4|5|6|7|8|9

ただし，上記表現形式において，::= は定義を表し，| は OR を示す。

① －19.1　　② .52　　③ －.37　　④ 4.35　　⑤ －125

[出題：令和元年度 I-2-4]

解 説　どのような文字列が表現形式に合致するかを，定義を踏まえて検討します。

　数字：0～9 の 1 文字です。

　数字列：「数字列 ::= 数字」と考えると数字列は 0～9 のいずれか 1 文字です。「数字列 ::= 数字列 数字」に着目すると，0～9 の 1 文字（数字列）に数字を連結した文字列，すなわち 2 文字の数字になります。「数字列 ::= 数字列 数字」を繰り返し適用すると，数字列は任意の長さの数字が連結された文字列であることがわかります。

　小数：小数点で始まる数字列です。

　整数：数字列か符号で始まる数字列です。

　以上で，数値を構成する小数と整数が明確になりました。それぞれの選択肢の数値が数値として適切か否かを検討します。

　選択肢①

　「－19」は整数，「.1」は小数で，数値の定義「整数 小数」に合致します。

　選択肢②

　「.52」は小数で，数値の定義「小数」に合致します。

　選択肢③

　「－」は符号，「.37」は小数になります。数値の定義には合致しません。

　選択肢④

　「4」は整数，「.35」は小数で，数値の定義「整数 小数」に合致します。

　選択肢⑤

　「－125」は整数で，数値の定義「整数」に合致します。

したがって，③が正解です。　　　　　　　　　　　　　　　　**答** ③

▼アドバイス△　BNF 記法の問題は再帰的に定義されている部分を踏まえて，どのような構文が定義に合致するかを見極めることがポイントになります。過去に類題が多数出題されていますので，過去問題を使って定義を読み取れるようにしておきましょう。

問題3-2-7　演算式において，＋，－，×，÷ などの演算子を，演算の対象である A や B などの演算数の間に書く「A＋B」のような記法を中置記法と呼ぶ。また，「AB＋」のように演算数の後に演算子を書く記法を逆ポーランド表記法と呼ぶ。中置記法で書かれる式「(A＋B)×(C－D)」を下図のような構文木で表し，

これを深さ優先順で，「左部分木，右部分木，節」の順に走査すると得られる「AB＋CD−×」は，この式の逆ポーランド表記法となっている。中置記法で「(A＋B÷C)×(D−F)」と書かれた式を逆ポーランド表記法で表したとき，最も適切なものはどれか。

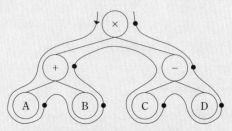

図　(A＋B)×(C−D) を表す構文木。矢印の方向に走査し，ノードを上位に向かって走査するとき（●で示す）に記号を書き出す。

① 　ABC÷＋DF−×

② 　AB＋C÷DF−×

③ 　ABC÷＋D×F−

④ 　×＋A÷BC−DF

⑤ 　AB＋C÷D×F−

[出題：令和 3 年度　I-2-5]

解　説　　簡単な数式を除き，中置記法から逆ポーランド記法に直接変換するのは難しいので，まず数式を 2 分木で表します。次に 2 分木を後行探索順で探索すると，機械的に逆ポーランド記法で表した数式が得られます。「(A＋B÷C)×(D−F)」を 2 分木で表すと次の図のようになります。

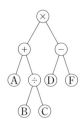

後行順探索をするとき，探索対象が一つのノードではなく木になっている場合，再帰的に探索対象の木そのものを後行順探索する必要があります。上の図の場合，

親「×」から見た左右の子とも木ですから，それぞれを後行順探索する必要があります。例えば，親から見た右の子は「DF−」となります。同様に考えると，親から見た左の子は「A(BC÷)＋」です。括弧は説明のために付けてあり，逆ポーランド記法において括弧は不要です。親「×」，左の子「ABC÷＋」，右の子「DF−」が決まりましたので，全体は「ABC÷＋DF−×」になります。

　したがって，①が正解です。　　　　　　　　　　　　　　　　　　　**答** ①

▼アドバイス△　数式を2分木で表現すれば，中置記法と逆ポーランド記法を容易に変換できます。2分木の探索順を身につけておきましょう。

■2-1-3■通信に関する理論

❗ パリティチェック

　伝送データの誤りを検出する手法である**パリティチェック**は，情報に含まれる「1」のビット数が偶数または奇数になるように1ビット付加して情報を伝送し，受信した側で「1」のビット数を確認します。「1」のビット数を偶数にすることを**偶数パリティ**，「1」のビット数を奇数にすることを**奇数パリティ**といいます。

　受信側において，偶数パリティの伝送データに含まれる「1」のビット数が奇数になっていれば，データに誤りが生じていることがわかります。逆も同様です。

❗ ハミング符号

　ハミング符号は，データに複数の冗長ビットを付加して送信し，受信側で冗長ビットも含めて検査することによって，ビットの誤りを検出・訂正できるようにするものです。

　関連する過去問題を解説します。

問題3-2-8　次の記述の，□□□に入る値の組合せとして，適切なものはどれか。

　同じ長さの2つのビット列に対して，対応する位置のビットが異なっている箇所の数をそれらのハミング距離と呼ぶ。ビット列「0101011」と「0110000」のハミング距離は，表1のように考えると4であり，ビット列「1110101」と「1001111」のハミング距離は □ ア □ である。4ビットの情報ビット列「X1 X2 X3 X4」に対して，「X5 X6 X7」を $X5 = X2+X3+X4 \pmod 2$，$X6 = X1+X3+X4 \pmod 2$，$X7 = X1+X2+X4 \pmod 2$（mod 2 は整数を2で割った余りを表す）とおき，これらを付加したビット列「X1 X2 X3 X4 X5 X6 X7」を考えると，任意

の2つのビット列のハミング距離が3以上であることが知られている。このビット列「X1 X2 X3 X4 X5 X6 X7」を送信し通信を行ったときに，通信過程で高々1ビットしか通信の誤りが起こらないという仮定の下で，受信ビット列が「0100110」であったとき，表2のように考えると「1100110」が送信ビット列であることがわかる。同じ仮定の下で，受信ビット列が「1000010」であったとき，送信ビット列は　イ　であることがわかる。

表1　ハミング距離の計算

1つめのビット列	0	1	0	1	0	1	1
2つめのビット列	0	1	1	0	0	0	0
異なるビット位置と個数計算			1	2		3	4

表2　受信ビット列が「0100110」の場合

受信ビット列の正誤	送信ビット列								X1, X2, X3, X4に対応する付加ビット列		
									$X2+X3+X4$ (mod 2)	$X1+X3+X4$ (mod 2)	$X1+X2+X4$ (mod 2)
	X1	X2	X3	X4	X5	X6	X7	$\Rightarrow$			
全て正しい	0	1	0	0	1	1	0		1	0	1
X1のみ誤り	1	1	0	0	同上			一致	1	1	0
X2のみ誤り	0	0	0	0	同上				0	0	0
X3のみ誤り	0	1	1	0	同上				0	1	1
X4のみ誤り	0	1	0	1	同上				0	1	0
X5のみ誤り	0	1	0	0	0	1	0		1	0	1
X6のみ誤り	同上				1	0	0		同上		
X7のみ誤り	同上				1	1	1		同上		

	ア	イ
①	4	「0000010」
②	5	「1100010」
③	4	「1001010」
④	5	「1000110」
⑤	4	「1000011」

［出題：令和4年度　I-2-4］

解　説　問題文に示されている手順に従って，ハミング距離の計算と受信ビット列のチェックをします。

受信ビット列「1110101」と「1001111」について，問題文中の表1と同様にハミング距離を求めると

1つめのビット列	1	1	1	0	1	0	1
2つめのビット列	1	0	0	1	1	1	1
異なるビット位置と個数計算		1	2	3		4	

を得ます。ハミング距離は4です。

受信ビット列「1000010」について，問題文中の表2と同様に受信ビット列のチェックを行うと

受信ビット列の正誤	送信ビット列							⇒	X1, X2, X3, X4に対応する付加ビット列		
	X1	X2	X3	X4	X5	X6	X7		$X2+X3+X4$ (mod 2)	$X1+X3+X4$ (mod 2)	$X1+X2+X4$ (mod 2)
全て正しい	1	0	0	0	0	1	0		0	1	1
X1のみ誤り	0	0	0	0	同上				0	0	0
X2のみ誤り	1	1	0	0	同上				1	1	0
X3のみ誤り	1	0	1	0	同上				1	0	0
X4のみ誤り	1	0	0	1	同上				1	0	1
X5のみ誤り	1	0	0	0	1	1	0		0	1	1
X6のみ誤り	同上				0	0	0		同上		
X7のみ誤り	同上				0	1	1	一致	同上		

を得ます。X7のみ誤りであることがわかりますので，送信ビット列は「1000011」になります。

したがって，⑤が正解です。　　　　　　　　　　　　　　　　　　　**答** ⑤

▼**アドバイス**△　4ビットの情報ビット列にチェック用の3ビットの情報を付加した7ビットのハミングコードは，1ビットの誤り訂正，2ビットの誤り検出が可能です。誤り訂正には複数の方法があります。過去問題やWebサイトの記事などを参考に複数の方法を身につけておきましょう。

■2-1-4■データ構造とマルチメディア技術

⚠ キュー

キューは，**先入れ先出し**（**FIFO**：First In First Out）のデータ構造です。キューからデータを取り出すとき，キューに格納した順番にデータが取り出されます。キューにデータを格納する操作を **enqueue**，データを取り出す操作を **dequeue**

といいます。

！ スタック

　スタックは，後入れ先出し（**LIFO**：Last In First Out）のデータ構造です。スタックからデータを取り出すとき，スタックに格納した順番と逆の順番にデータが取り出されます。最初に取り出されるデータは，最後に格納したデータです。スタックにデータを格納する操作を **push**，データを取り出す操作を **pop** といいます。

！ 可逆圧縮と非可逆圧縮

　画像や音声のデータはサイズが大きくなるため，データを**圧縮**してから，保存したり，転送したりします。圧縮したデータを元に戻すことを**伸張**といいます。圧縮方式には，伸張したときに元のデータが完全に復旧できる**可逆圧縮**と，元のデータどおりに伸張できない**非可逆圧縮**があります。

！ 静止画の圧縮

　代表的な静止画の画像形式には表 3.2.4 のようなものがあります。

表 3.2.4　静止画の画像形式と特徴

画像形式	可逆/非可逆	特徴
JPEG	非可逆	フルカラー，データ容量は小さい
GIF	可逆	最大256色まで，データ容量は非常に小さい
PNG	可逆	フルカラー，データ容量は比較的大きい

！ 動画の圧縮

　代表的な動画の圧縮規格には（表 3.2.5）のようなものがあります。

表 3.2.5　動画の圧縮規格と主な用途

圧縮規格	ビットレート	主な用途
MPEG-1	1.5Mbps程度	CD-ROM
MPEG-2	数Mbps〜数十Mbps程度	DVD
MPEG-4	数十kbps〜数百kbps	モバイル機器

　関連する過去問題を解説します。

問題3-2-9　二分探索木とは，各頂点に1つのキーが置かれた二分木であり，任意の頂点vについて次の条件を満たす。

　(1) vの左部分木の頂点に置かれた全てのキーが，vのキーより小さい。

　(2) vの右部分木の頂点に置かれた全てのキーが，vのキーより大きい。

　以下では空の二分探索木に，8，12，5，3，10，7，6の順に相異なるキーを登録する場合を考える。最初のキー8は二分探索木の根に登録する。次のキー12は根の8より大きいので右部分木の頂点に登録する。次のキー5は根の8より小さいので左部分木の頂点に登録する。続くキー3は根の8より小さいので左部分木の頂点5に分岐して大小を比較する。比較するとキー3は5よりも小さいので，頂点5の左部分木の頂点に登録する。以降同様に全てのキーを登録すると下図に示す二分探索木を得る。キーの集合が同じであっても，登録するキーの順番によって二分探索木が変わることもある。下図と同じ二分探索木を与えるキーの順番として，最も適切なものはどれか。

図　二分探索木

　① 8，5，7，12，3，10，6

　② 8，5，7，10，3，12，6

　③ 8，5，6，12，3，10，7

　④ 8，5，3，10，7，12，6

　⑤ 8，5，3，12，6，10，7

［出題：令和元年度　I-2-2］

解　説　選択肢①～⑤に示されているキーの順番だけを見ても2分探索木のイメージがつきません。実際にキーの順番どおりに登録して，得られる木を明確にする必要があります。すべてのキーの登録が終了した状態の木を以下の図に示します。図中のノード（○）近くに示した数字は登録した順番を表しています。

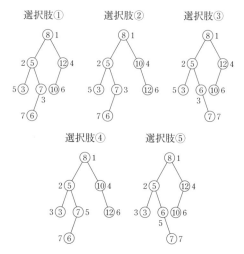

選択肢の①に示されたキーの順番で登録すると，問題文に与えられた2分探索木と同じになることがわかります。したがって，①が正解です。　**答 ①**

▼アドバイス△　ケアレスミスを防ぐために，手間を惜しまず，丁寧に2分木を組み立てる（描く）ようにしてください。

■2-1-5■プロセッサ・メモリ

❗ キャッシュメモリ

プロセッサの処理時間に比較して，主記憶の処理時間が長いため，主記憶をアクセスすると全体の処理能力が低下します。**キャッシュメモリ**は，プロセッサと主記憶との性能の差を埋めるために使用するメモリです。

関連する過去問題を解説します。

問題3-2-10　10,000命令のプログラムをクロック周波数2.0［GHz］のCPUで実行する。下表は，各命令の個数と，CPI（命令当たりの平均クロックサイクル数）を示している。このプログラムのCPU実行時間に最も近い値はどれか。

命令	個数	CPI
転送命令	3,500	6
算術演算命令	5,000	5
条件分岐命令	1,500	4

① 260 ナノ秒

② 26 マイクロ秒

③ 260 マイクロ秒

④ 26 ミリ秒

⑤ 260 ミリ秒

［出題：平成 29 年度　I-2-6］

解　説　問題文には，クロック周波数と命令の種類ごとの CPI（クロック／命令）が与えられていますので，1 クロック当たりの所用時間を計算すれば，命令の種類ごとの実行時間を求められます。

クロック周波数は 2.0GHz ですから，1 秒間に 2×10^9 クロックになります。逆数をとれば 1 クロック当たりの所要時間が得られます。計算すると

$$1/(2\times10^9) = (1/2)\times10^{-9} = 0.5\times10^{-9} = 0.5 ナノ秒／クロック$$

になります。命令の種類ごとの実行時間は次のとおりです。

転送命令	6［クロック／命令］×0.5［ナノ秒／クロック］＝3［ナノ秒／命令］
算術演算命令	5［クロック／命令］×0.5［ナノ秒／クロック］＝2.5［ナノ秒／命令］
条件分岐命令	4［クロック／命令］×0.5［ナノ秒／クロック］＝2［ナノ秒／命令］

命令の種類ごとの実行時間が求められたので，命令の種類ごとの実行個数を用いて，合計で 10,000 命令のプログラムの CPU 実行時間を計算できます。計算結果は次のとおりです。

$$3,500\times3+5,000\times2.5+1,500\times2 = 26,000 ナノ秒 = 26 マイクロ秒$$

したがって，②が正解です。　　**答** ②

▼アドバイス△　ミリ（10^{-3}），マイクロ（10^{-6}），ナノ（10^{-9}），ピコ（10^{-12}）などの補助単位は相互変換が必要になることがあります。べき乗の値を確実に覚えておいてください。

問題3-2-11　仮想記憶のページ置換手法として LRU（Least Recently Used）が使われており，主記憶に格納できるページ数が 3，ページの主記憶からのアクセス時間が H［秒］，外部記憶からのアクセス時間が M［秒］であるとする（H は M よりはるかに小さいものとする）。ここで LRU とは最も長くアクセスされな

かったページを置換対象とする方式である。仮想記憶にページが何も格納されていない状態から開始し、プログラムが次の順番でページ番号を参照する場合の総アクセス時間として、適切なものはどれか。

　2⇒1⇒1⇒2⇒3⇒4⇒1⇒3⇒4

　なお、主記憶のページ数が1であり、2→2→1→2の順番でページ番号を参照する場合、最初のページ2へのアクセスは外部記憶からのアクセスとなり、同時に主記憶にページ2が格納される。以降のページ2、ページ1、ページ2への参照はそれぞれ主記憶、外部記憶、外部記憶からのアクセスとなるので、総アクセス時間は3M＋1H［秒］となる。

①　7M＋2H［秒］

②　6M＋3H［秒］

③　5M＋4H［秒］

④　4M＋5H［秒］

⑤　3M＋6H［秒］

［出題：令和4年度　I-2-3］

解　説　　主記憶のページ数が3ですから、次のような主記憶を表す図を準備します。ページの参照順序に沿って、主記憶に格納されるページの遷移状況を明確にします。

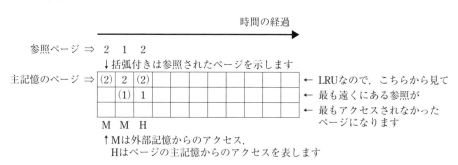

問題文に示された順序でのページ番号の遷移状況は次のようになります。

参照ページ ⇒ 2　1　1　2　3　4　1　3　4

(2)	2	2	(2)	2	2	(1)	1	1		
	(1)	(1)	1	1	(4)	4	4	(4)		
				(3)	3	3	(3)	3		

M　M　H　H　M　M　M　H　H

↑最も参照されていないページ1が上書きされた
↑最も参照されていないページ2が上書きされた

　外部記憶へのアクセス（M）が5回，ページの主記憶へのアクセス（H）が4回発生しますので，総アクセス時間は

　　　5M＋4H〔秒〕

になります。したがって，③が正解です。　　　　　　　　　　　**答**　③

▼**アドバイス**△　ページ置換手法には LRU や FIFO があります。問題文に具体的な手法の内容が示されない場合もあるので，手法をよく理解しておきましょう。

2-2 ┃ アルゴリズム

🄴 トレース

　アルゴリズム問題を解くための基本戦略は**トレース**をすることです。トレースは，アルゴリズム中に現れる変数が処理の流れに応じてどのように変化していくかを明確にします。たとえば，変数 i を 1 から 10 まで 1 ずつ増加させながら，1 から 10 までの i^2 の合計を求めて出力するアルゴリズムを考えます。合計を計算するエリア（変数）を sum とすると，図3.2.9 のようなアルゴリズムが考えられます。

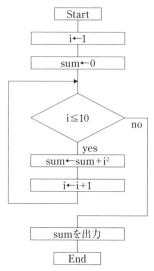

図3.2.9　合計を求めるアルゴリズム

　トレースする方法は一つではありません。例えば，表3.2.6のように表形式で変数の値がどのように変わっていくかを明確にする方法があります。

表3.2.6　トレースの例

i	i^2	sum	
1	—	0	←初期値
1	1	1	
2	4	5	
3	9	14	
4	16	30	
5	25	55	
6	36	91	
7	49	140	
8	64	204	
9	81	285	
10	100	385	

↑iの変化に対応して，i^2やsumがどのように変化するかを明確にする

関連する過去問題を解説します。

問題3-2-12　2以上の自然数で1とそれ自身以外に約数を持たない数を素数と呼ぶ。Nを4以上の自然数とする。2以上$\sqrt{N}$以下の全ての自然数でNが割り切

れないとき，N は素数であり，そうでないとき，N は素数でない。

　例えば，$N = 11$ の場合，$11 \div 2 = 5$ 余り 1，$11 \div 3 = 3$ 余り 2 となり，2 以上 $\sqrt{11} \fallingdotseq 3.317$ 以下の全ての自然数で割り切れないので 11 は素数である。このアルゴリズムを次のような流れ図で表した。流れ図中の（ア），（イ）に入る記述として，最も適切なものはどれか。

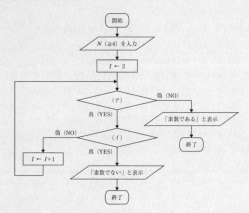

	ア	イ
①	$I \geqq \sqrt{N}$	I が N で割り切れる。
②	$I \geqq \sqrt{N}$	N が I で割り切れない。
③	$I \geqq \sqrt{N}$	N が I で割り切れる。
④	$I \leqq \sqrt{N}$	N が I で割り切れない。
⑤	$I \leqq \sqrt{N}$	N が I で割り切れる。

[出題：平成 29 年度　I-2-3]

解説　（ア），（イ）とも分岐のための判定条件です。条件の真偽に対応した分岐先の処理内容を手がかりに検討を進めます。変数 I に着目します。I の初期値が 2，繰り返し処理の中で I に 1 ずつ加算されていることと，問題文の「2 以上 $\sqrt{N}$ 以下のすべての自然数で N が割り切れないとき，N は素数であり」という記述から，I は素数判定のために「割る数」であると考えられます。

・空欄（イ）：「割る数」が I であることを踏まえ，選択肢に示された空欄（イ）の候補を確認すると，「N が I で割り切れない」もしくは「N が I で割り切れる」の

どちらかになります。空欄（イ）の条件が成立する（真の）とき「素数でない」を表示して処理終了になっています。問題文の説明に「自然数で N が割り切れないとき，N は素数であり，<u>そうでないとき，N は素数でない</u>」とありますから，空欄（イ）は「N が I で割り切れる」が適切です。

・空欄（ア）：空欄（ア）の条件が，成立する（真の）とき繰返し処理を継続し，成立しない（偽の）とき「素数である」を表示して処理終了になっています。問題文に「2以上 $\sqrt{N}$ 以下のすべての自然数で N が割り切れないとき，N は素数であり」とあるので，I を1ずつ加算しながら，I が $\sqrt{N}$ 以下のすべての I で割り切れるか否かをチェックすることになります。空欄（ア）は「$I \leqq \sqrt{N}$」が適切です。

　したがって，⑤が正解です。　　　　　　　　　　　　　　　　　　　　　**答** ⑤

▼アドバイス△　一部が空欄になっているフローチャートの穴埋め問題の場合，処理の順序どおりに考える必要はありません。わかりやすいところから考えていきましょう。

問題3-2-13　自然数 A，B に対して，A を B で割った商を Q，余りを R とすると，A と B の公約数が B と R の公約数でもあり，逆に B と R の公約数は A と B の公約数である。ユークリッドの互除法は，このことを余りが0になるまで繰り返すことによって，A と B の最大公約数を求める手法である。このアルゴリズムを次のような流れ図で表した。流れ図中の，（ア）～（ウ）に入る式又は記号の組合せとして，最も適切なものはどれか。

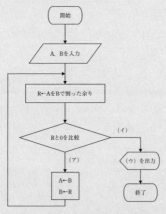

図　ユークリッド互除法の流れ図

	ア	イ	ウ
①	R = 0	R ≠ 0	A
②	R ≠ 0	R = 0	A
③	R = 0	R ≠ 0	B
④	R ≠ 0	R = 0	B
⑤	R ≠ 0	R = 0	R

[出題：令和5年度　I-2-2]

解説　　問題文の説明によりますとRはAをBで割った余りです。問題文には「余りが0になるまで繰り返す」とありますから，余りが0になったら（イ）の方法へ分岐し，処理が終了することになります。（イ）の条件としては「R＝0」が適切です。（ア）の条件は「R＝0」でないこと，すなわち「R≠0」となります。

分岐の直前の処理で，RにAをBで割った余りを代入しています。説明されているユークリッドの互除法によれば，余りが0になったとき，直前で「割った値」が最大公約数になるということですから，空欄（ウ）は「B」が適切です。

したがって，④が正解です。　　　　　　　　　　　　　　　　　**答 ④**

▼アドバイス△　アルゴリズムの目的が明確でも，実際の処理内容が理解できないとき，具体的な値を使ってアルゴリズムをトレースし，見当をつける方法があります。

2-3 情報ネットワーク

■2-3-1■通信回線とインターネット技術
❗ 伝送時間の計算
データを送信するために必要な時間を**伝送時間**といいます。伝送時間は，データ量とデータを伝送する回線の速度から，次の式で計算できます。

伝送時間 ＝ データ量／回線速度

データを送信する際には，制御データが必要になったり，データに付加するヘッダ情報があったりしますので，使用する回線の速度として示されている速度（**名目速度**）でデータを送信できません。伝送時間の計算には，データ伝送のために使用できる速度（**実効速度**）を用いる必要があります。名目速度に対する実効速

度の割合を**回線利用率**といいます。

　　　回線利用率 ＝ 実効速度／名目速度

　一般にデータ量はバイト単位で表され，回線速度はビット単位で表されますので，計算するときには単位を合わせる必要があります。

❗ IP アドレス

　インターネット上のコンピュータを一意に識別するために **IP アドレス**が用いられます。IP アドレスには **v4** と **v6** があり，v4 では 32 ビットの IP アドレスが用いられています。インターネットの拡大に伴い v4 の IP アドレスが枯渇するようになったため，IP アドレスを 128 ビットに拡張した v6 が広がりつつあります。

関連する過去問題を解説します。

問題3-2-14　通信回線を用いてデータを伝送する際に必要となる時間を伝送時間と呼び，伝送時間を求めるには，次の計算式を用いる。

$$伝送時間 = \frac{データ量}{回線速度 \times 回線利用率}$$

　ここで，回線速度は通信回線が 1 秒間に送ることができるデータ量で，回線利用率は回線容量のうちの実際のデータが伝送できる割合を表す。データ量 5G バイトのデータを 2 分の 1 に圧縮し，回線速度が 200Mbps，回線利用率が 70％である通信回線を用いて伝送する場合の伝送時間に最も近い値はどれか。ただし，1G バイト ＝ 10^9 バイトとし，bps は回線速度の単位で，1Mbps は 1 秒間に伝送できるデータ量が 10^6 ビットであることを表す。

① 　286 秒　　　② 　143 秒　　　③ 　100 秒　　　④ 　18 秒　　　⑤ 　13 秒

[出題：令和 3 年度　I-2-3]

解　説　データを 2 分の 1 に圧縮するので，伝送するデータ量は 2.5G バイトになります。データ量の単位がバイトで，速度に使われている単位がビットですから，データ量をビットに換算（8 倍）します。伝送時間は，次のようになります。

　　　伝送時間 ＝ 2.5G バイト ／（200Mbps×70％）

　　　　　　　＝ $2.5×10^9$ バイト ／（$200×10^6$bps×70％）

　　　　　　　＝ $2.5×10^9×8$ ビット ／（$200×10^6$bps×70％）　（以降単位は省略）

　　　　　　　＝ $2.5×10^9×8×10^{-6}$／（200×0.7）

$$\fallingdotseq 142.9$$

したがって，②が正解です。 **答** ②

▼アドバイス△ 「最も近い値」は，一つの選択肢に近い値と考えられます。例えば選択肢が 10 と 20 であるとき，計算結果が 14 になる可能性が低いということです。

■2-3-2■情報セキュリティ

! 脅威と脆弱性

　情報セキュリティは情報資産を保護します。改ざんや盗聴など情報資産に悪影響を及ぼす事象や行為を**脅威**といいます。暗号化されていない顧客リストや不良が含まれているプログラムなど情報資産の弱さは**脆弱性**と呼ばれます。

! 標的型攻撃

　標的型攻撃は，特定の企業，団体，組織などを標的にする攻撃です。標的に所属する社員などに向けて，なりすましメールを送るなどして，ウイルスに感染させたり，不正なサイトに誘導したりします。

! 利用者認証

　利用者認証は，情報システムの利用者が正当であることを確認します。認証には，パスワードのように本人しか知らない情報，ID カードのようなハードウェア，指紋などの身体の特徴を利用する方法があります。重要な情報へのアクセスに際しては，パスワードと ID カードを組み合わせるなどの 2 要素認証が用いられる場合もあります。

! 暗号化と復号

　データを第三者が容易に読み取れないようにするために，データを**暗号化**します。暗号化されたデータを元に戻すことを**復号**といいます。暗号化・復号には，アルゴリズムと鍵を用います。アルゴリズムは公開されていて，誰でも使用できます。鍵は暗号化・復号する当事者だけで保持し，第三者に分からないようにしておきます。暗号方式には，共通鍵暗号方式と公開鍵暗号方式があります（表3.2.7）。

表3.2.7　暗号方式

暗号方式	特徴	具体例
共通鍵暗号方式	暗号化通信をする両者で共通の鍵を保持する 鍵を安全に相手に渡すことが難しい 暗号化・復号の処理速度が速い	AES RC4
公開鍵暗号方式	異なる二つの公開鍵と秘密鍵を用いる 復号に使用する秘密鍵を安全に保持する 公開鍵は幅広く公開できるので鍵の配送は不要 共通鍵暗号方式に比較すると低速	RSA 楕円曲線暗号

❗ ディジタル署名

　電子的に行われる署名を**ディジタル署名**といいます。ディジタル署名は公開鍵暗号方式を活用します。具体的には，公開鍵暗号方式の秘密鍵を用いて署名を行い，署名を受け取った側では公開鍵を使って署名を検証します。署名の検証に成功すれば，署名をした人が正当な本人であることが確認できます。

　署名の作成方法と，署名の検証方法は表3.2.8のとおりです。

表3.2.8　ディジタル署名の作成・検証方法

署名の作成	・ハッシュ関数を用いて，署名を付けるデータのメッセージダイジェスト（ハッシュ値）を求める ・メッセージダイジェストを署名者の秘密鍵で暗号化し，ディジタル署名を作成する ・元のデータとディジタル署名を相手に送る
署名の検証	・送信者と同じ手順で，受信したデータからメッセージダイジェスト（A）を求める ・受信したディジタル署名を，署名者の公開鍵で復号しメッセージダイジェスト（B）を得る ・（A）と（B）のメッセージダイジェストが一致すれば，署名が正しいと確認できる

関連する過去問題を解説します。

問題3-2-15　次の記述のうち，最も適切なものはどれか。

① 利用サービスによってはパスワードの定期的な変更を求められることがあるが，十分に複雑で使い回しのないパスワードを設定したうえで，パスワードの流出などの明らかに危険な事案がなければ，基本的にパスワードを変更する必要はない。

② PINコードとは4～6桁の数字からなるパスワードの一種であるが，総当たり攻撃で破られやすいので使うべきではない。

③ 指紋，虹彩，静脈などの本人の生体の一部を用いた生体認証は，個人に固有の情報が用いられているので，認証時に本人がいなければ，認証は成功しない。

④　二段階認証であって一要素認証である場合と，一段階認証で二要素認証である場合，前者の方が後者より安全である。

⑤　接続する古い無線 LAN アクセスルータであっても WEP をサポートしているのであれば，買い換えるまではそれを使えば安全である。

[出題：令和 5 年度　I-2-1]

解　説　認証技術の特徴を踏まえ，選択肢の正誤を確認します。

選択肢①：パスワードの定期的な変更が要求される場合があります。ただし，複数のパスワードを，毎回全くランダムなパスワードを設定すると，利用者が記憶しきれなくなりメモに残したり，覚えやすい安易なパスワードを付けてしまったりする可能性が高くなります。流出の危険がなく，複雑で使い回しのないパスワードであれば，使い続けても安全性は損なわれません。選択肢は正しい記述です。

選択肢②：PIN コード物理的なカードに刻印されている場合もあり，知識（記憶）に依存するパスワードとは性格の異なるものです。併用することによってセキュリティレベルが向上します。選択肢は誤った記述です。

選択肢③：高度な技術力を駆使すれば，指紋を複製することが可能です。生体認証に使われる情報が複製できれば，認証時に本人がいなくても認証が成功することが考えられます。選択肢は誤った記述です。

選択肢④：認証に用いられるものは，パスワードなどの知識，IC カードなどの持ち物，指紋や虹彩などの生体に大別されます。高いセキュリティレベルが要求される場合，たとえば，知識と持ち物を組み合わせた二要素認証が用いられます。2 種類のパスワードを用いる一要素（2 段階）認証よりも二要素認証の方が安全性は高いと考えられます。選択肢は誤った記述です。

選択肢⑤：無線 LAN における暗号化の規格の一つに WEP があります。ただし，2000 年頃の古い規格であり，現在では脆弱性が発見されていて，WEP は非推奨になっています。現在では，WPA3 などの強固なセキュリティの規格を用いることが推奨されています。選択肢は誤った記述です。

したがって，①が正解です。　　　　　　　　　　　　　　　　　　**答 ①**

▼アドバイス△　認証に関連する問題は出題される可能性が高いため，認証に用いられる要素技術をよく理解しておいてください。セキュリティ技術は日進月歩ですから，新しい技術の取得にも努めてください。

問題3-2-16　テレワーク環境における問題に関する次の記述のうち，最も不適切なものはどれか。

① Web 会議サービスを利用する場合，意図しない参加者を会議へ参加させないためには，会議参加用の URL を参加者に対し安全な通信路を用いて送付すればよい。

② 各組織のネットワーク管理者は，テレワークで用いる VPN 製品等の通信機器の脆弱性について，常に情報を収集することが求められている。

③ テレワーク環境では，オフィス勤務の場合と比較してフィッシング等の被害が発生する危険性が高まっている。

④ ソーシャルハッキングへの対策のため，第三者の出入りが多いカフェやレストラン等でのテレワーク業務は避ける。

⑤ テレワーク業務におけるインシデント発生時において，適切な連絡先が確認できない場合，被害の拡大につながるリスクがある。

[出題：令和 4 年度　I-2-1]

解　説　テレワーク環境の特徴を踏まえ，選択肢の正誤を確認します。

選択肢①

意図しない参加者を Web 会議へ参加させないためには，会議参加用の URL を参加者以外に公開しないことが重要です。安全な通信路を用いて URL を送付することは有効な対策になります。選択肢は正しい記述です。

選択肢②

テレワークで用いる VPN 製品等の通信機器に脆弱性があると，攻撃者に通信を盗聴されたり，情報を改ざんされたりします。組織のネットワーク管理者は，常に情報を収集することが必要になります。選択肢は正しい記述です。

選択肢③

フィッシング等の被害は，不正なサイトへ誘導されることによって発生します。テレワーク環境であっても，オフィス勤務であっても大差はなく，テレワーク環境の方が高い危険性であるとはいえません。選択肢は誤った記述です。

選択肢④

第三者の出入りが多いカフェやレストラン等でパソコンを使用すると，周りから画面を覗き見（ソーシャルハッキング）される可能性があります。第三者の出入りが多いカフェやレストラン等でのテレワーク業務はおすすめできません。選択肢は正しい記述です。

選択肢⑤

一般にテレワーク業務は1人での対応になります。非常事態が発生したとき周りに対応できる人がいないことが多く，適切な連絡先が確認できないと，被害の拡大につながるリスクがあります。選択肢は正しい記述です。

したがって，③が正解です。　　　　　　　　　　　　　　　　**答 ③**

▼アドバイス△　感染症の流行をきっかけにテレワーク業務が身近になりました。セキュリティ維持の観点から，テレワーク環境と社内環境との違いを把握しておきましょう。

■2-3-3■セキュリティ実装技術

❗ ファイアウォール

インターネットと社内や組織の内部ネットワークとの間に設置される**ファイアウォール**は，正当な通信を通過させ，不正な通信を遮断します。正当と判断して通過させた通信が，万一，不正な通信であれば内部ネットワークに大きな脅威となります。実際のファイアウォールでは，DMZ（非武装セグメント）を保持しています。図3.2.9の左図のように，インターネットからの通信はDMZまで許可され，内部ネットワークからの通信もDMZまで許可されます。インターネットと内部ネットワークの直接通信は許可されません。

ファイアウォールは図3.2.9の右図のように描かれます。インターネットと内部ネットワークの通信は，DMZに配置されるプロキシサーバなどを経由します。社外向けのWebサーバなど，社外から利用されるサーバなどはDMZに設置されます。

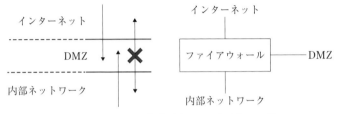

図3.2.9　DMZを含めたファイアウォール

🄵 SSL/TLS

SSL（Secure Sockets Layer）**/TLS**（Transport Layer Security）は，インターネット上における安全な通信を実現するプロトコルです。Web サーバと Web クライアントとの間の通信を暗号化して，パスワードやクレジット番号などを安全に送受信できます。SSL に脆弱性が発見されたので，アップグレード版として TLS がリリースされ，現在は TLS1.3 が最新バージョンになっています。

　関連する過去問題を解説します。

問題3-2-17　情報セキュリティに関する次の記述のうち，最も不適切なものはどれか。

① 　外部からの不正アクセスや，個人情報の漏えいを防ぐために，ファイアウォール機能を利用することが望ましい。
② 　インターネットにおいて個人情報をやりとりする際には，SSL/TLS 通信のように，暗号化された通信であるかを確認して利用することが望ましい。
③ 　ネットワーク接続機能を備えた IoT 機器で常時使用しないものは，ネットワーク経由でのサイバー攻撃を防ぐために，使用終了後に電源をオフにすることが望ましい。
④ 　複数のサービスでパスワードが必要な場合には，パスワードを忘れないように，同じパスワードを利用することが望ましい。
⑤ 　無線 LAN への接続では，アクセスポイントは自動的に接続される場合があるので，意図しないアクセスポイントに接続されていないことを確認することが望ましい。

[出題：平成 30 年度　I-2-1]

解　説　ネットワーク環境に存在する脅威の特徴を踏まえ，選択肢の正誤を確認します。

選択肢①

　不正な通信をファイアウォールによって遮断し，外部からの不正アクセスや個人情報の漏洩を防ぎます。選択肢は正しい記述です。

選択肢②

　SSL/TLS 通信は Web サーバと Web クライアントとの間の通信を暗号化します。個人情報やクレジットカード番号などは情報漏洩を防ぐために暗号化が望ましい

と考えられます。選択肢は正しい記述です。

選択肢③

　インターネットに接続されている IoT 機器は，電源が入っていると攻撃の対象となります。必要でなければ電源をオフにすることによって想定外の攻撃を防ぐことが可能になります。選択肢は正しい記述です。

選択肢④

　複数のサービスで同じパスワードを利用すると，万一，パスワードが漏洩したとき，すべてのサービスが不正利用の対象となるため，パスワードはサービスごとに異なるものにすることが望ましい姿になります。選択肢は誤った記述です。

選択肢⑤

　パソコンなど，無線 LAN に接続する機器の設定によっては，一度接続した無線 LAN のアクセスポイントの情報を記憶しています。利用者が意図しない無線 LAN に接続してしまう可能性があるため，接続している無線 LAN することはセキュリティの維持に有効になります。選択肢は正しい記述です。

　したがって，④が正解です。　　　　　　　　　　　　　　　　　**答** ④

▼**アドバイス**△　過去問題を振り返ると，セキュリティに関連する問題は様々な側面から出題されていることがわかります。ファイアウォールや暗号化通信などがセキュリティの維持のためにどのように活用されているかを理解しておきましょう。

3群　解　　　析

技術士第一次試験の適性科目としての3群におけるこれまでの出題分析から毎年から隔年出題される項目，"でるところ"，"でそうなところ"をピックアップしてみました。この分野は以下の項目が頻出であり，今後も繰返し出題されることが予想されます。流体力学はここ数年の出題はありませんが，3〜4年に1回くらいの出題がありますので簡単な解説だけ記します。また，電磁界解析は試験科目に含まれていますが，出題例はありません。要点のみを記します。

★解析：ベクトル解析，有限要素法，導関数の差分方程式，数値積分，行列，偏微分，数値解析

★一般力学，固体力学：固有振動数，振動系の運動方程式，歪エネルギー，バネ定数，応力解析

ここでは過去に出題された問題のなかで繰り返し出されている基本的な問題を選択しました。問題に繰り返し解答することで解答の要領をつかむことができると思います。

今後も出題頻度が高いと予想される部分を解説する要点解説とこれまでに実際に出題された典型的な基本的な問題を取り上げ，解答の視点を含めてまとめた問題演習の二つの部分からなっています。どちらから始めてもよいように作ってあります。他の群も同じですが，解答する問題の選択が重要です。解答への道筋もあわせて身に付けてください。それでは早速始めましょう。

3-1 　解　　　析

■3-1-1■関　　数

❗ 関数とは？

変数 x の一つひとつの値に対して y の値が確定するとき y は x の関数であるといい，$y=f(x)$ と書きます。一般には x と y の集合があり，X の部分集合の元 x の各元に対して Y の元 y が確定するとき $y=f(x)$ と表し，<u>X から Y への写像が決まる</u>といいます。

■3-1-2■微分と微分方程式

⚠ 導関数とは？

関数：$f(x)$ の関数域である $x = x_1$ から $x_1 + \Delta x$ における平均変化率は以下のように表されます。

$$\frac{f(x_1 + \Delta x) - f(x_1)}{\Delta x}$$

ここで，Δx をゼロに近づけていったとき（極限をとる）の極限値が $f'(x_1)$ で，x_1 における微分係数です。ここで，$x = x$ では $f'(x)$ となり，これが**導関数**となります（図 3.3.1 を参照）。

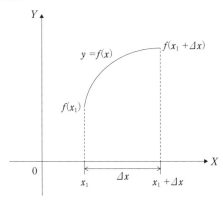

図 3.3.1　導関数を求める

⚠ 導関数の差分方程式

導関数 $f'(x_1)$ は，Δx が十分小さいと上述の平均変化率の式（差分方程式）で近似できます。

⚠ 常微分方程式

$\frac{dy}{dx} = \sim$ の形の 1 変数の微分係数を含む関数式が**常微分方程式**です。自然科学の基礎から応用まで幅広い分野で用いられています。例えば，加速度 a は速度 v の時間変化率で $a = \frac{dv}{dt}$ と表され，微分方程式を解けば（積分する）速度を求めることができます。

⚠ 関数の級数展開

関数を級数で表すことを**級数展開**といい，微分が用いられます。マクローリン展開やテーラー展開等が知られています。これにより数値計算を容易にすることができます。

■3-1-3■偏微分と偏微分方程式

⚠ 偏微分

二つ以上の変数からなる関数 $f(x, y, z\cdots)$ において，一つの変数，例えば x 以外の変数を定数（変数を固定化する）とみなして微分することを，関数 f を x で**偏微分**すると呼び，$\dfrac{\partial f}{\partial x}$ と表されます。

⚠ 偏微分方程式

$\dfrac{\partial f}{\partial x} = \sim$ の形の1変数に固定された微分係数を含む関数式が**偏微分方程式**です。熱拡散方程式をはじめ多くの自然現象が表されますが，解析的に解けるのは少なく，数値計算による解法が主流です。偏微分方程式の解法のソフトウェアも多く知られています。

問題3-3-1

導関数 $\dfrac{d^2 u}{dx^2}$ の点 x_i における差分表現として，最も適切なものはどれか。ただし，添え字 i は格子点を表すインデックス，格子幅を h とする。

① $\dfrac{u_{i+1} - u_i}{h}$

② $\dfrac{u_{i+1} + u_i}{h}$

③ $\dfrac{u_{i+1} - 2u_i + u_{i-1}}{2h}$

④ $\dfrac{u_{i+1} + 2u_i + u_{i-1}}{h^2}$

⑤ $\dfrac{u_{i+1} - 2u_i + u_{i-1}}{h^2}$

[出題：平成29年度　I-3-1]

解　説　導関数の差分表現に関するものです。導関数 $\dfrac{du}{dx}$ の点 x_i における差分表現は格子幅が h とすると次のようになります。

$$\frac{du}{dx} = \frac{u_{i+1} - u_i}{h}$$

次に，二次導関数の差分表現は次のようになります。

$$\frac{d^2 u}{dx^2} = \frac{d}{dx}\left(\frac{du}{dx}\right) = \frac{d}{dx}\left(\frac{u_{i+1} - u_i}{h}\right)$$

これを計算したのが以下の式です。

$$\frac{d}{dx}\left(\frac{u_{i+1}-u_i}{h}\right)=\frac{u_{i+2}-u_{i+1}}{h^2}-\frac{u_{i+1}-u_i}{h^2}=\frac{u_{i+2}-2u_{i+1}+u_i}{h^2}$$

ここで，$i=i-1$ とおくと $\dfrac{d^2u}{dx^2}=\dfrac{u_{i+1}-2u_i+u_{i-1}}{h^2}$ となります。　　**答 ⑤**

問題3-3-2　　一次関数 $f(x)=ax+b$ について定積分 $\displaystyle\int_{-1}^{1}f(x)dx$ の計算式とし
て，最も不適切なものはどれか。

① $\dfrac{1}{4}f(-1)+f(0)+\dfrac{1}{4}f(1)$

② $\dfrac{1}{2}f(-1)+f(0)+\dfrac{1}{2}f(1)$

③ $\dfrac{1}{3}f(-1)+\dfrac{4}{3}f(0)+\dfrac{1}{3}f(1)$

④ $f(-1)+f(1)$

⑤ $2f(0)$

[出題：平成30年度　I-3-1]

解　説　　積分の関係を図3.3.2に示します。積分値は $2b$ になります。関数
$f(x)$ に数値を代入して計算していくと以下のようになります。

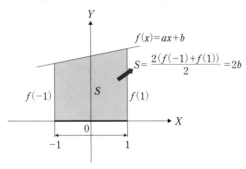

図3.3.2

① $\dfrac{-a+b}{4}+(0+b)+\dfrac{a+b}{4}=\dfrac{3}{2}b$: 誤り

② $\dfrac{-a+b}{2}+(0+b)+\dfrac{a+b}{2}=2b$: 正しい

③ $\dfrac{-a+b}{3}+\dfrac{4(0+b)}{3}+\dfrac{a+b}{3}=2b$: 正しい

④ $(-a+b)+(a+b)=2b$ ：正しい

⑤ $2(0+b)=2b$ ：正しい

答 ①

■3-1-4■ベクトル

⚠ ベクトルとは？

ベクトルは大きさと方向をもつ量（ベクトル量）です。大きさのみを有するのはスカラ量です。金属材料で転位を表すバーガースベクトル，速度等，運動力学や材料力学では必須の概念です。

⚠ ベクトルの和と差（図 3.3.3 を参照）

n 次元ベクトルを $\boldsymbol{a}=(a_1, a_2, a_3, \cdots, a_n)$，$\boldsymbol{b}=(b_1, b_2, b_3, \cdots, b_n)$ とします。

ベクトル和：$\boldsymbol{a}+\boldsymbol{b}=(a_1+b_1, a_2+b_2, a_3+b_3, \cdots, a_n+b_n)$

ベクトル差：$\boldsymbol{a}-\boldsymbol{b}=(a_1-b_1, a_2-b_2, a_3-b_3, \cdots, a_n-b_n)$

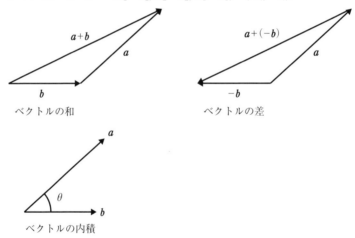

ベクトルの和

ベクトルの差

ベクトルの内積

図 3.3.3

⚠ ベクトルの内積と外積（図 3.3.3 を参照）

三次元ベクトルを $\boldsymbol{a}=(a_1, a_2, a_3)$，$\boldsymbol{b}=(b_1, b_2, b_3)$ とします。

・内積：$(\boldsymbol{a}, \boldsymbol{b})=|\boldsymbol{a}||\boldsymbol{b}|\cos\theta$（スカラ積）

$$=a_1b_1+a_2b_2+a_3b_3$$

$$|\boldsymbol{a}|=\sqrt{a_1{}^2+a_2{}^2+a_3{}^2} \quad |\boldsymbol{b}|=\sqrt{b_1{}^2+b_2{}^2+b_3{}^2}$$

・外積：$\boldsymbol{a}\times\boldsymbol{b}$：$\boldsymbol{a}$ を $\boldsymbol{b}$ の方向に回転し，$\boldsymbol{a}$ と $\boldsymbol{b}$ を二辺にもつ平行四辺形となるベクトル量

$$\boldsymbol{a}\times\boldsymbol{b}=(a_2b_3-a_3b_2,\ a_3b_1-a_1b_3,\ a_1b_2-a_2b_1)\qquad(\boldsymbol{a}\times\boldsymbol{b}\neq\boldsymbol{b}\times\boldsymbol{a})$$

❗ 一次独立と一次従属

ベクトル空間のベクトル $\boldsymbol{a}_1, \boldsymbol{a}_2, \cdots \boldsymbol{a}_n$ があるとき，すべては 0 ではない実数 $k_1, k_2,$ $\cdots, k_n$ を適当に選び以下の関係が成り立つとき，$\boldsymbol{a}_1, \boldsymbol{a}_2, \cdots \boldsymbol{a}_n$ は**一次従属**であるといいます。

$$k_1\boldsymbol{a}_1+k_2\boldsymbol{a}_2\cdots+k_n\boldsymbol{a}_n=0$$

また，$k_1=k_2=\cdots=k_n=0$ の場合に上述の式が成り立つ場合は**一次独立**です。

❗ ベクトル解析

ベクトル解析ではベクトル場の重要な勾配，回転，発散等の性質を扱います。そのために微積分を用い，その架け橋がガウスの発散定理やストークスの定理です。得られた結果は物理学や材料力学に応用されています。

・ベクトルの微分：先の導関数に関する定義はベクトル関数に対しても成り立ち，微分係数が得られます。また，スカラ勾配やベクトルの発散も定義されています。

・ベクトルの積分：ストークスの定理やガウスの定理があります。

■3-1-5■行列と行列式

❗ 行列とは？

いくつかの数（成分あるいは要素）を長方形の形に並べ括弧でくくったものが**行列**です。横列が『**行**』，縦列が『**列**』と呼びます。要素の数が，行が m で，列が n の行列を m 行 n 列の行列と呼びます。行と列の数が等しい行列は正方行列です。正方行列は二次元の場合は平面における図形の変換，三次元では空間における図形の変換に関与する重要な行列です。また，図 3.3.4 で示すように，対角の要素が 1 で他が 0 の行列は**単位行列** E と呼ばれ，すべての要素が 0 の場合は**零行列** O です。$AB=E$ となる場合，B は A の**逆行列**であり，A^{-1} と表されます。行と列を入れ替えた行列が**転置行列**です。

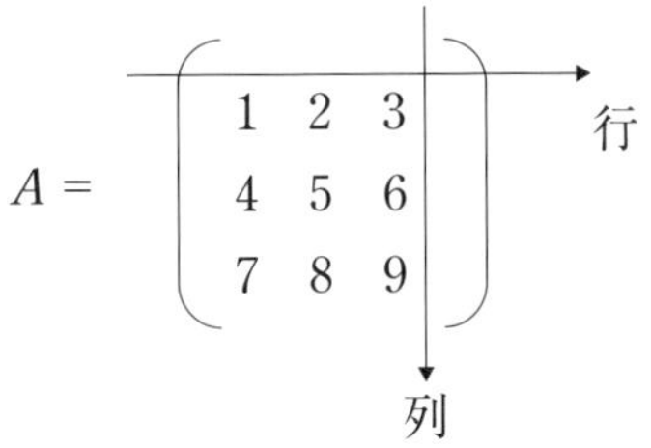

$$A=\begin{pmatrix}1&2&3\\4&5&6\\7&8&9\end{pmatrix}\ \text{行} \qquad E=\begin{pmatrix}1&0&0\\0&1&0\\0&0&1\end{pmatrix}\qquad O=\begin{pmatrix}0&0&0\\0&0&0\\0&0&0\end{pmatrix}$$

列

図 3.3.4

❗ 行列式

行列は一つの形式ですが，**行列式**は値をもちます。

$$\begin{vmatrix} a_{11} & a_{12} \\ a_{21} & a_{22} \end{vmatrix} = a_{11}a_{22} + a_{12}a_{21}$$

問題3-3-3　　3次元直交座標系 (x, y, z) におけるベクトル $V = (V_x, V_y, V_z) = (x, x^2y + yz^2, z^3)$ の点 $(1, 3, 2)$ での発散 $\mathrm{div}\, V = \dfrac{\partial V_x}{\partial x} + \dfrac{\partial V_y}{\partial y} + \dfrac{\partial V_z}{\partial z}$ として，最も適切なものはどれか。

① $(-12, 0, 6)$　　② 18　　③ 24　　④ $(1, 15, 8)$　　⑤ $(1, 5, 12)$

[出題：令和2年度　I-3-1]

解　説　　ベクトル V の要素は与えられた式から以下のようになります。

$$V_x = x, \quad V_y = x^2y + yz^2, \quad V_z = z^3$$

$x = 1$，$y = 3$，$z = 2$ で互いに独立であることから各要素の偏微分値は各変数で微分すると以下のようになります。

$$\frac{\partial V_x}{\partial x} = 1, \quad \frac{\partial V_y}{\partial y} = x^2 + z^2 = 5, \quad \frac{\partial V_z}{\partial z} = 3z^2 = 12$$

発散は次のようになります。

$$\mathrm{div}\, V = \frac{\partial V_x}{\partial x} + \frac{\partial V_y}{\partial y} + \frac{\partial V_z}{\partial z} = 1 + 5 + 12 = 18$$

答 ②

問題3-3-4　　3次元直交座標系における任意のベクトル $\mathbf{a} = (a_1, a_2, a_3)$ と $\mathbf{b} = (b_1, b_2, b_3)$ に対して必ずしも成立しない式はどれか。ただし $\mathbf{a} \cdot \mathbf{b}$ 及び $\mathbf{a} \times \mathbf{b}$ はそれぞれベクトル $\mathbf{a}$ と $\mathbf{b}$ の内積及び外積を表す。

① $(\mathbf{a} \times \mathbf{b}) \cdot \mathbf{a} = 0$

② $\mathbf{a} \times \mathbf{b} = \mathbf{b} \times \mathbf{a}$

③ $\mathbf{a} \cdot \mathbf{b} = \mathbf{b} \cdot \mathbf{a}$

④ $\mathbf{b} \cdot (\mathbf{a} \times \mathbf{b}) = 0$

⑤ $\mathbf{a} \times \mathbf{a} = 0$

[出題：令和4年度　I-3-2]

解　説　　ベクトル $\mathbf{a}, \mathbf{b}$ の内積と外積に関する計算です。

○内積：$\mathbf{a} \cdot \mathbf{b} = a_1b_1 + a_2b_2 + a_3b_3$

○外積：$\boldsymbol{a} \times \boldsymbol{b} = (a_2 b_3 - a_3 b_2, \ a_3 b_1 - a_1 b_3, \ a_1 b_2 - a_2 b_1)$

以上を基礎として，各選択肢をみていきましょう。

① $(a_2 b_3 - a_3 b_2, \ a_3 b_1 - a_1 b_3, \ a_1 b_2 - a_2 b_1) \cdot (a_1, a_2, a_3)$

　　$= a_1 a_2 b_3 - a_1 a_3 b_2 + a_2 a_3 b_1 - a_2 a_1 b_3 + a_3 a_1 b_2 - a_3 a_2 b_1 = 0$：正しい

②回転方向が逆であり成り立ちません：誤り

③内積は題意より成り立ちます：正しい

④③と①から成り立ちます：正しい

⑤外積の定義です：正しい

答 ②

■3-1-6■有限要素法と境界要素法

⚠ 差分法

　変数 x の変域を離散的な数列 x_i に制限したときの差：$f(x_{i+1}) - f(x_i) = \Delta f(x_i)$ をいいます。この差分を利用した微分方程式の解法が**差分法**です。

⚠ 有限要素法

　差分法に変わり構造物を統一的に解析する方法として**有限要素法**が用いられています。この方法は連続体を細かく分割（メッシュに切る）し，多数の独立点の物理量を未知数とする連立方程式（多元連立方程式）を解くことで，独立点の物理量を離散的に求めます。要素により任意に分割でき，変分法あるいは重み付けの残差法を用いる離散化が行われています。メッシュの切り方で精度と計算時間が大きく変わります。差分法に比べて境界条件の処理が行いやすくなります。マクロ的な解析を集約してミクロな状態をみていく手法です。この手法は構造物以外に流体力学や熱伝導等でも解析法として有用です。

⚠ 境界要素法

　応力集中問題や無限領域を含む問題のように精度の高い解析が必要な問題に対して，境界表面の離散化だけでよい**境界要素法**が有限要素法に代わり用いられています。計算も高精度が得られソフトとして軽くなります。

■3-1-7■数値解析

　定式化したモデルを計算機シミュレーションにより解析解が求めにくい数式に対して数値的に解くのが**数値解析**です。その場合，精度の高い数値解を得るためにはアルゴリズムと誤差に対しての配慮が求められます。解析解がある場合には，その結果との比較も誤差の低減には有効です。

⚠ 数値積分

数値積分は被積分関数が複雑で解析解を求めるのが困難な場合に用いられます。**台形公式**（図 3.3.5）と呼ばれるニュートン・コーツ型積分公式が広く用いられています。また，積分区間内の分点を不等間隔としたときの重み付けを行い計算するのがガウス型積分公式で，手法としてチェビシェフ・ガウスの積分公式やルジャンドル・ガウスの積分公式が知られています。

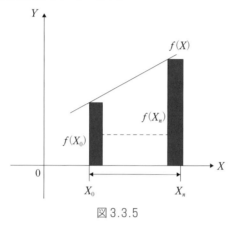

図 3.3.5

⚠ 代数方程式と連立方程式

- **代数方程式**：カルダノやフェラーリの手法が適用できない五次以上の高次方程式に対して，2 分法やニュートン法等の手法を適用して解を求めます。
- **連立方程式**：直接解法と反復解法に大別され，具体的には，消去法，共役勾配法，反復解法，三角分解等があります。振動問題や構造計算（機械工学），複素数を用いた電気回路（電気工学）をはじめ，有限要素法や線形計画法，最適化問題等への展開もあります。

⚠ 固有値

行列の固有値問題は振動系や自動制御系の安定性の解析，行列を三角行列や対角行列への変換等に用いられる事項です。最大固有値を求めるべき乗法，対称行列に適するヤコビ法やハウスホルダー法，非対称な行列にも用いることができる QR 法等があります。

⚠ 常微分方程式

非線形の常微分方程式の解法として，**オイラー法**と**ルンゲ・クッタ法**が用いられています。

問題3-3-5　数値解析の精度を向上する方法として次のうち，最も不適切なものはどれか。

① 丸め誤差を小さくするために，計算機の浮動小数点演算を単精度から倍精度に変更した。

② 有限要素解析において，高次要素を用いて要素分割を行った。

③ 有限要素解析において，できるだけゆがんだ要素ができないように要素分割を行った。

④ Newton 法などの反復計算において，反復回数が多いので収束判定条件を緩和した。

⑤ 有限要素解析において，解の変化が大きい領域の要素分割を細かくした。

[出題：令和 4 年度　I-3-3]

解　説　本問は有限要素法の解析精度の関するもので，①の倍精度計算にすることで有効桁数が増加するので精度向上につながるので正しい。②の高次要素の利用は題意のとおりであるので正しい。③の歪みが減少するようにするほど近似精度は高くなるので正しい。④の収束条件の緩和は精度向上につながらないので誤った記述です。⑤の解の変化が大きい領域では要素を細かくすることで変化を詳細にとらえることができ，精度向上につながる正しい記述です。　　**答** ④

3-2 ｜ 一般力学・材料力学（固体力学）

■3-2-1■流体力学

! ベルヌーイの式

・**非ニュートン流体**：圧縮性及び粘性がない理想流体（非ニュートン流体）において熱移動や機械的仕事がない場合に以下の式が成り立ちます。

$$\frac{p}{\rho}+\frac{v^2}{2}+gz=gH \quad (\text{ベルヌーイの式})$$

p：圧力，ρ：密度，v：流速，g：重力加速度，z：高さ，H：比エネルギー

・**ニュートン流体**：ニュートンの粘性法則に従う液体。せん断応力がずり速度のみの関数で表されます。

! 流体の相似則

　実在の流体は外力，圧力勾配力，粘性力，そして，慣性力等の力がバランスして流れている。二つの異なる流れを比較する場合，これらの力の比が同一（相似関係にある）であると同じ様式の流れとみなせます。

- **レイノルズ数**：慣性力と粘度の比を表し，この値（Re）が 2,000 以下の流れで層流，2,000 を超えると乱流になります。

$$\mathrm{Re} = \frac{VL}{\nu}$$

　ここで，V：代表速度，L：代表長さ，ν：動粘度

! 流体の流量測定

- **体積流量測定**：管路を一定容積に区分して測定する直接方式と平均流速から管路断面積を乗じて求める間接方式があり，体積流量を測定します。
  - ・一定容積の空間を流体で満たし，境界を移動させて一定体積を周期的に送出
  - ・オリフィス流量計：流れの途中に絞りを配置し，その前後の圧力差から流体の流量を求めます。絞りには同心オリフィス，ノズル，ベンチュリー管等を用います。液体や気体の流量の測定に広く用いられています。
- **質量流量測定**：単位時間当たりにある面を通過する質量から流量を割り出す方法で，温度や圧力の影響を受けません。

■3-2-2■熱力学

! 熱力学第一法則（エネルギー保存の法則）

　熱と仕事はエネルギーとして等価で可逆であることに基づき，外部とやり取りがない閉鎖系において以下の関係があります。これが**熱力学第一法則**です。

$$dQ = dU + dL$$

　dQ：外部からの熱量，dU：内部エネルギー，dL：外部の仕事

! 熱力学第二法則（エントロピー増大の法則）

　熱は低温の物体から高温の物体へ**自然に**移動することはない，あるいは熱を系に変化を与えないですべて仕事に変えることはできない，とするのが**熱力学第二法則**です。

! 理想気体と実在気体

　理想気体は，①分子は大きさをもたない，②分子間の相互作用はない，③分子の衝突は弾性衝突である，と定義される。そのもとで気体の状態方程式（$pV = nRT$

p：圧力，V：体積，n：モル数，R：気体定数，T：温度）は成り立ちます。自然現象の複雑さを理解するために設けられた理想の状態で，これをもとに**実在気体**（ファンデルワールス式等）を考えます。

❗ カルノーサイクル

異なる一定の温度の二つの熱源があり，高温の熱源から等温的に熱を受け取り低温の熱源に等温的に熱を与える（ほかの熱の出入りは伴わない）可逆サイクルを**カルノーサイクル**と呼びます。ここでは，二つの可逆等温変化と二つの可逆断熱変化から構成されます。

❗ 冷凍・ヒートポンプサイクル

冷媒を圧縮機に吸入し，圧縮して高温高圧の状態とし，これを凝縮器により冷却して液化し，その後に膨張弁で絞り低温低圧の気液混合状態として蒸発器で熱を汲みあげ，気化して最初の状態に戻る一連のサイクルが**冷凍・ヒートポンプサイクル**です。

❗ 伝熱現象

伝熱現象は熱伝導と熱放射が基本である。熱伝導では熱が連続体を移動し温度勾配と熱伝導率の積で伝わります。熱放射は，表面における熱放射の発生，吸収，そして反射が行われているとして扱います。

熱伝導は，壁面とそれに接する流体との間の熱交換で，壁面温度と流体の代表温度との差に熱伝導率との積が熱流量となります。

■3-2-3■材料力学（固体力学）

❗ 力学の基礎

・ニュートン力学：①質点に外力が作用しなければ質点は静止もしくは直線運動を行います。②質点の運動量の変化の割合はここに作用する力に等しくなります。③作用と反作用の大きさは等しく，作用する向きが反対になります。

・偶力とモーメント：図3.3.6で示す互いに平行で大きさが等しく方向が反対の作用性の一致しない力が物体に印加されているときこの二つの力が**偶力**です。作用線間の距離を d とすると力との積 $F \cdot d$ が**偶力モーメント**であり，偶力の作用程度を表します。モーメントは磁性分野等，多くの分野で用いられています。

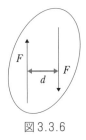

図 3.3.6

⚠ 歪

・**垂直歪**（ひずみ）：図 3.3.7（A）に示すのは垂直歪です。引張方向あるいは圧縮方向に応力を印加した場合を考えると，単位長さ当たりの変化量 $\left(\dfrac{\delta}{l}\right)$ が歪となります。

・**体積歪**：図 3.3.7（B）に示すのは体積歪です。体積 V の物体が外力により ΔV だけ変化すると，体積歪 $\varepsilon_v = \dfrac{\Delta V}{V}$ となります。ここで，$\varepsilon_v = \varepsilon_x + \varepsilon_y + \varepsilon_z$ となります。

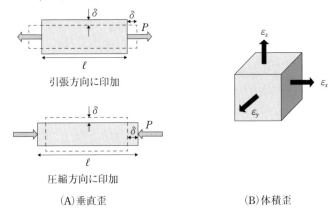

引張方向に印加

圧縮方向に印加

（A）垂直歪　　　　　　　　　（B）体積歪

図 3.3.7

⚠ 振動系の運動方程式と固有振動数

1 自由度振動系の運動方程式は以下のとおりです。

$$m\frac{d^2u}{dt^2} + c\frac{du}{dt} + ku = P\cos \omega_n t$$

m：質量，u：変位，c：粘性減衰係数，k：バネ定数，$P\cos \omega_n t$：周期的外力

外力が作用しない自由振動では減衰しないので，運動方程式は以下のようになります。

$$m\frac{d^2u}{dt^2} + \omega_n^2 u = 0 \quad \omega_n = \sqrt{\frac{k}{m}}$$

この解が以下の式です。

$$x = A\cos(\omega_n t + \alpha)$$

A：振幅，ω_n：固有角振動数，α：初期位相

ここで，振動数 f と周期 T の間には以下の関係があります。

$$f = \frac{1}{T} = \frac{\omega_n}{2\pi}$$

このように，減衰がないときの振動数が系の固有振動数です。

！ バネ定数

バネ等の弾性体が変形すると必ず復元力が生じます。復元力と変形によるたわみは比例（**フックの法則**）し，その比例定数がバネ定数 k です。バネ定数は弾性体を単位長さ変形させるのに必要な力です。バネ定数が k_1，k_2 の二つのばねをつないだ系のバネ定数は以下のとおりです。

$$\text{直列：} k = \frac{1}{\dfrac{1}{k_1} + \dfrac{1}{k_2}} \qquad \text{並列：} k = k_1 + k_2$$

・コイルバネ：$F = kx$　（k：バネ定数，x：変位）
・ねじりばね：$M = K\theta$　（K：ねじりバネ定数，θ：ねじり）
・密巻コイル：$k = \dfrac{Gd^4}{8nD^3}$（G：横弾性係数，d：コイル線径，n：巻数，D：コイル巻径）

！ 弾性係数

等方等質線形弾性体（弾性体挙動が方向や場所に非依存）で，「応力値が材料により定まる一定値（比例限度）を越えないとき，応力とそれにより生じる歪の間の比（$\frac{\sigma}{\varepsilon}$）は材料により定まる一定値を有する」（フックの法則）をみたす値を**弾性係数**と呼びます。

・**縦弾性係数**（**ヤング率**）E：垂直応力 σ とその方向の縦歪 ε の比
・**横弾性係数** G：せん断応力 τ とそれにより生じるせん断歪 γ との比
・**体積弾性係数** K：弾性体表面に働く一様な応力 p とそれにより生じる体積歪 e との比
・**ポアソン比** ν：垂直応力による弾性棒の横歪 ε' と軸方向の縦歪 ε との比

! 歪エネルギー

物体が外力を受けて変形するとき，外力（応力）がなす仕事が歪エネルギーです。

- **弾性歪エネルギー**：応力が物体の弾性限界以下であると弾性歪が生じ物体内に蓄えられ，エネルギーを除去すると蓄えられたエネルギーは放出されます。
- **引張圧縮歪エネルギー**：弾性限界を超えた応力の印加による歪エネルギーの大部分は塑性変形に使われ熱になるが，残りが結晶の歪として格子に蓄積されます。
- **せん断弾性歪エネルギー**：せん断力が引き起こす歪エネルギー

弾性体において，物体の歪エネルギー U と外力のポテンシャルエネルギー V との和（$U+V$）が全ポテンシャルエネルギーである。

! 応力集中

一様な断面をもつ構造物に引張りや曲げ等の応力が加わると，応力は一様に分布します。しかし，構造物に切り欠けや穴，空隙等が一部に存在すると，その部分に応力が集中する等，局部的に応力の増大がみられます。これが**応力集中**です。応力集中による破壊等は大きな事故につながる場合があります。腐食との併用により応力腐食割れが生じることもあります。

! 応力解析

物体がおかれた条件を考慮して，物体の内部に生じる応力分布や変動を求めるための解析が**応力解析**です。応力解析法には，①理論的厳密解を求める，②計算力学による数値計算による検討，③応力測定等，実験による解析等があります。いずれの場合も弾性や塑性，粘弾性，クリープ等を知る必要があります。

! 座屈

断面積に比べて長さが長い物体に圧縮応力を長さ方向に印加する場合，応力値が臨界値を超えると長さと 90°方向の変形は大きくなり続け物体は曲がります。この現象が**座屈**です。

問題3-3-6　上端が固定されてつり下げられたばね定数 k のばねがある。このばねの下端に質量 m の質点がつり下げられ，平衡位置（つり下げられた質点が静止しているときの位置，すなわち，つり合い位置）を中心に振幅 a で調和振動（単振動）している。質点が最も下の位置にきたとき，ばねに蓄えられているエネルギーとして，最も適切なものはどれか。ただし，重力加速度を g とする。

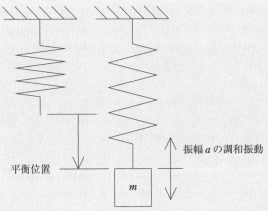

振幅 a の調和振動

平衡位置

m

図　上端が固定されたばねがつり下げられている状態とそのばねに質量 m の質点がつり下げられた状態

① 0　② $\dfrac{1}{2}ka^2$　③ $\dfrac{1}{2}ka^2-mga$　④ $\dfrac{1}{2}k\left(\dfrac{mg}{k}+a\right)^2$　⑤ $\dfrac{1}{2}ka^2+mga$

[出題：令和 3 年度　I-3-5]

解　説　バネに質点 m が取り付けられたことによる伸びを d とします。バネの伸びによる弾性力が kd で，これが重力 mg と釣り合っています。よって，$kd=mg\left(d=\dfrac{mg}{k}\right)$ となります。

この位置から振幅 a で往復運動を行うとき，つり合い位置から任意の位置 y に変化すると弾性エネルギー U は以下のようになります。

$$U=\frac{k(y-d)^2}{2}=\frac{k\left(y-\dfrac{mg}{k}\right)^2}{2}$$

ここで，質点が最も低い位置 a に来たときのエネルギーは，$y=-a$ を代入すると次のようになります。

$$U=\frac{k\left(-a-\dfrac{mg}{k}\right)^2}{2}=\frac{k\left(a+\dfrac{mg}{k}\right)^2}{2}$$

答 ④

問題3-3-7　下図に示すように，1 つの質点がばねで固定端に結合されているばね質点系 A，B，C がある。図中のばねのばね定数 k はすべて同じであり，質点の質量 m はすべて同じである。ばね質点系 A は質点が水平に単振動する系，

Bは斜め45度に単振動する系，Cは垂直に単振動する系である。ばね質点系A，B，Cの固有振動数をf_A, f_B, f_Cとしたとき，これらの大小関係として，最も適切なものはどれか。ただし，質点に摩擦は作用しないものとし，ばねの質量については考慮しないものとする。

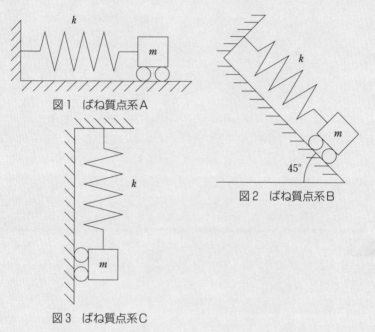

図1　ばね質点系A

図2　ばね質点系B

図3　ばね質点系C

① $f_A = f_B = f_C$

② $f_A > f_B > f_C$

③ $f_A < f_B < f_C$

④ $f_A = f_C > f_B$

⑤ $f_A = f_C < f_B$

［出題：令和2年度　I-3-5］

解　説　　○質点系A

　水平のつり合い位置からの質点の移動量xはバネの伸びに等しく，$-kx$により質点は運動し，その運動方程式は$mx'' = -kx$です。

○質点系B

　斜面に沿って上向きにx軸をとると負の向きに重力$-mg\sin 45°$が作用し，バ

ネの伸び L による上向きの力 $-kL$ とつり合う（$-mg \sin 45° = -kL$）と静止する。運動方程式は以下のようになります。

$$mx'' = -mg \sin 45° - k(x-L) = -kx$$

○質点系 C

鉛直上向きに x 軸をとると，質点には下向きに重力 mg が作用し，バネの伸びによる上向きの力とつり合うときに $mg = kL$ となります。運動方程式は以下のとおりです。

$$mx'' = -mg - k(x-L) = -kx$$

以上より，いずれの場合とも同じ運動方程式で，固有振動数 $\left(f = \dfrac{1}{2\pi}\sqrt{\dfrac{k}{m}} \right)$ は等しくなります。

答 ①

問題3-3-8　モータの出力軸に慣性モーメント I [kg・m^2] の円盤が取り付けられている。この円盤を時間 T [s] の間に角速度 ω_1 [rad/s] から ω_2 [rad/s]（$\omega_2 > \omega_1$）に一定の角加速度 $(\omega_2 - \omega_1)/T$ で増速するために必要なモータ出力軸のトルク τ [Nm] として適切なものはどれか。ただし，モータ出力軸の慣性モーメントは無視できるものとする。

①　$\tau = I(\omega_2 - \omega_1)$

②　$\tau = I(\omega_2 - \omega_1) \cdot T$

③　$\tau = I(\omega_2 - \omega_1)/T$

④　$\tau = I(\omega_2^2 - \omega_1^2)/2$

⑤　$\tau = I(\omega_2^2 - \omega_1^2) \cdot T$

[出題：令和 4 年度　I-3-5]

解　説　モーターの出力軸に取り付けられた慣性モーメント I の円盤の角速度を ω_1 から ω_2 まで時間 T で増速するのに必要なトルク τ は慣性モーメント I と加速度 α の積で求められます。

$$\tau = I \cdot \alpha = \frac{I(\omega_2 - \omega_1)}{T}$$

答 ③

問題3-3-9　下図に示すように，左端を固定された長さ l，断面積 A の棒が右端に荷重 P を受けている。この棒のヤング率を E としたとき，棒全体に蓄えられるひずみエネルギーはどのように表示されるか。次のうち，最も適切なものは

どれか。

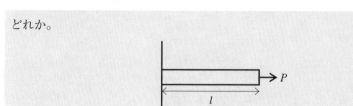

図　荷重を受けている棒

① Pl　② $\dfrac{Pl}{E}$　③ $\dfrac{Pl^2}{A}$　④ $\dfrac{P^2l}{2EA}$　⑤ $\dfrac{P^2}{2EA^2}$

[出題：令和元年度　I-3-5]

解　説　外力で物体を変形させるのに要した仕事が物体の内部エネルギーとして蓄積されることになります。外力 P により l の長さの棒が dl だけ伸びたときの仕事 dw は以下のようになります。

$$dw = P \cdot dl \quad (1)$$

実際には，P による伸びが l_0 であるとすると，上式を $0 \sim l_0$ まで積分したのが仕事 W になります。ここで，棒のヤング率を E，断面積を A，垂直応力 σ，垂直歪 ε，棒の長さ l とすると，以下の式が成り立ちます。

$$\sigma = \frac{P}{A}, \quad \varepsilon = \frac{l_0}{l}, \quad E = \frac{\sigma}{\varepsilon} \quad (2)$$

これを P について解くと，式（3）のようになります。

$$P = \frac{EAl_0}{l} \quad (3)$$

式（3）を式（1）に代入して得られる式（4）を積分すると，式（5）になります。

$$dw = \frac{EAl_0}{l} dl \quad (4)$$

$$W = \frac{EAl_0{}^2}{2l} \quad (5)$$

ここで，$l_0 = \dfrac{Pl}{EA}$ であることから以下のようになります。

$$W = \frac{P^2l}{2EA}$$

答 ④

問題3-3-10　　下図に示す，長さが同じで同一の断面積 $4d^2$ を有し，断面形状が異なる3つの単純支持のはり (a)，(b)，(c) の xy 平面内の曲げ振動について考える。これらのはりのうち，最も小さい1次固有振動数を有するものとして，最も適切なものはどれか。ただし，はりは同一の等方性線形弾性体からなり，はりの断面は平面を保ち，断面形状は変わらず，また，はりに生じるせん断変形は無視する。

(a)

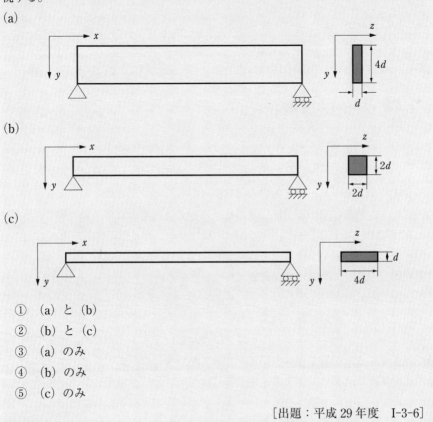

(b)

(c)

①　(a) と (b)

②　(b) と (c)

③　(a) のみ

④　(b) のみ

⑤　(c) のみ

[出題：平成29年度　I-3-6]

解　説　　まっすぐな梁の横振動の固有振動数 f は以下のように表されます。

$$f = \frac{\lambda^2 \sqrt{\dfrac{EI}{A\rho}}}{2\pi L^2}$$

λ：振動係数，L：梁の長さ，E：梁材の縦弾性係数，I：梁の断面二次モーメント，

A：梁の断面積，ρ：梁材の密度

ここで，両端支持の梁の一次の振動係数は π です。

この式で（a）〜（c）で異なるのは梁の断面二次モーメントであるので，これを比較します。I は矩形の場合は以下のようになります。

$$I = \frac{bh^3}{12} \quad (b：z\text{方向の長さ}, \ h：y\text{方向の長さ})$$

（a）：$I = 5.33d^4$

（b）：$I = 1.33d^4$

（c）：$I = 0.33d^4$

となり，最も小さい一次固有関数は（c）のみで，正解は⑤となります。　**答** ⑤

3-3 ｜ 電磁界解析

電磁界解析は電気・電子機器の高性能化や高信頼性化に大きく寄与しています。PC のハードディスクを支える超高密度磁気記録用磁気ヘッドの記録磁界解析，単結晶育成技術，モーターや発電機の磁気損失解析，アンテナの電磁界解析等がほんの一例です。解析に用いる電磁気学の基礎方程式は適用の機器により異なり，以下のとおりです。

①ポアソン方程式やラプラス方程式

②波動方程式（ヘルムホルツ方程式）

③運動方程式

④拡散方程式，移流拡散方程式

解析はコンピュータシミュレーションにより行います。そのため，運動や熱，回路等の電磁界連成解析となるのでモデリングが重要になります。モデル化により計算速度や精度が決まってきます。手法的には逆解析手法や最適化手法が用いられます。ここで，逆解析手法は結果から原因を求めるもので数学的には逆問題と呼ばれます。さらに，最終的には結果を可視化する技術も求められています。実際のデバイスでの検討結果をシミュレーションに反映することも精度向上や計算時間の短縮に有効です。逆解析手法や最適化手法は超音波を用いて物体の内部の欠陥等の探査手法（非破壊検査手法）をはじめ，多くの応用があります。

4群　化学・材料・バイオ

　この4群は広範囲な領域から出題されています。化学を中心に化学-材料，化学-バイオ等，互いに密接に関係しています。これまでの技術士第一次試験の基礎科目として出題分析から毎年から隔年出題される項目，"でるところ"をピックアップしてみました。この分野は以下の項目が頻出項目であり，今後も繰り返し出題されることが予想されます。

　★化学：同位体と同素体（原子構造を含む），酸塩基反応，酸化還元反応，酸化数，異性体

　★材料：金属の腐食反応，材料の製造法，材料物性，材料の設計（機能性材料）

　★バイオ：タンパク質とアミノ酸，酵素，PCR（ポリメラーゼ連鎖反応）法を含む組換えDNA技術（遺伝子組換え技術），DNAの塩基組成及び塩基配列，好気呼吸とエタノール発酵

　今後も出題頻度が高いと予想される部分を解説する要点解説とこれまでに実際に出題された典型的な基本的な問題を取り上げ，解答の視点を含めてまとめた問題演習の二つの部分からなっています。特に，問題演習では過去に出題された問題のなかで繰り返し出されている基本的な問題を選択しました。内容も1題ですが5題分の内容があるもの等，少ない問題から多くのことが学べるように工夫してあります。問題を繰り返し解答とすることで解答の要領やポイントをつかむことができると思います。どちらから始めてもよいように作ってあります。それでは早速始めましょう。

4-1　化 学

■4-1-1■物理化学

（1）物質の構造

　原子・分子：物質としての性質を有する最小の単位が**分子**です。分子は**原子**から構成（Ar等の希ガス等，一部の分子は1原子から構成されるものもあり，1原子分子という）されます。原子は陽子や中性子から構成される原子核とその周囲に電子が存在します。原子番号は陽子の数（電子数と同じ）と等しく，質量数は陽子数

と中性子数の和です。また，分子が $6.02×10^{23}$ 個（**アボガドロ数**）集まったものが**モル**（mol）という化学的な単位で，化学反応前後における分子（原子）数比（化学量論比）を考えるうえで重要です。

　同位体と同素体：元素の種類は陽子数（原子番号）により決まります。原子核は陽子と中性子から構成されます。原子核において陽子が 1 個である元素は水素ですが，このほかに陽子に中性子が 1 個からなる元素がありこれが**重水素**（デュテリウム）と呼ばれ，陽子と中性子 2 個からなるのが**三重水素**（トリチウム）です。これらは水素であることにかわりなく，互いに**同位体**（放射線を放出するのが放射性同位体）であると呼ばれます。化学的な性質は同じです。同位体に似た言葉に**同素体**があります。これは同じ元素ですが，結晶構造が異なる物質を指します。例えば，硫黄は針状晶やゴム状硫黄等があり，互いに同素体であるといいます。このように，同位元素（体），同素体等，言葉の意味の違いも理解しておく必要があります。

　原子構造：原子は原子核と電子から構成されており，原子の性質は電子によって決まります。波動関数は四つの量子数（n, l, m, m_s）で表されます。n は**主量子数**で軌道の大きさとエネルギーを決め，l は**方位量子数**（**角運動量子数**，あるいは**副量子数**）で軌道の形を，m は**磁気量子数**で，軌道の空間での配向を表しています。m_sは**スピン量子数**で，電子の自転方向（平行および反平行）を表します。ここで，n はエネルギーの低いほうから 1, 2, 3…です。また，l は 0, 1, 2, 3…であり，各値に s, p, d, f, g…等の文字が割り当てられています。一番低いエネルギー状態にある軌道は 1s で，その次が 2s 軌道，ついで 2p 軌道です。各軌道を占有できる電子の数はパウリの排他律（排他原理）により，二つの電子が同じ状態になることはありません。少なくとも，スピン状態は異なります。$n=1$ は K 殻，$n=2$ は L 殻，…と呼ばれます。

　周期律表：元素の最外殻の電子配置に着目して整理したのが**周期律表**（**周期表**とも呼ばれる）です。最外殻の電子配置は，元素の物理的，化学的性質を支配しており，周期律表上では周期性が現れます。最外殻電子の配置が同じ型の元素が一つの族を形成し，周期律表の縦の列を形成しています。元素の周期は横の行で表されます。

　周期律表の元素は大きく四つに分類されます。まず，典型元素は IA，IIA 及び IIB 〜VIIB 族までの元素で，外側の軌道電子の配置は ns，または，ns と np の組合せです。

　希ガスについては0族の元素で反応性に乏しいのが特徴です。これは，閉殻構造をとっているためです。

　遷移元素は IIIA〜VIIA，VIII，IB 族の元素で，d 副殻が一部だけ電子で占められています。

　最後が，ランタノイド及びアクチノイドですが，原子番号順では IIIA 族になりますが欄外に記載されています。この族は f 軌道が満たされていくのが特徴です。周期について簡単にみます。第2周期（Li〜Ne）では $n=2$ の殻に電子が一つずつ加わっていくので，最大8個（$2n^2$）の電子が入ります。現実にも8個の元素からなっています。このほか，第3周期以降も同様ですが，軌道によってエネルギー安定性が異なる点に注意が必要です。

　<u>結晶構造</u>：分子や原子の並び方には規則性がない並び方（非晶質等）と規則性のある並び方（結晶）があります。原子や分子が規則的に並んだ結晶構造は面心立方構造，体心立方構造や稠密六方構造等を基本的なものとして，14種類（ブラベイ格子）あります。

　<u>化学結合</u>：固体の特徴は，気体や液体に比べて原子間距離が非常に近いため，固体の中の電子は，相互作用のない孤立した原子における電子と異なります。2個の水素原子からなる水素分子では，電子のエネルギー状態は二つ存在します。このことを固体へ拡張して考えると，エネルギー準位が固体を構成する原子の数だけのエネルギー状態が存在し，このエネルギー準位の集まりがエネルギー帯域です。原子の結合は価電子の状態でイオン結合，共有結合，金属結合，van der Waals 結合，水素結合に分類できます。

- **イオン結合**：陽イオンと陰イオンの静電気力により生じる結合で，塩化ナトリウム（NaCl）がその代表です。
- **金属結合**：元素の最外殻の電子を共有する（自由電子）ことで生じる結合で金属としての性質がこれで現れます。
- **共有結合**：相互作用をする原子どうしの電子の交換結合によって生じる安定な結合が共有結合です。例えば，ダイヤモンドでは炭素の s 軌道電子と p 軌道の四つの外殻電子が混成軌道を形成し，四つの等価な軌道を形成します。
- **van der Waals 結合**：原子や分子が閉殻構造を有する場合は安定であり，電子の授受や交換等の結合は生じません。しかし，原子あるいは分子どうしが近づいたときの相互作用により電子雲のかたよりが生じる場合があります。これにより誘起された結合（双極子により生じた結合）が van der Waals 結合で，

生じる結晶が**分子結晶**と呼ばれます。

（2）　化学熱力学

第一法則：エネルギー保存則のことで，系外から入ってきた熱量（Q），系が外部にした仕事（W），内部エネルギーの変化量（ΔU）の間には $\Delta U = Q - W$ なる関係があります。ここで，ΔU は**状態関数**（系の状態が指定されれば一義的に決まる量）で，系の最初と最後の状態だけで決まります。

第二法則：変化の方向に関する法則あるいは**エントロピー増大の法則**です。ここで，自発的変化の方向性あるいは不可逆性を定量的に表す状態量が**エントロピー**で，以下のように定義されます。

$$dS = \frac{dQr}{T} \quad \text{（系が準静的に熱 } dQr \text{ を吸収）}$$

また，不可逆過程で熱 $dQir$ を吸収する場合は以下のようになります。

$$dS > \frac{dQir}{T}$$

（3）　化学平衡と反応速度論

反応速度式：以下の化学反応において

$$a\mathrm{A} + b\mathrm{B} \rightarrow p\mathrm{P} + q\mathrm{Q}$$

物質 A，B，Q，P の濃度を C_A，C_B，C_P，C_Q とすると反応速度 r は以下のように表されます。

$$r = -\frac{1}{a}\frac{dC_A}{dt} = -\frac{1}{b}\frac{dC_B}{dt} = \frac{1}{p}\frac{dC_P}{dt} = \frac{1}{q}\frac{dC_Q}{dt}$$

ここで，$\frac{1}{a}$ 等は当量で表し，符号は物質の減少をマイナスにとってあります。多くの場合，反応速度はその反応に関与する物質の濃度の関数で表されますので，上式は以下のように書き換えられます。

$$r = -\frac{1}{a}\frac{dC_A}{dt} = k_r \cdot f(C_A,\ C_B,\ C_P,\ C_Q) \quad （k_r：反応速度定数）$$

また，$a\mathrm{A} + b\mathrm{B} \rightarrow p\mathrm{P} + q\mathrm{Q} \rightarrow x\mathrm{X} + y\mathrm{Y}$ といった，複数の段階を経る反応や，$a\mathrm{A} + b\mathrm{B} \rightarrow p\mathrm{P} + q\mathrm{Q}$ において A と B が衝突して初めて反応が生じる場合に B の拡散が遅い等が反応中に存在する場合，最も遅い反応がその反応全体の速度を支配することになり，その遅い反応のことを律速段階にあるといいます。ところで，反応速度定数は温度によって変化し，以下の関係式（アーレニウスの式）が知られています。

$$r = Ae^{-\frac{E_a}{RT}} \quad （A：頻度因子，E_a：活性化エネルギー，R：気体定数，T：温度）$$

この式より，反応速度定数は 1mol 当たり E_a より大きなエネルギーをもつ確率

に比例していると考えられます。反応は物質の衝突に加えて一定のエネルギー（活性化エネルギー）をもつことが必要です。

化学平衡：以下の反応式で表される化学反応において，平衡近傍ではこの反応に加えて，以下の逆反応も生じています。

$$aA+bB \rightarrow pP+qQ \quad \left(-\frac{1}{a}\frac{dC_A}{dt}=k_1 \cdot C_A{}^a \cdot C_B{}^b\right)$$

$$pP+qQ \rightarrow aA+bB \quad \left(-\frac{1}{p}\frac{dC_P}{dt}=k_2 \cdot C_P{}^p \cdot C_Q{}^q\right)$$

平衡では以下のように両反応の速度が等しくなります。

$$k_1 \cdot C_A{}^a \cdot C_B{}^b = k_2 \cdot C_P{}^p \cdot C_Q{}^q$$

$$K_p=\frac{k_1}{k_2}=\frac{C_P{}^p \cdot C_Q{}^q}{C_A{}^a \cdot C_B{}^b} \quad (K_p：平衡定数)$$

すなわち，平衡定数は正反応と逆反応の速度定数の比です。

沸点上昇と凝固点降下：沸点上昇は溶液の沸点を求めることにより分子量を知るために用いられることが多くあります。すなわち，溶媒 W [g] に分子量が M_w の溶質を w [g] 溶解した溶液の沸点上昇を ΔT であったとします。ここで，溶媒 1 kg に溶質 1g を溶解させた溶液の沸点上昇が K_b であったとします。ラウールの法則より以下の式（1）が成り立ちます。

$$1:\frac{1,000w}{W \cdot M_w}=K_b:\Delta T \qquad (1)$$

これを書き換え，M_w を求める式に変形すると式（2）になります。

$$M_w=\frac{K_b \cdot 1,000w}{W \cdot \Delta T} \qquad (2)$$

ここで，K_b は**モル沸点上昇率**と呼ばれます。溶質が電解質の場合はイオンとして作用するので 2 倍の効果となります。逆に，凝固点降下では水に溶質が存在すると 0℃で水が凍らないことを利用します。考え方は沸点上昇と同じです。

問題3-4-1 同位体に関する次の（ア）～（オ）の記述について，それぞれの正誤の組合せとして，最も適切なものはどれか。

（ア）質量数が異なるので，化学的性質も異なる。

（イ）陽子の数は等しいが，電子の数は異なる。

（ウ）原子核中に含まれる中性子の数が異なる。

（エ）放射線を出す同位体の中には，放射線を出して別の元素に変化するものがある。

（オ）放射線を出す同位体は，年代測定などに利用されている。

	ア	イ	ウ	エ	オ
①	正	正	誤	誤	誤
②	正	正	正	正	誤
③	誤	誤	正	正	正
④	誤	正	誤	正	正
⑤	誤	誤	正	誤	誤

[出題：令和3年度　I-4-1]

解　説　（ア）：誤り

同位体は異なる質量数を有するが，陽子数は同じであり化学的な性質は変わりません。同位体を分離するには化学的な性質ではなく，遠心分離法等の質量数の違いを用います。

（イ）：誤り

同位体であっても陽子数と電子数は電荷中性の立場から等しいです。

（ウ）：正しい

同位体は原子核中の中性子の数が異なっています。

（エ）：正しい

放射線を出す同位体は放射性同位体（ラジオアイソトープ）で，原子核が崩壊（崩変）を起こすと同時に放射線を放出し別の元素に変わり（放射性崩壊）ます。

（オ）：正しい

放射性同位体は半減期から年代を推定できます。

よって，誤，誤，正，正，正となり，正答は③です。　　　　　**答**③

問題3-4-2　0.10［mol］のNaCl，$C_6H_{12}O_6$（ブドウ糖），$CaCl_2$をそれぞれ1.0［kg］の純水に溶かし，3種類の0.10［mol/kg］水溶液を作製した。これらの水溶液の沸点に関する次の記述のうち，最も適切なものはどれか。

① 3種類の水溶液の沸点はいずれも100［℃］よりも低い。

② 3種類の水溶液の沸点はいずれも100［℃］よりも高く，同じ値である。

③ 0.10［mol/kg］のNaCl水溶液の沸点が最も低い。

④　0.10［mol/kg］の $C_6H_{12}O_6$（ブドウ糖）水溶液の沸点が最も高い。

⑤　0.10［mol/kg］の $CaCl_2$ 水溶液の沸点が最も高い。

［出題：平成29年度　I-4-2］

解　説　　この問題は，溶液の沸点上昇に関する問題です。不揮発性の物質を溶媒に溶かすと溶液が希薄である限り同一溶媒であれば溶質の種類によらず沸点がモル濃度に比例して上昇する現象が沸点上昇で，これは**ラウールの法則**として知られています。ここで，注意しなければならないのは溶質が電解質か非電解質かです。電解質は陽イオンと陰イオンに電離します。電離により生じたイオンの合計のモル濃度が沸点上昇にかかわってきます。この問題を解くには，溶質が電解質か非電解質かを見極め，さらに，電離により生じる陽陰合計のモル濃度を求めなければなりません。この視点からこの問題をみていきます。

　溶液は水溶液で，すべて 0.1 mol/kg です。まず，NaCl は電解質であり，電離して Na^+ と Cl^- に解離するのでイオンを合計したモル濃度は 0.2 mol/kg です。ブドウ糖は非電解質であるので電離しないで分子として存在するのでモル濃度は 0.1 mol/kg です。最後の $CaCl_2$ は電解質であり，電離して 0.1 mol/kg の Ca^+ と，0.20 mol/kg の Cl^- となり，イオンを合計したモル濃度は 0.3 mol/kg です。このことから，沸点上昇が最も高いのは $CaCl_2$ であり，NaCl がこれに続き，ブドウ糖がこの三つの中では最も小さくなります。　　　　　　　　　　　　**答 ⑤**

■4-1-2■無機化学

（1）　酸と塩基

ブレンステッド・ローリーの酸・塩基：水素イオン（プロトン）を放出しうるものが**酸**，水素イオンを受容しうるものが**塩基**です。換言すれば，塩基に水素イオンが結合すれば酸になり，酸が水素イオンを放出すれば塩基になります。酸塩基反応はただ一つだけ単独に起こることはなく，必ず，一対の酸塩基反応が組み合わさって起こります。

ルイスの酸・塩基：ブレンステッドの酸・塩基の定義を拡張して，ルイスは**酸**とは電子対受容体であり，**塩基**とは電子対供与体であると定義しました。これによると，酸塩基反応は酸が塩基の非共有電子対を塩基と共有して共有結合の化合物を生成する反応です。一般化すると，酸とは電子対供与体の非共有電子対を共有できるような原子をもったものであり，塩基とは電子対受容体と共有できるような非

共有電子対をもったものです。

　pH：pH は水溶液中の水素イオンの濃度（活量）の関数で，以下の式で表されます。酸で解離度が大きいものほど（H^+ を放出する）pH は小さくなります。

$$pH = -\log[H^+]$$

　酸の強さ：酸の強さは酸解離定数で表され，最も強い酸はヒドロニウムイオンです（水平化効果）。

　(2)　酸化と還元

　定義：旧来は酸素と化合することを酸化と称していました。現在は，さらに広義に酸化を捉え，原子またはイオンが外殻電子を失うことを**酸化**，電子を得ることを**還元**といいます。

　酸化還元反応：酸化反応と還元反応は同時に起こります。一方の物質が酸化されると他方の物質は還元されます。元素の価数の変化が酸化では価数が増加，還元では価数が減少します。また，反応相手を酸化する物質は酸化剤と呼ばれ，自らは還元されます。価数をみる場合，単体元素は 0 価，H は +1 価，O は原則で −2 価となります。

　(3)　錯体化学

　錯塩：非結合電子対を有する別のイオン，分子，多原子イオン等（ルイス塩基）が電子対を中心イオンまたは中心原子に供与することにより安定化した塩が**錯塩**です。ここで形成される酸塩基結合が配位結合です。

　(4)　コロイド化学

　大きさ 10〜100 nm 程度の粒子（コロイド）が分散媒中に分散する**コロイド分散系**（コロイド懸濁液）は，溶液と懸濁液の中間に位置します。そのため，コロイド分散系を構成する系は溶質，溶媒ではなく，**分散相**，**分散媒**と呼ばれます。コロイド粒子は懸濁液中の微粒子より小さく，溶液中の溶質よりは大きいのが特徴です。コロイド粒子が溶液中の溶質粒子より大きいとはいえ粒子周囲の分散媒分子との衝突により沈殿することなく安定なコロイド分散系を形成します。濾紙等を用いても系からコロイド粒子を分離することはできません。コロイド粒子は光学顕微鏡による観察は困難ですが，光を散乱させる（チンダル現象）等，粒子が可視光に影響を与えます。また，コロイド粒子どうしが衝突したときに吸着や静電的な結合等を生成すると粒子が粗大化し沈殿します。電荷を有する粒子（水和していることが多い）では静電的な影響（電気泳動等）等を受けます。

（5）　金属陽イオンの定性分析の基礎

　溶液の液性を変えたり吹き込むガスや添加溶液を変化させたりして溶解度差から沈殿を作り，系から分離していきます。例えば，塩基性水溶液と金属イオンの反応例として，塩基性水溶液を水酸化ナトリウム水溶液とし，金属イオンとの反応を考えます。多くの金属イオンは水酸化ナトリウム水溶液と反応して水酸化物として沈殿します。その後，さらに水酸化ナトリウム水溶液を添加すると沈殿が溶解します。これは，過剰な水酸化ナトリウム水溶液の添加により可溶性になることを示しています。水酸化ナトリウム水溶液と反応してこのような性質を示す金属イオンは両性金属イオンです。両性金属イオンは酸溶液にも塩基性溶液にも溶解する金属です。このほかに，塩基性水溶液としてアンモニア水を加えたときの挙動との差をみていきます。このような性質を利用して定性分析（系から分離）を行います。

> **問題3-4-3**　ある金属イオン水溶液に水酸化ナトリウム水溶液を添加すると沈殿物を生じ，さらに水酸化ナトリウム水溶液を添加すると溶解した。この金属イオン種として，最も適切なものはどれか。
>
> ①　Ag^+イオン
> ②　Fe^{3+}イオン
> ③　Mg^{2+}イオン
> ④　Al^{3+}イオン
> ⑤　Cu^{2+}イオン
>
> ［出題：平成29年度　I-4-1］

解説　この問題では塩基性水溶液として水酸化ナトリウム水溶液を例とし，金属イオンとの反応を考えています。多くの金属イオンは水酸化ナトリウム水溶液と反応して水酸化物として沈殿します。その後，さらに水酸化ナトリウム水溶液を添加すると沈殿が溶解したと問題文に記載があります。これは，過剰な水酸化ナトリウム水溶液の添加により錯イオンとして可溶性になることを示します。両性金属イオンは酸溶液にも塩基性溶液にも溶解する金属です。このほかに，塩基性水溶液としてアンモニア水を加えたときの挙動との差をみていくことも必要です。

①不適切：Ag^+は水酸化ナトリウム水溶液と反応して褐色のAg_2Oが沈殿します。通常は水酸化物が沈殿しますがAg^+の場合は酸化銀です。過剰の水酸化ナトリウム水溶液を添加しても溶解はしません。しかし，塩基性水溶液としてアンモニア水を用いると酸化銀の沈殿が生じるまでは同じですが，過剰量のアンモニア水

の添加により銀アンモニア錯イオンを生成して溶解します。同じ塩基性水溶液でも反応が異なります。

②不適切：Fe^{3+} は水酸化ナトリウム水溶液と反応して $Fe(OH)_3$ の赤褐色の沈殿が生じます。この水酸化物は過剰の水酸化ナトリウム水溶液を加えても溶解しません。

③不適切：Mg^{2+} は水酸化ナトリウム水溶液と反応して白色の $Mg(OH)_2$ を生じます。過剰の水酸化ナトリウム水溶液を加えても沈殿が再溶解することはありません。

④適切：Al^{3+} は水酸化ナトリウム水溶液と反応して白色の $Al(OH)_3$ を生じます。さらに過剰の水酸化ナトリウム水溶液を加えると，$Al(OH)_4{}^-$ となり溶解します。アンモニア水に対しては $Al(OH)_3$ を生じる点は水酸化ナトリウムと同じですが，アンモニアイオンとの錯体や $Al(OH)_4{}^-$ 等は生じません。ここで，アルミニウムは酸にも塩基にも溶解するので両性金属です。

⑤不適切：Cu^{2+} は水酸化ナトリウム水溶液と反応して，青から生白色のゲル状の $Cu(OH)_2$ の沈殿を生じます。さらに，過剰の水酸化ナトリウム水溶液を加えても沈殿が再溶解することはありません。しかし，塩基性水溶液がアンモニア水を用いると水酸化銅の沈殿が生じるまでは同じですが，過剰量のアンモニア水の添加により濃青色の銅アンモニア錯イオンを生成して溶解します。　　　　答 ④

問題3-4-4　次の化学反応のうち，酸化還元反応でないものはどれか。

① $2Na + 2H_2O \rightarrow 2NaOH + H_2$

② $NaClO + 2HCl \rightarrow NaCl + H_2O + Cl_2$

③ $3H_2 + N_2 \rightarrow 2NH_3$

④ $2NaCl + CaCO_3 \rightarrow Na_2CO_3 + CaCl_2$

⑤ $NH_3 + 2O_2 \rightarrow HNO_3 + H_2O$

［出題：令和3年度　I-4-2］

解　説　①Na と水の反応です。反応前の Na は金属ですから 0 価，反応後の NaOH の Na は +1 価であり酸化されています。水素に着目すると，水を構成している H は +1 価であり，それが反応により H_2 に変化し，この H は 0 価で還元（Na を酸化し，酸化剤として作用）されていて，この反応は酸化還元反応です。

②NaClO と HCl との反応です。反応前後の Cl の価数に着目すると，反応前が NaClO が +1 価，HCl が −1 価であり，反応後は 0 価です。NaClO の Cl は還

元，HClのClは酸化されているのでHClは還元剤として作用しており，この反応は酸化還元反応です。

③これは人類が初めて行ったとされるアンモニアの合成反応です。反応前の水素，窒素ともに価数は0ですが，反応後の水素は+1価，窒素は-3価です。水素は酸化され（還元剤として作用）窒素は還元されていることから，この反応は酸化還元反応です。

④この反応は塩化ナトリウムと炭酸カルシウムが反応して炭酸ナトリウムと塩化カルシウムが生成する反応です。Na(+1)，Ca(+2)，Cl(-1)，CO_3(-2)の価数は反応の前後で変化していないのでこの反応は酸化還元反応ではありません。

⑤この反応はアンモニアの燃焼（酸化）反応で，水素は反応前後で+1価で価数の変化はありません。酸素は0価から-2価に変化し還元されています。窒素は-3価から+5価に変化し酸化されています。ここで，HNO_3の各原子の価数計算法について簡単に説明すると，Hは原則どおり+1，Oも原則どおり-2で3原子あるので-6となります。すべて足し合わせて0にならなければいけないので(-6)+(+1)で-5になり，ゼロにするにNが+5になります。この反応は酸化還元反応です。

　以上の検討から，酸化還元反応でない反応は④です。　　　　　　**答 ④**

問題3-4-5　コロイドに関する次の記述のうち，最も不適切なものはどれか。

① コロイド溶液に少量の電解質を加えると，疎水コロイドの粒子が集合して沈殿する現象を凝析という。

② 半透膜を用いてコロイド粒子と小さい分子を分離する操作を透析という。

③ コロイド溶液に強い光線をあてたとき，光の通路が明るく見える現象をチンダル現象という。

④ コロイド溶液に直流電圧をかけたとき，電荷をもったコロイド粒子が移動する現象を電気泳動という。

⑤ 流動性のない固体状態のコロイドをゾルという。

[出題：令和5年度　I-4-2]

解　説　①電解質溶液をコロイド分散系に添加すると**凝集**（**凝結**，**凝析**ともいう）により粗大化して沈殿します。これは排水処理等に用いられています。加える電解質溶液は**凝集剤**と呼ばれます。適切な記述です。

②**半透膜**（低分子物質は通すが高分子物質は通さない性質を有する）を通したコ

ロイド粒子の移動は**透析**と呼ばれ，蛋白質中の塩分の分離や人工透析等に用いられています。よって，適切な記述です。

③コロイド粒子が可視光を散乱させるために起こる現象です。適切な記述です。

④電荷を有するコロイド粒子は直流電源により形成される電位勾配に応じて生じる移動は**電気泳動**と呼ばれます。適切な記述です。

⑤流動性のない固体のコロイドは**ゲル**と呼ばれます。その一例が乾燥剤のシリカ**ゲル**です。**ゾル**は分散媒が液体以外に気体の場合もあり流動性を有します。流動等が可能なのはゾルのもつ構造性粘性のためです。不適切な記述です。

以上の検討から，不適切な記述は⑤であり，これが本問の正解となります。

答　⑤

■4-1-3■有機化学

有機化合物の性質：有機化合物は大別すると**脂肪族炭化水素**，**芳香族炭化水素**及び**環式化合物**に分類できます。これを主鎖に官能基を付加させてできる化合物には，アルコール，エーテル，ハロゲン化物，アルデヒドやケトン等のカルボニル類，カルボン酸及びその誘導体，アミン，硫黄化合物等があります。さらにこれらの化合物に加えて，分子量の大きな高分子化合物があります。反応を考えるには主鎖や官能基の性質の理解が必要です。

構造と性質：炭化水素は**脂肪族炭化水素**と**芳香族炭化水素**に大別されます。さらに，脂肪族炭化水素は，パラフィン系，オレフィン系（二重結合をもつ），アセチレン系（三重結合をもつ）の3種類からなります。**パラフィン系炭化水素**（一般式：C_nH_{2n+2}）は sp^3 混成軌道を形成し，例えばメタンでは正四面体の対称性を有しています。C-H 結合には極性がないので反応性が低く，求電子試薬や求核試薬等の攻撃を受けにくいのが特徴です。反応は中性で反応性が高い遊離基と反応します。**オレフィン系炭化水素**（一般式：C_nH_{2n}）は sp^2 混成軌道を形成し，一方は π 結合で，もう一方は σ 結合です。反応で重要なのは求電子試薬や遊離基による二重結合への付加です。**アセチレン系炭化水素**（一般式：C_nH_{2n-2}）は sp 混成軌道を形成し，二つの π 結合と一つの σ 結合からなります。この π 結合も付加反応（求電子反応である）を生じます。また，炭素-炭素の三重結合に水素を有する化合物はアセチリドを形成します。また，芳香族炭化水素はベンゼンに代表され，ナフタレンやアントラセンといった多環化合物もあります。ベンゼンの分子構造は6個の非局在化した電子が入っている π 分子軌道は6個の sp^3 混成の炭素原子

からなる正六角形の環の両側に展開しています。ベンゼン分子内の炭素どうしの結合距離ならびに炭素-水素の結合距離ともに等しいのが特徴です。ベンゼンはエチレン系炭化水素としての性質はもたず，求電子試薬に対してニトロ化，ハロゲン化，スルフォン化，アルキル化等の置換反応を生じます。

　異性体：異性体は構造異性と立体異性に大別されます。構造異性は，n-ブタンと *iso*-ブタンに見られるように炭素鎖の分岐によって生じる連鎖異性，n-プロパノールと *iso*-プロパノールにみられる官能基の位置の違いによる位置異性，エタノールとジメチルエーテルのように異なる機能を有するもの等の異性体，そして，異性体どうしが互いに変換しうる互変異性等があります。また，立体異性は，分子内の原子の立体配置が異なることによる偏光面の回転角が変化する等，光学的特性の違いのある光学異性，トランス-シスといった二重結合を中心とする置換基の位置の違いによる幾何異性，分子全体としての対象性を欠いている場合に生じる分子不整，そして，分子式や構造式は同じでも内部回転角が異なるために生じる回転異性等があります。

有機化学における代表的な反応

❗ 脂肪族炭化水素（R：アルキル基，X：ハロゲン，（　）は作用させる物質）

置換：$RH_2 \rightarrow RX$　（Cl_2，Br_2）

付加：$RCH=CH_2 \rightarrow RCHX-CH_3$　（HX）

水素添加：$RC{\equiv}CH \rightarrow RCH=CH_2 \rightarrow RCH_2-CH_3$　（H_2）

水和：$RCH=CH_2 \rightarrow RCH(OH)-CH_3$　（H_2O）

エステル化：$RCOOH \rightarrow RCOOR'$　（R'OH と脱水剤）

エーテル化：$ROH \rightarrow RONa$　（Na）

　　　　　　$RONa \rightarrow ROR'$　（R'X）

酸化：$RCH_2OH \rightarrow RCOOH$　（酸化剤）

❗ 芳香族炭化水素（Ph：フェニル基，X：ハロゲン，（　）は作用させる物質）

置換：$PhH \rightarrow PhX$　（Cl_2，Br_2）

　　　　　　フェノールの生成：$PhX \rightarrow PhOH$（NaOH，高温，高圧）

スルフォン化：$PhH \rightarrow PhSO_3H$　（H_2SO_4）

　　　　　　スルフォン化物のアルカリ溶融：$PhSO_3H \rightarrow PhOH$

ニトロ化：$PhH \rightarrow PhNO_2$　（HNO_3，H_2SO_4）

　　　　　　ニトロ化物の還元：$PhNO_2 \rightarrow PhNH_2$　（Sn，Fe，HCl）

アルキル化：PhH→Ph-R　（RX，AlCl₃）

カルボン酸の合成：Ph-R→PhCOOH

問題3-4-6　次の物質 a〜c を，酸としての強さ（酸性度）の強い順に左から並べたとして，最も適切なものはどれか。

　　　　　a　フェノール，　b　酢酸，　c　塩酸

① a ─ b ─ c

② b ─ a ─ c

③ c ─ b ─ a

④ b ─ c ─ a

⑤ c ─ a ─ b

［出題：令和元年度再試験　I-4-2］

解　説　考え方としてプロトンをどのくらい解離しているかを考えていきます。解離平衡は以下のようになります。比べるのは K_a の値です。本問では塩酸は最も解離度が高いことはわかります。

$$C_6H_5\text{-}OH \rightleftharpoons C_6H_5\text{-}O^- + H^+ \qquad K_a = \frac{[C_6H_5\text{-}O^-][H^+]}{[C_6H_5\text{-}OH]}$$

$$CH_3COOH \rightleftharpoons CH_3COO^- + H^+ \qquad K_a = \frac{[CH_3COO^-][[H^+]}{[CH_3COOH]}$$

$$HCl \rightleftharpoons Cl^- + H^+ \qquad K_a = \frac{[Cl^-][H^+]}{[HCl]}$$

具体的には，1M 溶液で塩酸の約 80%，0.1M では塩酸の 93% が解離します。酢酸は弱酸とはいえフェノールより強い酸です。pK_a で比較すると，酢酸が 4.56，フェノールが 9.82 で，酢酸の方が強い酸です。これに対して，塩酸は −8.0 で著しく酸解離定数が大きく強い酸です。以上のことを踏まえて，解答の選択肢をみると，強い順に塩酸 → 酢酸 → フェノールの順に並んでいるのは③であり，これが本問の正解です。　　　　　　　　　　　　　　　　　　　　　　　　**答**　③

4-2 | 材　料

■4-2-1■工業化学

! 無機工業化学

無機工業化学は無機製造化学，電気化学工業，金属化学工業，セラミックス工業（窯業），電気・電子材料，原子力化学工業などに大別されます。

無機製造化学：硫酸や硝酸，アンモニア等の酸・アルカリの製造が中心で，この他に肥料工業や顔料工業もあります。硫酸の製造等，公害防止等環境保護とも関連して製造法が大きく変化してきた点に着目する必要があります。また，近年の省エネルギー化の推進とも関連して触媒の開発も行われています。

電気化学：電池，電解工業，電熱化学工業等がある。電池は一次電池（マンガン乾電池やアルカリ電池），二次電池（Ni-Cd 電池やリチウムイオン電池等）といったものから燃料電池等，実用化間近のものまで幅広くあります。電解工業は水や食塩の電解，金属冶金，電解酸化（アルマイト処理等）等があります。電熱化学工業では高温で生じる物理，化学的変化を利用します。電気利用の面から省エネルギーが望まれる分野です。鉛蓄電池や Ni-Cd 電池，リチウムイオン電池等の動作原理もおさえておきたいところです。

金属化学：金属冶金（製錬）及び精錬（ここでは電気化学を用いない手法），合金の製造，高純度金属の製造，腐食防食やめっき等の表面処理があります。近年では微生物腐食等，バイオとも関連した研究も行われています。

セラミックス：陶磁器，セメント，ガラスとほうろう，黒鉛と炭素製品，合成鉱物・宝石，耐火物・断熱材等があります。これらの材料は金属や有機化合物とならび工業的にも民生用にも重要な材料を提供しています。人工骨や歯科材料にも用いられています。ガラス繊維等の無機繊維は工業的にも建築資材として重要です。

! 有機工業化学

石油化学：原油から炭化水素を中心とするさまざまな工業原料（薬品）を製造する一連の工程が石油化学です。原油の分留，クラッキングやリフォーミング等，多くの工程があります。石油化学工業の立地的な特徴は海岸に配置されていることです。石油コンビナートを中心に合成化学の工場がその周囲に配置されパイプラインにより結合されています。これまでは原油からは脂肪族炭化水素を中心に生産さ

れ，石炭の乾留により芳香族炭化水素が生産（石炭化学）されていました。しかし，近年では原油から製造された炭化水素から触媒を用いた合成法が中心です。

高分子化学：高分子化合物とは**単量体（モノマー）**を構造単位として，それを二次元的あるいは三次元的に重合させた化合物（**ポリマー**）のことをいいます。高分子鎖における結合する単量体の数が異なるので分子量に分布があります。高分子物質の物理的性質は，分子量の分布幅，分子量平均値，モノマーの構造，重合方法により変化します。重合方法には，二重結合が開いて重合する付加重合（ポリエチレン，ポリプロピレン等），遊離基連鎖反応によるラジカル重合（テフロン，ポリスチレン等），カチオン重合（ルイス酸により促進，ブチルゴム等），アニオン重合，有機金属試薬（ポリイソプレン等）による重合，縮合（6,6-ナイロン，ポリエステル等）による重合等が知られています。

合成化学：有機合成化学の進展は目覚しく，合成樹脂，合成繊維，合成紙，合成ゴム，油脂，染料，工業薬品，医薬品・農薬等，幅広いです。絹，木綿，麻等の天然繊維，天然ゴム，松脂等の天然樹脂の代替を目指したり，天然物の弱点の物性を補ったり，天然物にない物性を付加する等の目的で設計，生産が行われています。しかしながら，合成化学製品は廃棄が困難で環境負荷が大きい等の反省から，近年ではリサイクルやリユースを念頭に置いた材料設計が行われています。これとともに，使用済みの材料の回収が行われ，循環サイクルが構築されつつあります。その一方で，合成を化学的ではなく生物化学的に行う等，自然を利用したプロセスが用いられつつあります。これは環境化学と省エネルギーの両面から有望視されています。

燃料化学：燃料は空気中の酸素と反応（燃焼）することにより熱を発生する物質です。燃料は経済性，環境負荷，貯蔵，運搬，取扱い等，幅広い視点から評価されます。燃料はその形態から固体，液体，気体に分類されます。固体燃料は石炭や木材，木炭，コークス等があります。石炭は炭化度により泥炭から無煙炭まで9種類にJISで分類されています。液体燃料は原油からの誘導体である液化石油ガス，ガソリン，灯油，軽油，重油，ジェット燃料等があります。工業用燃料としては重油が最も多く用いられています。気体燃料は天然ガス，油ガス（熱分解ガス，接触分解ガス，ナフサ改質ガス），製油所ガス，石炭ガス，高炉ガス等があります。これらの燃料の製造法と用途を整理しておいてください。

問題3-4-7 物質に関する次の記述のうち，最も適切なものはどれか。

① 炭酸ナトリウムはハーバー・ボッシュ法により製造され，ガラスの原料として使われている。

② 黄リンは淡黄色の固体で毒性が少ないが，空気中では自然発火するので水中に保管する。

③ 酸化チタン（Ⅳ）の中には光触媒としてのはたらきを顕著に示すものがあり，抗菌剤や防汚剤として使われている。

④ グラファイトは炭素の同素体の1つで，きわめて硬い結晶であり，電気伝導性は悪い。

⑤ 鉛は鉛蓄電池の正極，酸化鉛（Ⅱ）はガラスの原料として使われている。

[出題：令和元年度　I-4-4]

解説 ①のハーバー・ボッシュ法はアンモニアの製法であるので誤り。②の黄リンは法律で毒物にしてされているので誤り。③の酸化チタンの記述は正しい。日本人の技術です。④のグラファイトは柔らかく電気伝導性は良いので誤り。後半の記述はダイヤモンドです。⑤の Pb は鉛蓄電池の負極で，正極は酸化鉛 PbO_2 です。後半の記述は正しく鉛ガラスに用いられています。　**答** ③

問題3-4-8 鉄の製錬に関する次の記述の，□□□に入る語句及び数値の組合せとして，最も適切なものはどれか。

地殻中に存在する元素を存在比（wt%）の大きい順に並べると，鉄は，酸素，ケイ素，ア についで4番目となる。鉄の製錬は，鉄鉱石（Fe_2O_3），石灰石，コークスを主要な原料として イ で行われる。

イ において，鉄鉱石をコークスで ウ することにより銑鉄（Fe）を得ることができる。この方法で銑鉄を 1000kg 製造するのに必要な鉄鉱石は，最低 エ kg である。ただし，酸素及び鉄の原子量は 16 及び 56 とし，鉄鉱石及び銑鉄中に不純物を含まないものとして計算すること。

	ア	イ	ウ	エ
①	アルミニウム	高炉	還元	1429
②	アルミニウム	電炉	還元	2857
③	アルミニウム	高炉	酸化	2857

④	銅	電炉	酸化	2857
⑤	銅	高炉	還元	1429

［出題：令和3年度　I-4-4］

解　説　（ア）地殻中の存在比で酸素，珪素に次いで多いのは岩石成分である Al です。Fe は4番目に多いです。（イ）鉄鉱石，石灰石とコークスから行う Fe の製錬は高炉で行われます。（ウ）高炉内ではコークスの不完全燃焼により発生する CO により Fe_2O_3 が Fe に還元されます。（エ）では1,000kg の銑鉄（C を含むがここでは考えない）を得るために必要な原料の鉄鉱石の重量を求めます。高炉内の反応は，$Fe_2O_3 + 3CO \rightarrow 2Fe + 3CO_2$ であり，1,000/56kmol の銑鉄を得るためには 1,000/(56×2) kmol の鉄鉱石が必要です。鉄鉱石の分子量が（56×2＋16×3＝160）ですから，(1,000×160)/112≒1,429 となります。　　　　**答　①**

■4-2-2■材料の物理的特性

！ 金属材料学

　金属材料に関しては1群に設計上の観点からの金属材料の特性が，3群では解析等の観点から金属材料の評価法がまとめてありますので目を通すようにしてください。4群では金属材料の化学的特性，製造法や物性等が問われています。

　金属材料の特徴は，①電気や熱の良導体（自由電子の作用），②光や熱を反射，③展延性を有する，④弾性率が大きい，⑤陽イオンになりやすい等をあげることができます。このほかに，金属のすべてではないが触媒性や磁性，高強度等の特徴があります。結晶構造をみると面心立方晶，体心立方晶ならびに六方稠密構造をとる元素が多いです。

　金属材料を分類すると，①鉄鋼材料と非鉄金属材料，②軽金属材料と重金属材料（比重4〜5が境界），③コモンメタルとレアメタル（使用量に着目）等に分類されます。

　金属は熱処理により，所望の特性を得ることができます。その手法には焼入れ，焼鈍し，焼ならし，焼き戻し等があります。これにより金属の使用の幅が大きく広がりました。

　トピックス的な新しい金属材料として，①高純度メタル材料，②金属間化合物生成による高強度化，③結晶粒子の微細化による高強度化，④超塑性，等があります。

! 材料の加工（材料の変形，破壊，疲労）

　材料に力を印加したときの変形は図3.4.1で示す二つの変形に区分できます。力を加えて曲げても元の形状に戻るのが**弾性変形**，一定以上の力を加えると元に戻らなくなる変形が**塑性変形**です。この様子を図で表したのが応力-歪曲腺です。

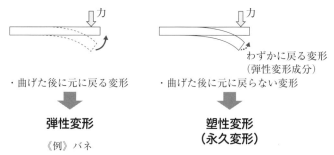

図3.4.1　材料の変形様式

　応力-歪曲線（図3.4.2）：材料に外部から引張方向に荷重を印加すると伸びが観測され，この荷重を除去すると元の形に戻ります。これが弾性変形です。さらに荷重を加えていくと荷重を除いても元に戻らない領域になり，これが塑性変形領域となります。この領域をさらに進んでいくと最大荷重点を経て応力に対して歪が減り，破断に至ります。最大荷重点を境に，均一変形と不均一な変形に分けられます。この曲線が**応力-歪曲線**と呼ばれ，材料により異なり，弾性変形の後に破断が起こる材料がある等，材料の強度特性を表す一つの指標となります。ここで，最大荷重は引張強度にほぼ等しい値です。この図は材料強度や材料設計に有用です。

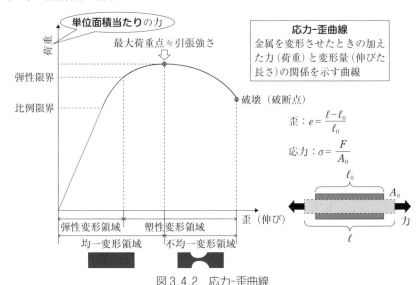

図3.4.2　応力-歪曲線

バーガースベクトル：塑性変形は転位（結晶中の面欠陥）の移動で説明され，バーガースベクトル等を考えます。転位も刃状転位や螺旋転位等，構造により分類されます。

クリープ変形：材料に一定の荷重を印加し続けたときに生じる歪がクリープ変形です。この変形は高温下に置かれた材料で見られることが多くあります。

応力集中：一様な断面をもつ構造物が引張や曲げ等の荷重を受けると応力は一様に分布します。しかし，構造物の一部に切り欠きや穴，空隙等の存在で断面の急変により局部的に応力が増大する応力集中が生じます。これにより構造材の破壊が生じます。

❗ 材料の強度

材料の強度を調べる主な試験方法として，①引張強度試験，②疲労破壊試験，③硬度測定，④曲げ試験，⑤圧縮強度試験，⑥クリープ試験，⑦せん断応力試験，等があります。いずれの方法を用いるかは材料の使用方法によります。これについては1群で詳述しています。

❗ 二元系平衡状態図

金属やセラミックスにおいて，複数の元素や化合物を混ぜたときに生成する化合物相を表す図が二元系平衡状態図です。例えば，ハンダ（Sn-Pb系）ではSnとPbが非固溶系（互いに溶け合わない）であるため，SnとPbが独立した結晶相（金

属組織）をつくる（共晶型と呼びます）。また，共晶組成という Pb や Sn の融点より低い温度で溶けること等がわかります。また，各組成で生成する金属相もわかります。合金組成の検討や熱処理条件を調べるときには有用です。セラミックスでも同様で，SiO_2-Al_2O_3 等に代表される系の状態図もあります。

⚠ 電気的な特性

材料は電気伝導度により導体から絶縁体に分類されます。

<u>導体</u>：金属に代表される導体は伝導帯に伝導電子（自由電子）を有しています。電気伝導度の高い順に金，銀，銅，アルミニウム… となります。金は半導体チップ内の配線に，銅は電線として用いられています。銅線の代替としてアルミニウムが検討されていますが張力が不十分で実用化に至っていません。金属以外にポリアセチレンは自由電子を有する有機化合物です。

<u>半導体</u>：伝導帯に伝導電子を有していませんが，価電子帯と伝導帯のエネルギー差（禁制帯幅）が小さい材料では禁制帯を飛び越えて伝導帯に電子が遷移して伝導をもつ材料が半導体材料であり，シリコン（Si）やガリウム・砒素（GaAs）がその代表的なものです。

<u>絶縁体</u>：伝導帯に伝導電子を有していない材料でアルミナやシリカ，ジルコニアがその代表的なものです。回路基板や碍子等に用いられています。

<u>超伝（電）動体</u>：電気抵抗がゼロであることとマイスナー効果を有するのが超伝（電）導材料です。チタン系合金と酸化物材料とがありますが，電線にできるのは金属であるニオブ系合金です。高速鉄道用のリニアモーターや高強磁場が得られる磁石（超伝（電）導磁石）を用いた核磁気共鳴を用いた画像処理（MRI）等の医療機器に用いられています。

⚠ 光学的特性

放射線を含む電磁波である光の透過や吸収の特性を用いた各種フィルタへの応用があります。

⚠ 熱的な特性

熱膨張と熱伝導性を利用する。材料による熱膨張の差を利用したバイメタルがその例です。熱伝導は放熱や加熱等に用いられる放熱板や伝熱板があります。電気抵抗の熱変化を利用して温度センサーがあります。また，発電用のタービン材料は高温での使用に鑑み鉄鋼材料からコバルトやニッケルの合金に変わってきています。

■4-2-3■材料の化学的特性

！ 金属製（精）錬

　原料鉱石を還元して金属とする製錬，製錬した粗金属の純度を高めるのが**精錬**です。鉄鋼材料では鉄鉱石（赤鉄鉱や磁鉄鉱）とコークス，石灰石から鉄を作ります。銅は銅鉱石と珪酸に酸素を作用させてマット（鉄と硫黄を除去）とし，純度を高めていきます。製錬においては化学平衡を巧みに操作するため自動化を難しくしています。また，高温を必要とするためエネルギーの削減が望まれるとともに，地球温暖化の抑制が求められています。アルミニウムはボーキサイトを原料とし，氷晶石を加えて溶融塩電解により製造されます。そのため電力の削減が課題となっています。

！ 材料の腐食

　腐食は，①均一腐食と局部腐食，②湿気腐食と乾食，③化学腐食と電気化学腐食等に分類されます。応力下で腐食反応が急速に進む応力腐食割れ等の腐食も知られています。腐食機構を解析し，それをもとに防食方法の検討がなされます。腐食に関与するのは水，大気中の酸素，化学物質等で，温度は腐食反応を加速させます。腐食機構が解明されれば，それに基づき防食が施されます。ステンレス鋼のように合金化により表面に防食被膜の形成，アルミニウムのようなアルマイト処理による酸化被膜の形成等がその例です。腐食により失われる材料の量が膨大であり，その対応方法は設計段階から常に考えなければなりません。

！ 材料のリサイクル

　材料のリサイクルにおいて金属は再溶解が可能であるため，リサイクル性が高いと考えられがちです。溶解にはエネルギーを要しますし，さらに組成調整も行う必要があります。そのため，材料使用量の削減のリデュースや再使用のリユースをまずはじめに考えるべきです。この分野でも材料の化学的な特性の検討が必要です。

■4-2-4■材料設計

！ 材料設計の基本

　材料設計にあたり，材料の使用方法や性能，使用環境等を考え，必要とされる材料特性を明らかにします。材料に要求される機能（機能性設計）にあった材料が選択されます。設計が難しいのは使用製品における材料強度の確保で，基礎的な材料強度試験結果との対応がとれるかです。ここでは，性能に加えて安全性，製品寿命，品質管理等から，廃棄とリサイクル，さらに製造のしやすさ等，幅広い検討が必要

です。

⚠ 材料設計と環境

　工業製品に用いる材料の選択においては，製品に要求される特性はもとより，製造，使用ならびに廃棄にいたるまでの材料の安全性やリサイクルの可能性等，製造，使用，廃棄まで多方面からの検討（ライフサイクルアセスメント，LCA）が必要です。製品設計においてはリサイクル，リユース，リデュース，廃棄を考慮したものでなければなりません。解体が容易ということは組立ても簡単であり，生産工程の簡素化にも直結している等のメリットがあります。しかし，強度が要求される製品では，リサイクル性と強度といった点の矛盾の解決が技術的に求められることがあります。

⚠ 製造業と環境

　近年の環境科学分野では，従来の公害といった局所的な現象にとどまらず，オゾン層破壊や地球温暖化といった国境を越えた地球規模まで視野に入れた研究がなされています。地球温暖化には炭酸ガスやメタンの寄与が大きく排出量の削減が国際的に進められています。また，冷媒やスプレー，洗浄に用いられていたフロンがオゾン層を破壊することから国際的に使用が禁止されましたが，効果が表れるには相当の時間を要します。フロンが成層圏に達すると，紫外線により分解して生じた塩素原子が触媒として作用しオゾンを分解（オゾン層破壊）します。

　このような作用を有する物質のほかに四塩化炭素，クロロホルム，トリクロルエチレン，テトラクロルエチレン等の有機塩素化合物もオゾン層を破壊する作用を有しています。これらの物質の代替物質の研究とあわせてオゾン層破壊のメカニズムの研究についても国際協力のもとで進められています。

　平成19年のノーベル平和賞に地球温暖化進行に警鐘を唱えたアル・ゴア氏とIPCCが受賞し環境への関心が高まるものと思われます。「不都合な真実」（アル・ゴア氏の著作）をはじめ，「沈黙の春」（レイチェル・カーソン氏の著作）や「成長の限界」（ローマ・クラブ人類の危機レポート）等を一読してみてください。環境サミットも定期的に開催され，常に環境への影響が見直されています。

⚠ 材料の安全設計

　安全設計は材料を用いるうえでの基本です。材料強度については既にまとめましたが，ここでは化学物質と原子力用材料の要点を示します。

　"化学物質は危険である"というイメージがあります。その使い方を誤れば危険ですが，正しく使えば私達の生活を快適にしてくれます。労働安全衛生の分野で

は，厚生労働省が"安全はすべてに優先する"というスローガンを掲げ安全衛生対策の積極推進を行政指導して定着しています。そのため，重大災害は年々減少してきています。最近では安全に関する国際規格制定や安全衛生マネジメントシステムの導入等の動きも見られます。化学面から安全衛生をながめると，燃焼，爆発，化学薬品による人への障害（中毒，火傷等）の基本と安全対策，フェールセーフの考え方，全体換気と局所排気，毒性指標のLD_{50}，毒性試験及び毒性の表し方，SDS（化学物質安全データーシート），労働衛生における3管理（作業管理，作業環境管理，健康管理）等について理解しておく必要があります。これまで使われてきた石綿の除去がいまだ問題になっています。また，化学物質の取扱い方から管理等が強化されています。

原子力関連分野では核燃料や放射性物質の製造ならびに処理，原子炉材料（減速材や制御材，冷却材，被覆材等）等があります。この分野は技術動向だけではなくエネルギー政策や技術者倫理とも関連して変化していくので日々の情報に注目する必要があります。地震と原子炉の安全性，放射線被爆等，安全と絡めて調べておく必要があります。震災で被災した原子力発電所の廃炉作業は困難を極めており，処理水の排出等，課題があります。

❗ 複合材料

材料単独では設計上の性能が得にくい場合は複合材料とすることが多くあります。金属表面にガラス層を形成したホーローやめっき，各種の化合物を組み合わせた強化樹脂，金属中に金属間化合物を生成させた材料等，その例は多くあります。

❗ リサイクル・リユース・リデュース（3R）

3Rの推進は設計段階から始まります。製品の製造コストにかかわる材料の使用量を少なくするリデュースに始まります。ここには残材の再利用も含まれます。また，リサイクル性やリユースが容易であることは製造も容易になることも多くあります。ライフサイクルアセスメント（LCA）を考えた材料設計が望まれてから定着までに時間が必要で，長い眼で育てていかなければなりません。

問題3-4-9　材料の力学特性試験に関する次の記述の，[　　　]に入る語句の組合せとして，適切なものはどれか。

　材料の弾塑性挙動を，試験片の両端を均一に引っ張る一軸引張試験機を用いて測定したとき，試験機から一次的に計測できるものは荷重と変位である。荷重を[ア]の試験片の断面積で除すことで[イ]が得られ，変位を[ア]の試験

片の長さで除すことで　ウ　が得られる。

　イ　－　ウ　曲線において，試験開始の初期に現れる直線領域を　エ　変形領域と呼ぶ。

	ア	イ	ウ	エ
①	変形前	公称応力	公称ひずみ	弾性
②	変形後	真応力	公称ひずみ	弾性
③	変形前	公称応力	真ひずみ	塑性
④	変形後	真応力	真ひずみ	塑性
⑤	変形前	公称応力	公称ひずみ	塑性

[出題：令和4年度　I-4-4]

解説　材料の引張試験（応力-歪曲線）の基本問題で，1群や3群にも類似の問題が出題されているので参考にしてください。公称応力は荷重を試験前の試料片の断面積で除して単位面積当たりの値です。真応力は試験中に刻々と変化する断面積を画像処理やレーザー計測等で測定する等，連続測定が必要で通常の試験機では測定できません。これらのことから本問は公称応力に関する設問です。したがって，（ア）は変形前，（イ）は公称応力です。公称歪の定義は（ウ）です。荷重と伸びが比例する（弾性変形領域）ことから（エ）は弾性となります。　**答①**

問題3-4-10　金属の変形や破壊に関する次の（A）～（D）の記述の，　　に入る語句の組合せとして，最も適切なものはどれか。

（A）金属の塑性は，　ア　が存在するために原子の移動が比較的容易で，また，移動後も結合が切れないことによるものである。

（B）結晶粒径が　イ　なるほど，金属の降伏応力は大きくなる。

（C）多くの金属は室温下では変形が進むにつれて格子欠陥が増加し，　ウ　する。

（D）疲労破壊とは，　エ　によって引き起こされる破壊のことである。

	ア	イ	ウ	エ
①	自由電子	小さく	加工軟化	繰返し負荷
②	自由電子	小さく	加工硬化	繰返し負荷
③	自由電子	大きく	加工軟化	経年腐食
④	同位体	大きく	加工硬化	経年腐食

⑤　同位体　　　小さく　　　加工軟化　　　繰返し負荷

［出題：平成30年度　I-4-4］

解説　　空欄の（ア）では塑性の発現に寄与するのは電子です。（イ）で降伏応力を増大させるには結晶粒子の粒径を<u>小さく（微細化）すること</u>が有効です。（ウ）の変形により生じるのは<u>加工硬化</u>です。（エ）の疲労破壊は<u>繰返し負荷</u>により生じます。　　　　　　　　　　　　　　　　　　　　**答** ②

問題3-4-11　　鉄，銅，アルミニウムの密度，電気抵抗率，融点について，次の（ア）〜（オ）の大小関係の組合せとして，最も適切なものはどれか。ただし，密度及び電気抵抗率は20［℃］での値，融点は1気圧での値で比較するものとする。

（ア）：鉄　＞　銅　＞　アルミニウム
（イ）：鉄　＞　アルミニウム　＞　銅
（ウ）：銅　＞　鉄　＞　アルミニウム
（エ）：銅　＞　アルミニウム　＞　鉄
（オ）：アルミニウム　＞　鉄　＞　銅

	密度	電気抵抗率	融点
①	（ア）	（ウ）	（オ）
②	（ア）	（エ）	（オ）
③	（イ）	（エ）	（ア）
④	（ウ）	（イ）	（ア）
⑤	（ウ）	（イ）	（オ）

［出題：令和2年度　I-4-3］

解説　　この問題は金属として使用頻度が高い鉄，アルミニウム，そして，銅の基本的な物性値に関する問いです。密度が最も大きいのは銅で，鉄，アルミニウムの順になります。また，電気抵抗率は鉄が最も高く，アルミニウム，銅となります。融点は鉄が最も高く，銅，アルミニウムとなります。出題もしくは使用の頻度が高い金属は数字より大小を覚えるのが一番です。まとめると以下の表になります。

材　　料	鉄	銅	アルミニウム
密度 $[g/m^3]$	7.87	8.94	2.70
電気抵抗率 $[n\Omega \cdot m]$	96.1	16.8	28.2
融点 $[℃]$	1,538	1,085	660

答 ④

4-3 ｜ バイオ

　バイオ分野では，毎年2題が出題されます。よく出題されるのが，タンパク質とそれを構成するアミノ酸に関する設問です。酵素に関する設問も，広い意味でタンパク質に関する設問に含まれるので，両者を合わせるとほぼ毎年出題されていることになります。タンパク質関連以外には，DNAの塩基組成や塩基配列，あるいはその突然変異に関する設問が頻繁に出題されます。また，実際に遺伝子を操作する遺伝子組換え技術（組換えDNA技術）に関する設問が出題されます。

　生物の細胞中では，ゲノムDNA上の遺伝子からメッセンジャーRNAに転写され，リボソームにおいてメッセンジャーRNAの塩基配列に基づきアミノ酸を結合してタンパク質が合成されます。この情報の流れをセントラルドグマといい，生命の本質を担っています。バイオ分野の出題は，セントラルドグマに沿って，遺伝子DNAの塩基配列からタンパク質のアミノ酸配列に関する部分を理解しておくとわかりやすいでしょう。

■4-3-1■タンパク質とアミノ酸

　セントラルドグマの流れとは逆になりますが，最初に出題頻度の高いタンパク質とアミノ酸に関する設問から見てみましょう。**タンパク質**はアミノ酸が鎖状に重合した生体高分子で，構成するアミノ酸の数や種類，配列等によってタンパク質の構造や性質，機能等が決まります。アミノ酸配列を**タンパク質の一次構造**といい，遺伝子の塩基配列によって決定されます。

　アミノ酸の構造は，中心となる α-炭素原子に水素原子・**アミノ基・カルボキシ基・側鎖（R基）**が共有結合したもので，隣り合うアミノ酸のカルボキシ基とアミノ基がペプチド結合によって重合し，タンパク質を形成します。タンパク質を構成するアミノ酸は**20種類**あり，それぞれ異なる側鎖を有しています。各アミノ酸の性質は側鎖によって決まり，親水性・疎水性，塩基性・酸性等の性質に分類さ

れます。

　遺伝子が決定するのはタンパク質のアミノ酸配列ですが，タンパク質はアミノ酸配列に応じた立体構造をとり，これを**タンパク質の高次構造**といいます。一般的に，タンパク質の表面は水分子に接しているため，親水性の極性アミノ酸が多く存在します。それに対して，フェニルアラニン・ロイシン・バリン等の疎水性の非極性アミノ酸は，酵素分子の内側に存在する傾向があります。また，システインやメチオニンの側鎖には硫黄（S）が含まれています。2 個のシステインは，硫黄を介して**ジスルフィド結合（S-S 結合）**と呼ばれる共有結合を形成し，タンパク質の立体構造の決定に寄与します。

　アミノ酸には **L 体**と **D 体**の二つの光学異性体が存在しますが，天然のタンパク質を構成するアミノ酸は通常 L 体です。なお，グリシンは側鎖も水素原子なので，α-炭素原子に二つの水素原子が結合するため，光学異性体は存在しません。

　以上を踏まえて設問を解答してみましょう。

問題3-4-12　アミノ酸に関する次の記述の，□□□に入る語句の組合せとして，最も適切なものはどれか。

　一部の特殊なものを除き，天然のタンパク質を加水分解して得られるアミノ酸は 20 種類である。アミノ酸の α-炭素原子には，アミノ基と□ ア □，そしてアミノ酸の種類によって異なる側鎖（R 基）が結合している。R 基に脂肪族炭化水素鎖や芳香族炭化水素鎖を持つイソロイシンやフェニルアラニンは□ イ □性アミノ酸である。システインやメチオニンの R 基には□ ウ □が含まれており，そのためタンパク質中では 2 個のシステイン側鎖の間に共有結合ができることがある。

	ア	イ	ウ
①	カルボキシ基	疎水	硫黄（S）
②	ヒドロキシ基	疎水	硫黄（S）
③	カルボキシ基	親水	硫黄（S）
④	カルボキシ基	親水	窒素（N）
⑤	ヒドロキシ基	親水	窒素（N）

［出題：令和 3 年度　I-4-5］

解　説　先に説明したように，アミノ酸は，中心となる α-炭素原子に水素原子・アミノ基・ ア．カルボキシ基 ・側鎖（R 基）が共有結合した構造を有してい

ます。各アミノ酸の性質は側鎖によって決まり、側鎖が脂肪族炭化水素鎖のロイシンや芳香族炭化水素鎖のフェニルアラニンは イ. 疎水 性アミノ酸です。また、システインやメチオニンの側鎖には ウ. 硫黄（S） が含まれており、2個のシステインは、硫黄を介してジスルフィド結合（S-S結合）と呼ばれる共有結合を形成します。

　以上から、□□□□ に入る語句は、ア. カルボキシ基, イ. 疎水, ウ. 硫黄（S）となり、組合せとして最も適切なものは①となります。　　　　　　答 ①

■4-3-2■DNA の塩基組成及び塩基配列

　次は、DNA の塩基組成や塩基配列、あるいはその突然変異に関する設問を見てみましょう。2 本鎖 DNA は、相補的な塩基配列をもつ 2 本の 1 本鎖 DNA が、**アデニン（A）－チミン（T）及びグアニン（G）－シトシン（C）**という塩基間の水素結合によって結合したものです。そのため、一方の 1 本鎖の A ともう一方の 1 本鎖の T の割合が同じになります。G と C についても同様です。したがって、2 本鎖 DNA 全体では A の含量と T の含量が、また G の含量と C の含量が同じになります。DNA の塩基組成に関する設問は、これらの点を理解していれば解答できるでしょう。

　塩基対の水素結合は静電相互作用によるものであり、熱エネルギーによって解離し、2 本鎖 DNA を引き剥がして 1 本鎖 DNA にすることができます。これを **DNA の熱変性**といいます。A-T 間の水素結合が 2 本であるのに対して、G-C 間の水素結合は 3 本なので、G・C の含量が増えるに従って 2 本鎖の結合が強固になり、熱変性に必要な温度は高くなります。DNA の塩基対と熱変性は、後で説明する PCR 法に関する設問とも関係します。

　先に述べたように、タンパク質の一次構造は遺伝子の塩基配列によって決定されます。細胞内におけるタンパク質合成に際して、ゲノム上に存在するタンパク質をコードする遺伝子は、メッセンジャー RNA に転写され、さらにタンパク質に翻訳されます。その際に 3 個の塩基が**コドン**を形成し、1 個のアミノ酸を指定します。塩基は A・T・G・C の 4 種類が存在するので、コドンは 4×4×4=64 通りが存在します。64 のコドンのうち、TAA・TAG・TGA の三つはアミノ酸を指定せず、タンパク質合成の終了を指示する**終止コドン**として機能します。残りの 61 のコドンは 20 種類のアミノ酸のいずれかを指定するために使われますが、1 種類のアミノ酸に対して一つのコドンしか存在しないものもあれば、最大で六つのコドンが存在

するものもあります。例えば，メチオニンを指定するコドンは ATG の一つだけですが，ロイシンを指定するコドンは TTA・TTG・CTT・CTC・CTA・CTG の六つがあります。**突然変異**により塩基の置換や挿入／欠失等が生じると，コドンが指定するアミノ酸が変わることがあり，タンパク質の構造や機能が変化することがあります。

　以上を踏まえて設問を解答してみましょう。

問題3-4-13　DNA の構造的な変化によって生じる突然変異を遺伝子突然変異という。遺伝子突然変異では，1つの塩基の変化でも形質発現に影響を及ぼすことが多く，置換，挿入，欠失などの種類がある。遺伝子突然変異に関する次の記述のうち，最も適切なものはどれか。

①　1塩基の置換により遺伝子の途中のコドンが終止コドンに変わると，タンパク質の合成がそこで終了するため，正常なタンパク質の合成ができなくなる。この遺伝子突然変異を中立突然変異という。

②　遺伝子に1塩基の挿入が起こると，その後のコドンの読み枠がずれるフレームシフトが起こるので，アミノ酸配列が大きく変わる可能性が高い。

③　鎌状赤血球貧血症は，1塩基の欠失により赤血球中のヘモグロビンの1つのアミノ酸がグルタミン酸からバリンに置換されたために生じた遺伝子突然変異である。

④　高等動植物において突然変異による形質が潜性（劣性）であった場合，突然変異による形質が発現するためには，2本の相同染色体上の特定遺伝子の片方に変異が起こればよい。

⑤　遺伝子突然変異は X 線や紫外線，あるいは化学物質などの外界からの影響では起こりにくい。

［出題：令和3年度　I-4-6］

解　説　①不適切。アミノ酸を指定しているコドンが，塩基置換によって終止コドンに変化するような突然変異を**ナンセンス突然変異**といいます。例えば，TAT が TAG に変わった場合，アミノ酸のチロシンが終止コドンに変わります。そのために，タンパク質合成が途中で終わってしまい，不完全なタンパク質しか合成されません。設問にある**中立突然変異**は，塩基配列が変化してもタンパク質のアミノ酸が変化しない等，形質に影響しないような変異をいいます。例えば，TTA が TTG に変わった場合，塩基配列が変わっても指定するアミノ酸は

ロイシンで，タンパク質のアミノ酸配列は変わりません。

②最も適切。コドンでは 3 塩基が 1 組となってアミノ酸を指定します。1 塩基の挿入が生じると，挿入箇所以降で 3 塩基ごとの読み枠がずれて，コドンが変わります。これを**フレームシフト突然変異**といい，タンパク質のアミノ酸配列が大きく変わってしまいます。同様に，塩基の欠失が生じた場合も，フレームシフト突然変異が生じます。

③不適切。鎌状赤血球貧血症では，ヘモグロビン遺伝子において 1 塩基の欠失ではなく，置換が生じています。その結果，コドンが変わり，6 番目の親水性アミノ酸のグルタミン酸が疎水性アミノ酸のバリンに置換され，ヘモグロビンタンパク質の性質が変わります。このアミノ酸置換によって生じた異常ヘモグロビンタンパク質が棒状の集合体を形成し，赤血球が三日月型（鎌状）となり，貧血を引き起こします。

④不適切。2 本の相同染色体上の特定遺伝子について，片方の遺伝子が変異を有すれば発現するような形質を，**顕性（優性）**といいます。これに対して，設問にあるように形質が**潜性（劣性）**である場合には，突然変異による形質が発現するためには，2 本の相同染色体上の特定遺伝子の両方が変異を有する必要があります。なお，遺伝学における用語として「優性・劣性」が使われていましたが，形質の表れやすさを示しているだけなのに，形質に優劣があるかのような誤解を招く恐れがあるという理由により，「顕性・潜性」を使うようになりました。

⑤不適切。遺伝子突然変異では染色体の構造変化や遺伝子の塩基配列変化が生じます。その中には，X 線・紫外線等の電磁波や化学物質によって誘導されるものがあります。それぞれ変異が生じるメカニズムは異なっていますが，DNA の切断や複製ミス等が生じ，塩基配列が変化します。

　以上から，①・③・④・⑤は記述として不適切であり，最も適切なものは②となります。　　　　　　　　　　　　　　　　　　　　　　　　　　　　**答** ②

■4-3-3■遺伝子組換え技術

　最後に，遺伝子組換え技術（組換え DNA 技術）関連の設問を見てみましょう。遺伝子解析で広く用いられている PCR（Polymerase Chain Reaction，ポリメラーゼ連鎖反応）法に関する設問もそこに含まれます。<u>PCR 法は，DNA 分子を酵素反応によって試験管内で複製し，複製の繰返しによって指数級数的に増幅する実験手法です。</u>発明者のキャリー・マリスは，1993 年にノーベル化学賞を受賞しました。

PCR 法がバイオテクノロジー，さらには生命科学や医学に与えた影響は計り知れ
ず，バイオテクノロジーの歴史は PCR 前と PCR 後に分けることができるでしょ
う。様々な派生技術を生み出し，世の中を大きく変えました。感染症検査にも使用
され，新型コロナウイルス感染症（COVID-19）の検査法として多くの人に知られ
るようになりました。

　実際の反応では，2 本鎖 DNA を熱変性によって 1 本鎖にし，**プライマー**を結合
させ，プライマーの 3′ 末端に **DNA ポリメラーゼ**（DNA 合成酵素）によって新
たなヌクレオチドを付加して，DNA の伸長反応を行います。プライマーは人工合
成した長さ 17〜25 塩基の短い 1 本鎖 DNA で，熱変性した 1 本鎖 DNA の増幅した
い領域の塩基配列を認識して，相補的に結合します。これを**アニーリング**といい，
標的とする DNA 配列のみを特異的に増幅することが可能となります。すなわち，
プライマーの塩基配列の設計により，増幅する領域を選ぶことができます。このよ
うに，「熱変性→アニーリング→伸長反応」というサイクルを繰り返すことによっ
て，DNA 分子の狙った領域を複製して増幅します。

　以上を踏まえて設問を解答してみましょう。

問題3-4-14　　PCR（ポリメラーゼ連鎖反応）法は，細胞や血液サンプルから
DNA を高感度で増幅することができるため，遺伝子診断や微生物検査，動物や
植物の系統調査等に用いられている。PCR 法は通常，（1）DNA の熱変性，（2）
プライマーのアニーリング，（3）伸長反応の 3 段階からなっている。PCR 法に
関する記述のうち，最も適切なものはどれか。

① 　アニーリング温度を上げすぎると，1 本鎖 DNA に対するプライマーの非
　　特異的なアニーリングが起こりやすくなる。
② 　伸長反応の時間は増幅したい配列の長さによって変える必要があり，増幅
　　したい配列が長くなるにつれて伸長反応時間は短くする。
③ 　PCR 法により増幅した DNA には，プライマーの塩基配列は含まれない。
④ 　耐熱性の低い DNA ポリメラーゼが，PCR 法に適している。
⑤ 　DNA の熱変性では，2 本鎖 DNA の水素結合を切断して 1 本鎖 DNA に解
　　離させるために加熱を行う。

［出題：令和 5 年度　I-4-6］

解　説　　①不適切。プライマーが標的 DNA 配列にアニーリングする際に，
アニーリング温度が低くなると，完全に相補的ではないような配列に結合する非

特異的なアニーリングが起こりやすくなります。その結果，標的以外のDNA配列も増幅されてしまいます。PCR法を行う際には，プライマーの配列に応じて特異的なアニーリングのみが起こるような温度を設定することが重要です。さらに温度を上げすぎると，アニーリング自体が生じなくなります。

②不適切。伸長反応においてDNAポリメラーゼによる合成反応は一定速度で進みます。そのため，長い配列ほど伸長に要する時間が長くなるので，伸長反応時間を長くする必要があります。

③不適切。DNAの伸長反応はプライマーの3'末端に新たなヌクレオチドを付加することによって開始します。そのため，PCR法によって増幅される2本鎖DNAの両端にはプライマーに由来するDNAが含まれます。

④不適切。2本鎖DNAを1本鎖DNAに解離する際には，塩基対の水素結合を断ち切る必要があるので，90℃以上の高温にします。そのため，高温でも活性を失わない耐熱性の高いDNAポリメラーゼを使用します。耐熱性DNAポリメラーゼは，温泉等の高温環境に生息する好熱菌等から得られたもので，PCR法の実用化に大きく貢献しました。

⑤適切。2本鎖DNAは，相補的な配列をもつ2本の1本鎖DNAが，A-T及びG-Cという塩基間の水素結合によって結合したものです。水素結合は静電相互作用によるものであり，熱エネルギーによって解離し，2本鎖DNAを引き剥がして1本鎖DNAにすることができます。これをDNAの熱変性といいます。

以上から，①〜④は記述として不適切であり，最も適切なものは⑤となります。

答 ⑤

以上のほかに，好気呼吸とエタノール発酵，生物の元素組成等に関する設問が出題されています。ここでは詳細は解説しませんが，過去の出題に目を通しておくとよいでしょう。

5群　環境・エネルギー・技術

　平成 24 年（2012 年）までは「技術連関」という群分類で，「環境」，「エネルギー」，「品質管理」分野で 5〜8 問の出題から，3 問を選んで回答する形式でしたが，平成 25 年（2013 年）から現在の名称に改訂されました。「環境」，「エネルギー」，「技術史等」の分野から 6 問出題され，3 問を選んで解答する形式となりました。「環境」，「エネルギー」分野は同じ分類ですが，総括的・一般的な出題から，個別の環境問題を取り上げる傾向に変わってきており，環境問題のより深い理解が求められます。また「エネルギー」では簡単な計算の必要な問題が毎年出題されます。「技術に関するもの」の分野では科学史・技術史の年代順を問う出題頻度が高いです。品質管理に関する QC 手法や生産システム効率化等からの出題はなくなりました。

5-1 ｜ 環　　境

　「環境」からは①環境保全，②廃棄物処理，③大気汚染，水質汚濁対策，④気候変動対策，⑤生物多様性の保全の 5 項目から 2 問出題されます。

　「環境」分野では廃棄物関連と気候変動に対する取組みの出題率が増える傾向にあり，廃棄物の処理及び清掃に関する法律（廃棄物処理法）や地球温暖化対策の推進に関する法律（温対法）に関する問題がよく出題されています。基本的な専門用語を押さえておくことが重要で，気候変動は影響が顕著で解決に困難な問題が多いので，新しい法律の制定や既存の法律改正も多い傾向が見られます。

■5-1-1■環境保全

　日本では環境問題の始まりは 1800 年代末期（明治中期）の栃木県の**足尾鉱毒事件**とされ，銅鉱山の採鉱・精錬時に発生する硫黄酸化物による大気汚染・土壌汚染が問題となりました。日本が高度成長期を迎え 1960 年代になると，**四大公害病と呼ばれる水俣病，新潟水俣病，四日市ぜんそく，イタイイタイ病**が発生し大きな問題となりました。これを契機に環境対策の法整備が進み，公害対策基本法をはじめ**典型 7 公害と呼ばれる大気の汚染，水質の汚濁，土壌の汚染，騒音，振動，地盤の沈下及び悪臭**に対する各種の公害対策関連法が制定されました。1993 年に公害対策と自然環境保全対策を合わせた環境基本法となり，以降の地球

規模にまで拡大していく，より広範囲を網羅する環境問題の基本法となりました。

　用語の正否を問う出題が多く見られ，重要な用語として以下の表 3.5.1 のようなものがあげられます。

表 3.5.1　環境保全関係用語

ライフサイクルアセスメント	**資源の採取から製造・使用・廃棄・輸送などすべての段階を通して環境影響を定量的，客観的に評価する手法**をいいます。
環境基準	大気の汚染，水質の汚濁，土壌の汚染及び騒音に係る環境上の条件について，それぞれ，人の健康を保護し，及び生活環境を保全するうえで維持されることが望ましい基準をいいます。
環境会計	事業活動における環境保全のためのコストやそれによって得られた効果を金額や物量で表す仕組みをいいます。
環境監査	組織や事業者が自主的に取り組む環境保全に関する運営状況を，客観的な立場からチェックを行うことをいいます。
グリーン購入	製品の原材料や事業活動に必要な資材を購入する際に，**環境負荷のできるだけ小さいものを優先する**ことをいいます。
SDGs	2015年9月に国連で採択された「持続可能な開発のための2030アジェンダ」の中核となるもので，17のゴールと各ゴールに設定された169のターゲットから構成されています。**「ミレニアム開発目標（MDGs）」が開発途上国，特に最貧国を対象としていたのに対し，SDGs は開発途上国だけに限らず，先進国も含めて世界各国が互いに貧困に向き合うことにより，貧困を撲滅する取組みです。**持続可能な開発の三側面（環境，経済，社会）は一体不可分であるという概念が明確に打ち出されています。

■5-1-2■廃棄物処理

　日本が高度成長期を迎えた 1960 年代に大量生産，大量消費，大量廃棄が社会の流れとなり，ゴミ問題が広く顕在化してきました。これに対処するために，1970年に廃棄物の処理及び清掃に関する法律（廃棄物処理法）が制定されました。第 2条に廃棄物とは「ごみ，粗大ごみ，燃え殻，汚泥，ふん尿，廃油，廃酸，廃アルカリ，動物の死体その他の汚物又は不要物であって，固形状又は液状のもの（放射性物質及びこれによって汚染された放射性廃棄物を除く）をいう」とされています。大きく分けると産業廃棄物と一般廃棄物とに区分され，**産業廃棄物は「燃え殻，汚泥，廃油，廃酸，廃アルカリ，廃プラスチック類その他政令で定める廃棄物」**とされ，一般廃棄物は産業廃棄物以外の廃棄物で家庭から出る家庭系一般廃棄物と事業所から出る事業系一般廃棄物に分けられます。表 3.5.2 に廃棄物関連用語を示します。

その後，廃棄物と不法投棄の増大に対応するために 2000 年に循環型社会形成推進基本法が制定され，大量生産，大量消費，大量廃棄型社会から循環型社会への転換を目指す基盤とされました。

表 3.5.2　廃棄物関係用語

産業廃棄物	事業活動に伴って生じた廃棄物のうち，燃え殻，汚泥，廃油，廃酸等，20種類の廃棄物のことで，**一般廃棄物の約 9 倍**の排出量があります。
特別管理産業廃棄物	産業廃棄物のうち，爆発性，毒性，感染性その他の人の健康または生活環境に係る被害を生ずるおそれがあるものをいいます。
E-waste	Electronic and Electrical Wastes（電気電子機器廃棄物）の略称。**電気製品・電子機器からの廃棄物**でであって再利用されずに分解・リサイクルまたは処分されるものを指します。発生量及び輸出入量が増加しており，鉛・カドミウムなどの有害物質が含まれているため，開発途上国で不適正な処理に伴う環境及び健康に及ぼす悪影響が懸念されています。
家電リサイクル法	家電 4 品目と呼ばれるエアコン，テレビ，洗濯機，冷蔵庫について，有用な部分や材料をリサイクルし，廃棄物を減量するとともに，資源の有効利用を推進するために，小売業者に消費者からの引取りや製造者等への引渡しを義務付けています。
使用済小型家電由来の金属	パソコン，携帯電話，デジタルカメラ等の小型電子機器類は多くの有用金属を含んでいますがほとんどが再資源化されずに埋立処分され，いわゆる都市鉱山と呼ばれていました。2013年に施行された小型家電リサイクル法はこれらの**使用済小型電子機器等の再資源化**を促進するためのもので，この法律の趣旨を生かすために2020東京オリンピック・パラリンピックでは競技選手に贈られた5,000個以上のメダルは「都市鉱山からつくる！みんなのメダルプロジェクト」で作られました。約 2 年間で金32kg，銀3,500kg，銅2,200kg を回収しました。
容器包装リサイクル法	対象品目はガラス製容器，紙製容器包装，PET ボトル，プラスチック容器包装で，すべての費用を，商品を販売した事業者が負担することを義務付けています。**スチール缶，アルミ缶は対象外の商品**です。
RDF	Refuse Derived Fuel の略語。ごみ固形化燃料のことであり，生ごみ・廃プラスチック，古紙等の一般廃棄物からの可燃性のごみを粉砕・乾燥した後に生石灰を混合して，圧縮・固化したものです。発熱量は RPF より一般的に低いとされています。
RPF	Refuse derived paper and Plastics densified Fuel の略語。主に産業廃棄物とし収集された古紙及びプラスチックを主原料とする固形燃料です。原料が RDF と比較して安定しているため，工程が単純で，コストも安く発熱量も高いとされています。

表 3.5.2　廃棄物関係用語（続き）

硫酸ピッチ	強酸性で油分を有する泥状の廃棄物で，雨水等と接触して亜硫酸ガスを発生させ，周辺の生活環境保全上の支障を生じる可能性があります。硫酸ピッチは硫酸を用いて不純物を取り除く硫酸洗浄法という石油精製の手法の残留物ですが，灯油や A 重油に軽油識別剤として添加されているクマリンを除去し，不正軽油を作る際に発生して問題が背景としてあります。
建設リサイクル法	特定建設資材を用いた建築物等に係る解体工事又はその施工に特定建設資材を使用する新築工事等の建設工事は，その発注者に対し，分別解体等及び再資源化等を行うことを義務付けていますが，**床面積や工事請負代金といった規模の基準を越すものが対象**となっています。
3R	Reduce（リデュース），Reuse（リユース），Recycle（リサイクル）の三つの R の総称で，循環型社会形成推進基本法では Reduce を最優先するとされています。
プラスチック資源循環戦略	2019年に策定され，基本的な対応の方向性をプラスチック利用の削減，再使用，再生利用（3R）のほかに，紙やバイオマスプラスチック等の再生可能資源による代替（Renewable）を付け加え「3R＋Renewable」とすることが明記されています。
バーゼル条約	正式には「有害廃棄物の国境を越える移動及びその処分の規制に関するバーゼル条約」といいます。1989年にスイスのバーゼルで締結されました。背景には先進国から規制の緩い開発途上国へ有害廃棄物が輸出され，環境汚染を引き起こした事件を契機に採択されたもので，国境を越えて有害廃棄物を取引する際は，輸入国の同意が必要とされています。

問題3-5-1　プラスチックごみ及びその資源循環に関する（ア）～（オ）の記述について，それぞれの正誤の組合せとして，最も適切なものはどれか。

（ア）近年，マイクロプラスチックによる海洋生態系への影響が懸念されており，世界的な課題となっているが，マイクロプラスチックとは一般に5mm 以下の微細なプラスチック類のことを指している。

（イ）海洋プラスチックごみは世界中において発生しているが，特に先進国から発生しているものが多いといわれている。

（ウ）中国が廃プラスチック等の輸入禁止措置を行う直前の 2017 年において，日本国内で約 900 万トンの廃プラスチックが排出されそのうち約 250 万トンがリサイクルされているが，海外に輸出され海外でリサイクルされたものは 250 万トンの半数以下であった。

（エ）2019 年 6 月に政府により策定された「プラスチック資源循環戦略」においては，基本的な対応の方向性を「3R＋Renewable」として，プラスチック利用の削減，再使用，再生利用の他に，紙やバイオマスプラスチックなどの再生可能資源による代替を，その方向性に含めている。

（オ）陸域で発生したごみが河川等を通じて海域に流出されることから，陸域での不法投棄やポイ捨て撲滅の徹底や清掃活動の推進などもプラスチックごみによる海洋汚染防止において重要な対策となる。

	ア	イ	ウ	エ	オ
①	正	正	誤	正	誤
②	正	誤	誤	正	正
③	正	正	正	誤	誤
④	誤	誤	正	正	正
⑤	誤	正	誤	誤	正

［出題：令和 2 年度　I-5-1］

解　説　（ア）サイズが **5mm 以下の微細なプラスチックごみをマイクロプラスチック**としています。正しい。

（イ）2010 年の推計では，**海洋プラスチックごみは中国，インドネシアなどの東，東南アジアの国々からの発生が多いとされています。**誤り。

（ウ）（一社）プラスチック循環利用協会の資料によると，2017 年の廃プラスチックの総排出量は 903 万トンで，マテリアルリサイクルとケミカルリサイクル量は 251 万トンです。JETRO のレポートによると，143 万トンが中国を中心にマテリアルリサイクルの材料として輸出されています。半数以下とあるのは誤りです。

（エ）「プラスチック資源循環戦略」に従来からの 3R に加えて，**Renewable（再生可能資源への代替）を付け加えること**が明記されています。正しい。

（オ）2019 年に策定された「海洋プラスチックごみ対策アクションプラン」に明記されています。正しい。

以上から，正誤の組合せとして，最も適切なのは，正，誤，誤，正，正となります。　　　　　　　　　　　　　　　　　　　　　　　　　　　　**答** ②

■5-1-3■大気汚染，水質汚濁対策

公害問題の始まりとなったのは，大気汚染と水質問題でした。その後の公害対策

技術の進歩や法整備のおかげで，環境は改善されてきましたが，モータリゼーションの普及による排ガスと清掃工場での焼却処理の増加から**光化学オキシダントやダイオキシン**が新たな問題となってきています。また下水道はその人口普及率が80%以上になったものの，未普及地域完全解消には程遠い状況にあります。生活環境の保全に関する環境基準のうち**BOD または COD の達成率**については，**河川で 94.1%，湖沼で 50.0%，海域で 80.5%**となっています。このような背景からダイオキシンや BOD，COD に関する問題が出題されています。表3.5.3 に大気汚染，水質汚濁関係用語を示します。

表3.5.3　大気汚染，水質汚濁関係用語

二酸化硫黄	硫黄分を含む石炭や石油などの燃焼によって生じ呼吸器疾患や酸性雨の原因となります。亜硫酸ガスともいわれ，足尾鉱山鉱毒事件や四日市ぜんそくや酸性雨の原因物質でもあります。
二酸化窒素	物質の燃焼工程から発生する物質で，呼吸器疾患を引き起こす物質であるとともに**光化学オキシダントの原因物質**でもあります。空気を高圧に圧縮するディーゼル車からの排出が多いとされています。
光化学オキシダント	工場や自動車から排出される窒素酸化物や揮発性有機化合物等が太陽光により光化学反応を起こして生成される酸化性物質の総称です。強い酸化作用から健康被害を起こす光化学スモッグの原因となります。
一酸化炭素	有機物の不完全燃焼によって発生し，ヘモグロビンと結合することで酸素運搬機能を阻害する等の健康影響のほか，**メタンの大気寿命を長くする**とされています。
PM2.5	粒径10μm 以下の浮遊粒子状物質のうち，肺胞に最も付着しやすい**粒径2.5 μm 以下**の大きさを有するものを指します。
ダイオキシン類対策	ごみ焼却施設では炉内の温度管理や滞留時間確保等による完全燃焼，及び**ダイオキシン類の再合成を防ぐために排ガスを200℃以下に急冷する等が有効**とされています。
下水処理	主に沈殿により**固形物を分離する一次処理**，**活性汚泥法等**，**微生物を使って有機物を除去する二次処理**，**窒素・リン・有機物等を除去する三次処理（高度処理）**があります。
安定型処分場	安定5品目と呼ばれる廃プラスチック類，ゴムくず，金属くず，ガラスくず・コンクリートくず及び陶磁器くず，がれき類等の産業廃棄物で有害物や有機物等が付着していないものを埋立処分されます。
管理型処分場	溶出濃度が埋立処分判定基準に適合した有害物質を含む産業廃棄物を処分する埋立処分場で，環境保全対策として遮水工や浸出水処理設備を設けること等が義務付けられています。
原位置浄化技術	土壌汚染の対策技術で，掘削除去をせず原位置で化学的作用や生物学的作用等により浄化する技術です。費用も安く環境負荷も小さいですが，時間がかかり，効果確認が難しいことから掘削除去の実績が多い状況です。

■5-1-4■気候変動対策

18 世紀の後半にイギリスから始まった産業革命は大量生産の時代を迎えますが，これはエネルギー資源を大量に消費する時代が始まったことでもありました。石炭・石油等の化石燃料や森林資源等を大量に消費し，煤塵や有害物質等による大気汚染，水質汚濁等の環境問題を引き起こすことになりました。ただ初期のころは大量生産の中心地となった都市部近郊に限られ，特定の国や地域に限られた問題でした。

1980 年代初め頃になって，オゾンホールが発見され，地球規模の環境問題が始まりました。オゾン層は地表から 10〜50km の高さに広がって，地球の大気を形成する成層圏に多く存在しており，太陽から来る有害な紫外線を吸収し，地球の生態系を守る役目をしています。しかし 20 世紀中頃になり，冷媒や洗浄剤として使用され始めたフロン類等が大気中に放出され，オゾン層が破壊され，オゾン濃度の低い南極上空等でオゾン層に穴が開いた状態がオゾンホールです。皮膚がんの原因や植物の遺伝子に影響があるとされています。

1987 年にモントリオール議定書が採択され，世界的なフロン規制が始まりました。オゾン層の破壊は塩素原子や一酸化窒素によりオゾンが分解されることが原因とわかったので，オゾン層破壊に影響が強いクロロフルオロカーボン（CFC）を特定フロンとして指定し，製造及び輸入が禁止されました。また塩素を含まず，オゾン層を破壊しにくい代替フロンとして，ハイドロクロロフルオロカーボン（HCFC），ハイドロフルオロカーボン（HFC）が使われるようになりました。この結果，オゾンホール拡大は 2000 年代初め頃に収まり，徐々に回復しつつあり，国連の環境に関する補助機関は，南極上空のオゾン層は 2066 年頃に回復する見込みと予測しています。

もう一つ地球規模の環境問題は地球温暖化（気候変動）で，現在の最重要課題といえます。1980 年に国際自然保護連合（IUCN）が世界保全戦略と題する行動指針を発表し，「持続可能な開発」（Sustainable Development）という概念を初めて使いました。これは木材や紙の生産の増大のために熱帯雨林が急速に乱獲され，荒廃と急激な熱帯雨林面積の減少がきっかけでした。

1992 年にブラジルのリオデジャネイロにおいて「環境と開発に関する国連会議（地球サミット）」が開催され，**「気候変動枠組条約」と「生物多様性条約」**が採択されました。1994 年に発効し，1995 年から約 200 か国の気候変動枠組条約締結国により締結国会議（COP：Conference of the Parties，COP1：ドイツ　ベル

リン）が毎年開催されています。COP29 は 2024 年にアゼルバイジャンで開催され
る予定になっています。重要なものは**1997 年に京都で開催され京都議定書が採
択された COP3** と **2015 年にフランスのパリで開催され，パリ協定が採択さ
れた COP21** です。京都議定書ではそれまでは努力目標であった温室効果ガスの
排出量に（先進国だけでしたが）数値目標を設定して，その排出削減を法的に義務
づけました。またパリ協定では 2020 年以降の取組として，途上国を含むすべての
参加国・地域に排出削減の努力を求めました。

　また気候変動対策を科学的に進めるために 1988 年に評価報告書 IPCC（Inter-
governmental Panel on Climate Change）という政府間組織を設け，定期的な評価報
告書を発行して対策の効果，想定される被害等の科学的知見を提供しています。

　表 3.5.4 に気候変動関係用語を示します。

表 3.5.4　気候変動関係用語

カーボンフットプリント	食品や日用品等について，原料調達から製造・流通・販売・使用・廃棄の全過程を通じて排出される温室効果ガス量を二酸化炭素に換算し，「見える化」したものです。
二国間オフセット・クレジット制度	途上国への優れた低炭素技術等の普及や対策実施を通じ，実現した温室効果ガスの排出削減・吸収へのわが国の貢献を定量的に評価し，わが国の削減目標の達成に活用する制度です。
緩和策と適応策	温暖化対策は温暖化の原因を抑制する「緩和」（mitigation）と，温暖化への「適応」（adaptation）の二つに大別でき，**緩和策は温室効果ガスの排出の抑制等を図ること**をいいます。また**適応策は既に現れている影響や中長期的に避けられない影響による被害を回避・軽減すること**をいいます。
温室効果ガス（GHG：greenhouse gas）	京都議定書の対象としては二酸化炭素（CO_2），メタン（CH_4），亜酸化窒素（N_2O，一酸化二窒素），ハイドロフルオロカーボン類（HFCs），パーフルオロカーボン類（PFCs），六フッ化硫黄（SF_6）の 6 種類です。
地球温暖化係数（GWP：global warming potential）	二酸化炭素を基準の 1 として，各種ガスがどれだけ温暖化に影響するか，その強さを表した数値です。メタン：25，一酸化二窒素：310，フロン類：数百～15,000，6 フッ化硫黄：22,800，3 フッ化窒素：17,200となっています。
京都議定書	1997年に「第 3 回気候変動枠組条約締約国会議（COP3）」が京都で開かれ，ここで取り交わされた枠組みで温暖化の原因は先進国にあるという考えから先進国は2012年までに排出量を削減する目標を設定することが求められましたが，開発途上国は削減の義務を負いませんでした。2020年までの地球温暖化対策の枠組みが示され気候変動に対する国際的な取組みの歴史的な転換点となりました。

表3.5.4　気候変動関係用語（続き）

ゼロカーボンシティ	2050年までに温室効果ガス又は二酸化炭素の排出量を実質ゼロにすることを目指す旨を表明した地方自治体をいいます。2023年末現在で1,013自治体（46都道府県，570市，22特別区，327町，48村）が表明しています。

問題3-5-2　気候変動に対する様々な主体における取組に関する次の記述のうち，最も不適切なものはどれか。

①　RE100は，企業が自らの事業の使用電力を100%再生可能エネルギーで賄うことを目指す国際的なイニシアティブであり，2020年時点で日本を含めて各国の企業が参加している。

②　温室効果ガスであるフロン類については，オゾン層保護の観点から特定フロンから代替フロンへの転換が進められてきており，地球温暖化対策としても十分な効果を発揮している。

③　各国の中央銀行総裁及び財務大臣からなる金融安定理事会の作業部会である気候関連財務情報開示タスクフォース（TCFD）は，投資家等に適切な投資判断を促すため気候関連財務情報の開示を企業等へ促すことを目的としており，2020年時点において日本国内でも200以上の機関が賛同を表明している。

④　2050年までに温室効果ガス又は二酸化炭素の排出量を実質ゼロにすることを目指す旨を表明した地方自治体が増えており，これらの自治体を日本政府は「ゼロカーボンシティ」と位置付けている。

⑤　ZEH（ゼッチ）及びZEH-M（ゼッチ・マンション）とは，建物外皮の断熱性能等を大幅に向上させるとともに，高効率な設備システムの導入により，室内環境の質を維持しつつ大幅な省エネルギーを実現したうえで，再生可能エネルギーを導入することにより，一次エネルギー消費量の収支をゼロとすることを目指した戸建住宅やマンション等の集合住宅のことであり，政府はこれらの新築・改修を支援している。

[出題：令和3年度　I-5-1]

解　説　①適切。環境省 RE100 に **Renewable Energy 100% の略称で**「RE100とは，企業が自らの事業の使用電力を100%再エネで賄うことを目指す国際的なイニシアティブで，世界や日本の企業が参加しています。」と記述されています。

②不適切。環境省フロン対策室に「オゾン層保護のため，オゾン層を破壊する特定フロン【ハイドロクロロフルオロカーボン類（HCFCs）】からオゾン層を破壊しない**代替フロン【ハイドロフルオロカーボン類（HFCs）】**に転換を実施してきました。しかし**代替フロンは二酸化炭素の数百倍～数万倍の温室効果**があり，地球温暖化対策のため GWP（地球温暖化係数）の大きい代替フロンから，小さい**グリーン冷媒【HFO（ハイドロフルオロオレフィン）や二酸化炭素，ア**ンモニア，炭化水素など】への転換が必要です。」とあります。

③適切。**気候関連財務情報開示タスクフォース【（Task Force on Climate-related Financial Disclosures）（TCFD）】**は 2017 年に気候変動関連リスク，及び機会に関するガバナンス・戦略・リスク管理・指標と目標の 4 項目についての財務情報を開示することを推奨しています。日本でも TCFD コンソーシアム設立により賛同機関数が増え 2020 年 7 月現在で 287 社となっています。

④適切。2050 年までに CO_2 などの温室効果ガスの人為的な発生源による排出量と，森林等の吸収源による除去量との間の均衡により，二酸化炭素実質排出量ゼロに取り組むことを表明した地方公共団体「ゼロカーボンシティ」が増えつつあります。

⑤適切。ZEH（ゼッチ）（ネット・ゼロ・エネルギー・ハウス）及び ZEH-M（ゼッチ・マンション）とは，「外皮の断熱性能等の向上と高効率な設備システムの導入で大幅な省エネルギーを実現し，かつ再生可能エネルギーの導入により，一次エネルギー消費量の収支をゼロとする戸建住宅やマンション等の集合住宅」。普及に向けて，政府が仕様の標準化や補助金などの支援をしています。

以上から，最も不適切なものは②です。　　　　　　　　　　　　 答 ②

■5-1-5■生物多様性の保存

循環型社会形成推進基本法と生物多様性基本法は環境基本法の下位法との位置づけで，日本の環境政策の理念を実現する具体的な施策を規定しています。表 3.5.5 に生物多様性の保存関係用語を示します。

表3.5.5　生物多様性の保存関係用語

遺伝子組換え生物	生物多様性に悪影響を及ぼすおそれのある遺伝子組換え生物等の移送，取扱い，利用の手続き等について，国際的な枠組みに関する議定書が採択されています。
移入種（外来種）問題	在来の生物種や生態系に様々な影響を及ぼし，在来種の絶滅を招くような重大な影響を与えるもの（侵略的外来種）の中から「特定外来生物」として規制・防除の対象として指定します。特定外来生物は必要に応じて国や自治体が防除を行うことを定めています。
生物多様性条約	1992年にリオデジャネイロで開催された国連環境開発会議において署名のため開放され，所定の要件を満たしたことから，翌年発効しました。
30 by 30	2030年までに陸と海の30%以上を健全な生態系として効果的に保全しようとする目標です。
生物多様性国家戦略 2023-2030	生物多様性条約及び生物多様性基本法に基づく，生物多様性の保全と持続可能な利用に関する国の基本的な計画で，1995年（平成7年）に最初の生物多様性国家戦略を策定し，現行は2023年（令和5年）に策定した第六次戦略「生物多様性国家戦略2023-2030」となり，五つの基本戦略と，基本戦略ごとの状態目標（全15個）・行動目標（全25個）を設定しています。

5-2 ｜ エネルギー

　エネルギーは①エネルギー需給，②エネルギー多様化，③エネルギー消費から2問出題されます。

　「エネルギー」分野では長期エネルギー見通しとエネルギーの多様化，特に再生可能エネルギー（太陽光，風力，水力，地熱，太陽熱，大気中の熱その他の自然界に存する熱，バイオマス）が頻出問題となっています。

■5-2-1■エネルギー需給

　エネルギー需給では石油・天然ガス等の化石資源の分布が偏っている問題や，移送や輸入に伴う地政学的リスクを問う問題と国内のエネルギーミックスの見通しに関する問題が多く出題されます。近年はロシアのウクライナ侵攻やパレスチナ・イスラエル戦争の勃発と長期化により，天然ガス（LNG）や石油のエネルギー安全保障に関係する出題が増えると予想されます。毎年報告されるエネルギーに関する年次報告（エネルギー白書）と2021年（令和3年）に発表された「2030年度におけるエネルギー需給の見通し」が重要な資料です。

　日本の原油の輸入は中東依存率が 90%以上と高く，いわゆる**チョークポイント**
と呼ばれるマラッカ海峡やホルムズ海峡を通過する必要があり，地政学的リス
クが高いとされてきました。一方，LNG はこのようなリスクが低く，エネルギー
安全保障の点で優れたエネルギーとして使用量を増やしてきた経緯があります。し
かしながら，ロシアのウクライナ侵攻により，ロシアからの天然ガスパイプライン
に依存してきた EU 各国はエネルギー源の転換を迫られました。これに伴う**LNG**
需要の急増により LNG 価格は大きく高騰しました。また日本は輸入する LNG
の約 10%をロシアに依存しており，共同開発を進めるサハリン LNG，原油プロジ
ェクトの継続と G7 各国によるロシアへの経済制裁措置との対応に苦慮していま
す。図 3.5.1 に近年の原油の国別輸入先の内訳を，図 3.5.2 の近年の LNG の輸入
先の内訳をそれぞれ示します。

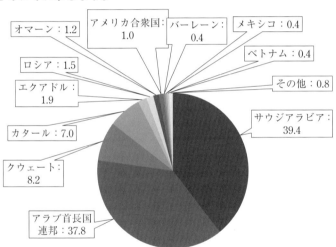

図 3.5.1　原油の国別輸入先　（2022 年速報値，単位%，出典：財務省貿易統計）

▼アドバイス△　エネルギー白書は第 1 部の「エネルギーを巡る状況と主な対策」，
第 2 章「エネルギーセキュリティを巡る課題と対応」，第 1 節「世界的なエネルギー
の需給ひっ迫と資源燃料価格の高騰」と第 2 部の「エネルギー動向」，第 1 章「国
内エネルギー動向」，第 1 節「エネルギー需給の概要」の部分が重要です。「2030
年度におけるエネルギー需給の見通し」は「基本的な考え方」の部分に目を通して
おくとよいと思います。

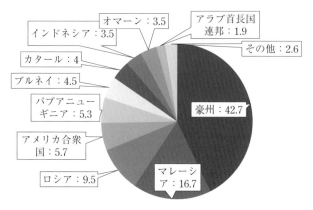

図 3.5.2　LNG の輸入先　（2022 年速報値，単位％，出典：財務省貿易統計）

「2030 年度におけるエネルギー需給の見通し」

1. エネルギー需給全体

2030 年度のエネルギー需要は 2 億 8,000 万 kl 程度を見込みます。一次エネルギー供給は，4 億 3,000 万 kl 程度を見込み，その内訳は，石油等が 31％程度，再生可能エネルギーが 22～23％程度，石炭が 19％程度，天然ガスが 18％程度，原子力が 9～10％程度，水素・アンモニアが 1％程度となります。

2. 電力の需給構造

2030 年度の電力需要は 8,640 億 kWh 程度，総発電電力量は 9,340 億 kWh 程度を見込みます。電力供給部門については，S＋3E の原則を大前提に，徹底した省エネルギーの推進，再生可能エネルギーの最大限導入に向けた最優先の原則で取り組みます。

①再生可能エネルギー

電源構成では 36～38％程度を見込みます。

②原子力

20～22％程度を見込みます。

③火力

LNG 火力は 20％程度，石炭火力は 19％程度，石油火力等は必要最小限の 2％程度を見込みます。水素・アンモニアによる発電を 1％程度見込みます。

　日本のエネルギー政策の基本方針として S＋3E が上げられます。これは安全性（Safety）を大前提とし，自給率（Energy Security），経済効率性（Economic Efficiency），環境適合（Environment）の三つの E を同時に達成する取組みです。

　自給率は 2019 年では 12.1％程度の実績ですが，東日本大震災以前の約 20％を上回る 30％を 2030 年度に達成することを目指しています。

　経済効率性では電力コストを 2013 年の 9.7 兆円を 2030 年度に 8.6〜8.8 兆円と約 10％低減した目標を掲げています。

　環境適合では温室効果ガス排出量を 2030 年度に 2013 年度比 46％低減し，2050 年にカーボンニュートラルを達成するとなっています。

　表 3.5.6 にエネルギー需給関係用語の例を示します。

表 3.5.6　エネルギー需給関係用語

GX（グリーントランスフォーメーション）	脱炭素社会を実現するために，石炭や石油，天然ガス等の化石エネルギーに頼る社会から，太陽光や風力発電のようなクリーンエネルギーを中心とする社会へ産業構造・社会構造を転換する取組みのことをいいます。
カーボンニュートラル	緑化や炭酸ガスの回収・貯蔵（CCS）等により**温室効果ガスの排出量から吸収量と除去量を差し引いた量をゼロにする温暖化対策**をいいます。日本やアメリカ合衆国など世界の120以上の国が2050年まで達成することを表明しています。

問題3-5-3　2015 年 7 月に経済産業省が決定した「長期エネルギー需給見通し」に関する次の記述のうち，最も不適切なものはどれか。

①　2030 年度の電源構成に関して，総発電電力量に占める原子力発電の比率は 20-22％程度である。

②　2030 年度の電源構成に関して，総発電電力量に占める再生可能エネルギーの比率は 22-24％程度である。

③　2030 年度の電源構成に関して，総発電電力量に占める石油火力発電の比率は 25-27％程度である。

④　徹底的な省エネルギーを進めることにより，大幅なエネルギー効率の改善を見込む。これにより，2013 年度に比べて 2030 年度の最終エネルギー消費量の低下を見込む。

⑤　エネルギーの安定供給に関連して，2030 年度のエネルギー自給率は，東日本大震災前を上回る水準（25％程度）を目指す。ただし，再生可能エネルギー及び原子力発電を，それぞれ国産エネルギー及び準国産エネルギーとして，エネルギー自給率に含める。

［出題：令和元年度　I-5-3］

解　説　　経済産業省はエネルギー基本計画の安全性，安定供給，経済効率性及び環境適合の四つの基本的視点から 2030 年度のエネルギー需給構造の見通しを作成しました。最終エネルギー消費を 2013 年度比で 5 百万 kl 程度の省エネルギーによって，2030 年度のエネルギー需要を 326 百万 kl 程度，エネルギー自給率は 24.3% 程度に改善を見込みます。エネルギー起源 CO_2 排出量は，2013 年度総排出量比 21.9% 減となります。電源構成は石油 3% 程度，石炭 26% 程度，LNG27% 程度，原子力 22〜20% 程度，再エネ 22〜24% 程度を見込んでいます。

　①，②，④，⑤は正しい記述です。③不適切。2015 年に経産省が発表した「**長期エネルギー需給見通し**」では石油火力発電の比率は 3% 程度で正しくありません。石油火力発電は化石燃料発電の中でも一番コストが高く，資源の中東依存度低減のため必要最小限としています。　　　　　　　　　　　　　　**答**　③

■5-2-2■エネルギー多様化

　エネルギー多様化の問題は日本のエネルギー政策の基本方針とされる S+3E（Safety＋Energy Security，Economic Efficiency，Environment）の観点からみると，次のようにとらえることができます。

　Safety では 2011 年の東日本大震災により発生した東京電力福島第一原子力発電所事故（1F）を契機に原子力発電に対する信頼は大きく崩れました。原子力規制委員会が従来の安全基準を強化した新たな規制基準を設け，審査に合格した施設については一部再稼働を始めています。しかし 1F の廃炉作業や放射性廃棄物の最終処分には膨大な費用と時間が見込まれています。また今後，続々と発生する長期間の運転を経過した既存原発の廃炉作業は，日本では経験がなく，その実効性や費用の予測も難しい状況です。

　Energy Security の面では 2022 年に始まったロシアによるウクライナへの侵攻が大きな変換点となりました。エネルギー資源の高騰とともに，ホルムズ海峡を通るタンカーに頼る中東の石油資源と同様に，世界的な資源国であったロシアへの依存が地政学的リスクを見直す契機となりました。

　Economic Efficiency からは再生可能エネルギーの拡大のために設けた，再生可能エネルギー発電促進賦課金の増加の問題があげられます。

　Environment では地球温暖化対策としての新しい非化石エネルギーの利用の拡大があげられます。洋上風力発電や地熱発電が有望とされていますが，多くの課題もあります。

　世界の発電電力量を電源別にみると図3.5.3のようになります。1970年代まで
は石油が主力でしたが1980年代以降はガス（天然ガス，LNG）石炭の比率が高く
なりました。2010年代からは地球温暖化の問題から石炭火力廃止の圧力が強まり，
再生可能エネルギーが拡大しています。

▼**アドバイス**△　発電電力量に占める電源エネルギーの種類は国ごとに特徴があ
り，日本は石炭火力の高効率化を追求し，再生可能エネルギーはコストが高いため
に普及が遅れてきました。中国は石炭の自給率が高いため低コストの石炭火力の割
合が高く，欧州は再生可能エネルギーに力を入れています。アメリカはシェールガ
スの利用拡大によりガス発電の比率が伸び，石炭火力が減る傾向にあります（図
3.5.3参照）。

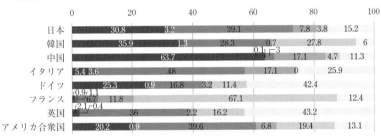

図3.5.3　世界の発電電力量に占める各電源の割合（2020年）
出典：IEA「World Energy Balances 2022 Edition」

▼**アドバイス**△　再生可能エネルギーの中で大きな割合を占める太陽電池の生産
は2007年まで日本が世界でトップでしたが，2013年をピークに減少傾向となり，
価格競争の結果2021年では中国が世界の3/4を占め，アジアの諸国が続く構図と
なり，日本は1％程度になっています。今後はシリコン系に代わる軽量，フレキシ
ブルなペロブスカイト太陽電池の開発に注力しています（図3.5.4参照）。

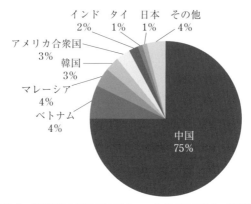

図 3.5.4　世界の太陽電池モジュール生産量割合（2021 年）
出典：IEA Photovoltaic Power Systems Programme（PVPS）
「Trends in Photovoltaic Applications 2022」

▼**アドバイス**△　気候に左右されない安定した再生可能エネルギーとして，地熱発電の日本の資源量は世界第 3 位の規模が見込まれ注目されています。しかしながら国立公園内であることが多く，温泉事業者への関係調整に時間を要し，導入は遅れています（図 3.5.5 参照）。

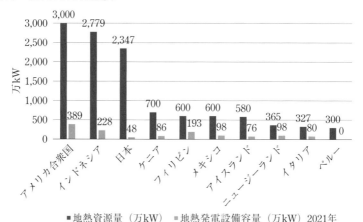

図 3.5.5　主要国における地熱資源量と地熱発電設備容量（2021 年）
出典：エネルギー白書 2023

表 3.5.7 にエネルギー多様化関係用語を示します。

表3.5.7　エネルギー多様化関係用語

一次エネルギー・二次エネルギー	自然界から直接取り出されたエネルギーで，石炭，石油，天然ガス等の化石燃料や原子力等の枯渇性エネルギーと水力，風力，太陽光，地熱，薪等の再生可能エネルギーがあります。一次エネルギーを変換・加工したものが二次エネルギーで電気，都市ガス，LPガス等をいいます。
一次電池・二次電池	一次電池とは，マンガン乾電池のように一度で使いきりとなり，再び使用できない電池です。二次電池とは，リチウムイオン電池やニッケル水素電池のように，充電して再び使用することのできる電池です。
電気二重層キャパシタ	コンデンサの原理を使った充電池で，急速な充放電が可能で，充放電サイクル寿命が優れています。一部の乗用車に搭載され始めています。
コンバインドサイクル発電	天然ガスの燃焼ガスのエネルギーを利用して，まずガスタービンを駆動し，その廃熱を用いた蒸気ボイラの蒸気で蒸気タービンを駆動することにより，発電効率を飛躍的に改善しています。
燃料電池	「水の電気分解」と逆の原理で発電するものです。水素と酸素を電気化学的に反応させて電気を作ります。化石燃料による発電と違ってCO_2が発生しない脱炭素社会の切り札とされています。
揚水式水力発電	余剰電力の時間帯に低所の水を高所にくみ上げ，その位置エネルギーを利用して，電力需給のひっ迫する時間帯に発電するもので，発電というより電力貯蔵システムです。
未活用エネルギー	廃棄物発電，廃タイヤ直接利用，廃プラスチック直接利用の「廃棄物エネルギー回収」，RDF，廃棄物ガス，再生油，RPFの「廃棄物燃料製品」，廃熱利用熱供給，産業蒸気回収，産業電力回収の「廃棄エネルギー直接利用」が含まれます。
水素社会	化石燃料の代わりに水素を発電，輸送，製鉄，化学産業の主材料と位置付ける社会のことをいいます。
グリーン水素	水を電気分解し，水素と酸素に還元することで生産される水素をいいます。
ブルー水素	原材料の化石燃料を蒸気メタン改質や自動熱分解等で作られる水素で，同時に発生する二酸化炭素を回収貯蔵するものです。二酸化炭素をそのまま大気に排出するものはグレー水素と呼ばれます。
水素還元製鉄	コークスを使う高炉法に代わって，水素により鉄鉱石を還元してCO_2が発生しない製鉄法が開発されつつあります。鉄鉱石と水素の反応が吸熱反応であり，温度の維持が課題です。
FIT制度	Feed-in Tariff の略。再エネ特措法に基づく固定価格買取制度で，太陽光，風力，水力，地熱，バイオマスの5種類がその対象となるエネルギーです。買取価格は，経済産業大臣により，毎年度，定められ，電気の使用者は，使用した電気の量に応じた賦課金を請求されます。
FIP制度	Feed-in Premium の略。発電事業者が自ら卸電力取引市場等で売電したとき，その売電価格に対して一定のプレミアムを交付する制度をいいます。

表3.5.7　エネルギー多様化関係用語（続き）

対価支払型DR	変動の大きい風力発電や太陽光発電の普及により，電気の需要と供給のバランスがくずれ，大規模な停電などのトラブルが懸念されるので，電力需要のピーク時に節電を行うこと（DR：デマンドレスポンス）を電力会社と需要家が契約する仕組みで，節電に応じた対価が需要家に支払われる節電プログラムです。
ペロブスカイト太陽電池	ペロブスカイト結晶構造をもつ有機系の材料で，従来のシリコン系太陽電池に比べ薄く，塗布や印刷技術で製造できるので低コストのゆがみに強い薄膜状電池が可能といわれています。耐久性と変換効率の向上が課題です。
浮体式洋上風力発電	2030年までに1,000万kW，2040年までに浮体式洋上風力発電も含め3,000万～4,500万kWの洋上風力発電の導入を目標とすることを打ち出しました。
燃料アンモニア	窒素と水素の化合物であるアンモニアを燃料として用いて，石炭との混焼による二酸化炭素低減が図られています。

　エネルギー関連では，簡単な計算問題として，天然ガスや水素を液化する事による容積減少を問う問題があります。温度が一定のとき，理想気体の体積 V と圧力 p は反比例するボイルの法則と圧力が一定のとき，理想気体の体積 V は絶対温度 T に比例するというシャルルの法則から導かれる理想気体の状態方程式をよく理解しておけば難しい問題ではありません。

▼アドバイス△　同温・同圧のすべての理想気体は同体積中に同数の分子を含んでいるとするアボガドロの法則を言い換えた「理想気体1molの体積は標準状態（0℃，1atm）で，22.4リットルである」から計算した方が簡単かもしれません。

問題3-5-4　天然ガスは，日本まで輸送する際に容積を小さくするため，液化天然ガス（LNG, Liquefied Natural Gas）の形で運ばれている。0［℃］，1気圧の天然ガスを液化すると体積は何分の1になるか，次のうち最も近い値はどれか。

　なお，天然ガスはすべてメタン（CH_4）で構成される理想気体とし，LNGの密度は温度によらず425［kg/m^3］で一定とする。

　　①　1/400　　②　1/600　　③　1/800　　④　1/1000　　⑤　1/1200

[出題：令和5年度　I-5-4]

解　説　気体の状態方程式は $PV=nRT$ で表されます。

　ただし，P は圧力［Pa］，V は体積［L］，n は物質量［mol］，T は絶対温度［K］，R は気体定数 $=8.31\times10^3$［Pa·L（/ mol·K）］です。また，n は質量 w［g］と分子量 M を使って

$$n = \frac{M}{w}$$

で表され，天然ガスをすべてメタン（CH$_4$）とすると，分子量は16になります。ここで，1g，0℃，1気圧の天然ガスの状態方程式は

$$1.013 \times 10^5 \,[\text{Pa}] \times V \,[\text{L}]$$

$$= \frac{1}{16} \times 8.31 \times 10^3 \times 273 \,[\text{K}]$$

$$V\,[\text{L}] = \frac{\frac{1}{16} \times 8.31 \times 10^3 \times 273}{1.013 \times 10^5} = 1.40\,[\text{L}] \cdots\cdots (1)$$

LNG の比体積は密度425 $[\text{kg/m}^3]$ の逆数なので，1g の LNG の体積は $\frac{1}{425}$ =0.00235 $[\text{L}]$ となり，両者の体積を比較すると

$$1.40 \div 0.00235 = 595.7 \fallingdotseq 600$$

液化により，約 1/600 となります。 答 ②

■5-2-3■エネルギー消費

　経済産業省が発行した「エネルギー白書2023」には国内エネルギーの消費として以下のように記載されています。

　家庭部門のエネルギー消費は，生活の利便性・快適性を追求する国民のライフスタイルの変化や，世帯数増加等の社会構造変化の影響を受け，1965年度から2005年度にかけて個人消費の伸びとともに増加しました。第一次石油危機の1973年度の家庭部門のエネルギー消費を100とすると，2005年度には221.4まで拡大しました。その後，省エネ技術の普及と国民の環境保護意識や節電等の省エネ意識の高まりから，低下傾向となりました。2021年度は新型コロナ禍からの経済回復により，外出機会が増えたこと等により，家庭でのエネルギー消費は前年度を下回る181となりました。

　用途別に見ると，家庭用エネルギー消費の2021年度におけるシェアは，動力・照明他（32.9％），給湯（28.7％），暖房（26.3％），ちゅう房（9.7％），冷房（2.4％）の順となりました。特に動力・照明他の割合が大きくなっています。エネルギー源別には1965年度頃までは，家庭部門のエネルギー消費の3分の1以上を石炭が占めていました。その後は主に灯油に代替され，1973年度には石炭の割合はわずか6％程度になりました。この時点では，灯油，電力，ガス（都市ガス及びLPガス）

がそれぞれ約3分の1のシェアでしたが，その後，エアコン等の新たな家電製品の普及・大型化・多機能化等によって電気のシェアは大幅に増加しました。また，オール電化住宅の普及拡大もあり，2013年度には電気のシェアは初めて50%を超え，2021年度は50.3%でした。表3.5.8にエネルギー消費関係用語の分類を示します。

表3.5.8　エネルギー消費関係用語

家庭のエネルギー消費	用途別に見ると，約3割が給湯用のエネルギー，**暖房のエネルギー消費量は冷房のエネルギー消費量の約10倍です。** エネルギー種別に見ると，約5割が電気です。電気冷蔵庫，テレビ，エアコン等の電気製品は，エネルギーの使用の合理化等に関する法律（省エネ法）に基づく「トップランナー制度」の対象になっており，エネルギー消費効率の基準値が設定されています。年間電力消費量のうち，約5%が待機時消費電力として失われています。
スマートグリッド	電力の利用効率を高めたり，需給バランスを取ったりして，電力を安定供給するための新しい電力送配電網のことをいいます。スマートグリッドの構築は，再生可能エネルギーを大量導入するために不可欠なインフラの一つになります。
スマートコミュニティ	ICT（情報通信技術）や蓄電池などの技術を活用したエネルギーマネジメントシステムを通じて，分散型エネルギーシステムにおけるエネルギー需給を総合的に管理・制御する社会システムのことをいいます。
スマートハウス	省エネ家電や太陽光発電，燃料電池，蓄電池等のエネルギー機器を組み合わせて利用する家のことです。
スマートメーター	従来の「アラゴの円盤」の原理を用いた機械式電気メーターに置き換わるもので，計測した電圧・電流をデジタル化し，通信機能をつけた次世代電力メーターです。スマートグリッド要素として一般電気事業者が導入を進めています。検針員による読取りを省力化しました。
HEMS（Home Energy Management System）	家庭のエネルギー管理システムであり，家庭用蓄電池やEVといった蓄電機器と，太陽光発電，家庭用燃料電池等の創エネルギー機器を最適なバランスに制御し効率的なエネルギー消費を図るシステムです。

5-3 技術史等

「技術」からは①科学史・技術史，②科学技術とリスク，③知的財産，④科学者・技術者の倫理の4項目から2問ずつ出題されます。

■5-3-1■科学史・技術史

「技術」分野では科学史・技術史の年代順を問うものや，科学的な発見と技術的

な応用のかかわりを問うものが多く出題されています。

表 3.5.9 は平成 21 年から令和 5 年まで 14 年間に出題された問題を科学史・技術史の業績を年代順に並べたものです。表の右側には過去 10 年間の出題年度と出題頻度も掲載していますので，参考にしてください．

表 3.5.9　過去に出題された，科学史・技術史上の代表的な業績

年次	業績名	人物	国名	出題頻度	最近出題年
1583	振り子の等時性を発見しました。	ガリレオ・ガリレイ	イタリア		
1608	複数の人が望遠鏡に関する特許を出願しました。	ハンス・リッペルハイ等	オランダ	2	R1
1609	**オランダで望遠鏡の特許が出願された情報を知り，天体望遠鏡を製作し天体観測をしました。**	**ガリレオ・ガリレイ**	**イタリア**	**4**	**H27**
1656	振り子時計を製作しました。	クリスティアーン・ホイヘンス	オランダ	2	H27
1659	高性能望遠鏡を用い土星の環を確認しました。	クリスティアーン・ホイヘンス	オランダ	2	R1
1705	ハレー彗星の軌道計算により周期を予言しました。	エドモンド・ハレー	イギリス	2	R1再
1712	実用的な蒸気機関（大気圧機関）を開発しました。	トーマス・ニューコメン	イギリス	2	H26
1752	雷の電気的性質を証明しました。	ベンジャミン・フランクリン	アメリカ	1	H28
1769	**凝縮器をシリンダーから分離したワット式蒸気機関を発明しました。**	**ジェームズ・ワット**	**イギリス**	**6**	**R3**
1771	水力紡績機を発明しました。	リチャード・アークライト	イギリス	2	H27
1796	**牛痘を用いた安全な種痘法を開発しました。**	**エドワード・ジェンナー**	**イギリス**	**3**	**R2**
1800	異種の金属と湿った紙で電堆（電池）を作り定常電流を実現しました。	アレッサンドロ・ボルタ	イタリア	1	H29
1822,1837	コンピュータの原型の一つといわれる「階差機関」と「解析機関」を試作しました。	チャールズ・バベッジ	イギリス	1	H22
1828	無機化合物から有機化合物の尿素を初めて人工的に合成しました。	フリードリヒ・ヴェーラー	ドイツ	1	R4
1855	銑鉄から鋼を安価にかつ大量に製造する転炉法を開発しました。	ヘンリー・ベッセマー	イギリス	1	R4

表 3.5.9　過去に出題された，科学史・技術史上の代表的な業績（続き）

年次	業績名	人物	国名	出題頻度	最近出題年
1859	種の起源で進化の自然選択説を発表しました。	チャールズ・ダーウィン	イギリス	2	R1再
		アルフレッド・ラッセル・ウォレス	イギリス		
1864	電磁場の基礎方程式を四つの方程式にまとめ，電磁波を実験的に検出しました。	ジェームズ・クラーク・マクスウェル	イギリス	1	H22
1865	エンドウマメの種子の色等の性質に注目し植物の遺伝の法則性を発見しました。	グレゴール・ヨハン・メンデル	オーストリア	1	H29
1869	元素が物理的，化学的に一定の周期性を示す周期律を発表しました。	ドミトリ・メンデレーエフ	ロシア	2	R2
1876	実用的な電話を発明しました。	アレクサンダー・グラハム・ベル	アメリカ	2	R3
1877	蓄音機を実用化し，白熱電球を改良しました。	トーマス・エジソン	アメリカ	1	H29
1884	基材にロールフィルムを使った写真用フィルム乾板を発明しました。	ジョージ・イーストマン	アメリカ	2	H27
1888	**電磁波の発信機と受信機を用いて電磁波の存在を実験的に確認しました。**	**ハインリヒ・ヘルツ**	**ドイツ**	**2**	**R3**
1892	**細菌ろ過機を通過する病原体を発見しました。**	**ドミトリー・イワノフスキー**	**ロシア**	**2**	**R1**
	この病原体をウイルスと名付けました。	**マルティヌス・ベイエリンク**	**オランダ**		
1895	陰極線の実験を行う過程で未知の放射線を発見しX線と名付けました。	ヴィルヘルム・レントゲン	ドイツ	1	H29
1896	ウランが放射性元素であることを発見しました。	アンリ・ベクレル	フランス	2	H27
1897	赤痢菌を発見しました。	志賀潔	日本	1	R4
1898	放射性物質であるラジウム，ポロニウムを発見しました。	キュリー夫妻	フランス	2	H28
1903	ガソリンエンジン付き飛行機で人類初の動力飛行に成功しました。	ライト兄弟	アメリカ	1	H22
1907	増幅機能をもった初めての電子管としての三極真空管を発明しました。	リー・ド・フォレスト	アメリカ	2	H28

表 3.5.9　過去に出題された，科学史・技術史上の代表的な業績（続き）

年次	業績名	人物	国名	出題頻度	最近出題年
1911	放射線の飛跡を撮影できる霧箱を発明しました。	チャールズ・トムソン・リーズ・ウィルソン	イギリス	2	H26
1912	空気中の窒素からアンモニアを工業的に合成するハーバー・ボッシュ法を確立しました。	フリッツ・ハーバー	ドイツ	2	R3
1916	一般相対性理論を発表しました。	アルベルト・アインシュタイン	ドイツ・スイス・アメリカ	2	R1再
1917	強力磁石鋼のKS鋼を開発しました。	本多光太郎	日本	1	R4
1920年代	微視的な物理現象を解明する量子力学が誕生しました。	エルヴィン・シュレーディンガー, ヴェルナー・ハイゼンベルク	—	2	R1
1920～1930年代	実用的なレーダーが開発されました。	ロバート・ワトソン=ワット, クリスティアン・ヒュルスマイヤー	イギリス, ドイツ	2	R1
1928	溶菌酵素のリゾチームと抗生物質のペニシリンを発見しました。	アレクサンダー・フレミング	イギリス	1	H29
1931	交流電圧を用いて荷電粒子を加速するサイクロトロンを発明しました。	アーネスト・ローレンス	アメリカ	1	H29
1935	合成繊維ナイロンを開発しました。	ウォーレス・カロザース	アメリカ	4	R4
1938	原子核分裂を発見しました。	オットー・ハーン	ドイツ	2	R3
1942	シカゴ大学で原子炉を完成し，原子核分裂の連鎖反応の実現に成功しました。	エンリコ・フェルミ	イタリア, アメリカ	1	H22
1948	ベル研究所でトランジスタを発明しました。	ウィリアム・ショックレー, ジョン・バーディーン, ウォルター・ブラッテン	イギリス, アメリカ	4	R2
1951	高速増殖炉実験炉（EBR-I）により世界で初めての原子力発電に成功しました。		アメリカ	2	R1
1952	特定の軌道の電子が化学反応を支配するというフロンティア軌道理論を発表しました。	福井謙一	日本	1	R1再

▼**アドバイス**△　科学史・技術史の年代は単純な西暦だけではなく，1400 年
〜1600 年のルネッサンス期はイタリア，オランダの科学者が活躍しました。イギ
リスで綿工業に石炭を利用した蒸気機関を導入して，機械化することに始まった
1760 年〜1840 年の第一次産業革命期はイギリスを中心とした発明が多いです。エ
ネルギー源が石炭から電気・石油に変わり，重化学工業分野の技術革新が進む
1870 年〜1914 年の第二次産業革命期はドイツ，フランス，アメリカに広がり，第
一次世界大戦以降はアメリカが世界の科学史・技術史の中心を担うようになるとい
った，時代の背景と関連させると理解しやすいと思います。

問題3-5-5　次の（ア）〜（オ）の，社会に大きな影響を与えた科学技術の成
果を，年代の古い順から並べたものとして，最も適切なものはどれか。

（ア）　フリッツ・ハーバーによるアンモニアの工業的合成の基礎の確立
（イ）　オットー・ハーンによる原子核分裂の発見
（ウ）　アレクサンダー・グラハム・ベルによる電話の発明
（エ）　ハインリッヒ・ルドルフ・ヘルツによる電磁波の存在の実験的な確認
（オ）　ジェームズ・ワットによる蒸気機関の改良

① ア － オ － ウ － エ － イ
② ウ － エ － オ － イ － ア
③ ウ － オ － ア － エ － イ
④ オ － ウ － エ － ア － イ
⑤ オ － エ － ウ － イ － ア

［出題：令和 3 年度　I-5-5］

解説　（ア）フリッツ・ハーバーによるアンモニアの工業的合成の基礎の確
立は 1906 年。

（イ）オットー・ハーンによる原子核分裂の発見は 1938 年。
（ウ）アレクサンダー・グラハム・ベルによる電話の発明は 1876 年。
（エ）ハインリッヒ・R・ヘルツによる電磁波の存在の実験的な確認は 1887 年。
（オ）ジェームズ・ワットによる蒸気機関の改良は 1769 年。

以上から，年代を古い順に並べるとオ－ウ－エ－ア－イで，最も適切なものは④
です。

答 ④

■5-3-2■科学技術とリスク

最近，出題は増える傾向にあります。表3.5.10に関係用語の例を示します。

表3.5.10　科学技術とリスクマネジメント関係用語

科学技術コミュニケーション	科学者や技術者たちが，科学技術コミュニケーション活動に携わることは，**自らの活動に対して社会・国民が抱く様々な考え方を知り，研究者・技術者自身の社会への理解を深めるという意味でも極めて有意義です。**科学者や技術者たちが専門的な情報を発信するだけでは，社会にはなかなか受け入れられません。社会的ニーズや非専門家にとっての有効性等を理解し，**科学技術と社会との双方向コミュニケーションを促進すること**が必要です。
リスク評価	リスクの大きさを科学的に評価する作業で，その結果とともに技術的可能性や費用対効果などを考慮してリスク管理が行われます。

問題3-5-6　科学技術とリスクの関わりについての次の記述のうち，不適切なものはどれか

① リスク評価は，リスクの大きさを科学的に評価する作業であり，その結果とともに技術的可能性や費用対効果などを考慮してリスク管理が行われる。

② レギュラトリーサイエンスは，リスク管理に関わる法や規制の社会的合意の形成を支援することを目的としており，科学技術と社会との調和を実現する上で重要である。

③ リスクコミュニケーションとは，リスクに関する，個人，機関，集団間での情報及び意見の相互交換である。

④ リスクコミュニケーションでは，科学的に評価されたリスクと人が認識するリスクの間に往々にして隔たりがあることを前提としている。

⑤ リスクコミュニケーションに当たっては，リスク情報の受信者を混乱させないためにリスク評価に至った過程の開示を避けることが重要である。

［出題：令和4年度　I-5-5］

解　説　①適切。リスク評価はリスク解析とともにリスクアセスメントを構成し，リスク管理の中核をなす活動で，対策を実施すべきリスクを明らかにするとともに，優先順位を決めることが必要です。

②適切。レギュラトリーサイエンスは科学技術の成果を人と社会に役立てることを目的に，根拠に基づく的確な予測，評価，判断を行い，科学技術の成果を人と社会との調和のうえで最も望ましい姿に調整するための科学として，第4期科学技術

基本計画（平成 23〜27 年度）の推進方策に盛り込まれました。医薬品，医療機器の安全性，有効性，品質評価や審査指針や基準の策定等に使われます。

③適切。リスクコミュニケーションはリスクの性質，大きさ，重要性について，利害関係のある個人，機関，集団が，情報や意見を交換することです。

④適切。専門家がリスクを科学的に正確な表現をすることと，素人の認識に適した表現が必ずしも一致しないことが，リスクコミュニケーションの効果に影響を与えると認識することが重要です。

⑤不適切。リスク情報の受信者に適切な情報を開示することがリスクの理解を深めてもらうことにつながり，相互の信頼とリスク共有に役立つので，むやみに開示を避けることは好ましくありません。

以上から，最も不適切なものは⑤です。　　　　　　　　　　　　　　　答　⑤

■5-3-3■知的財産

知的財産に関する出題は頻度が低いですが，特許法と知的財産基本法についての出題になっています。

知的財産基本法の第 2 条の定義に**「知的財産」とは，発明，考案，植物の新品種，意匠，著作物その他の人間の創造的活動により生み出されるもの（発見又は解明がされた自然の法則又は現象であって，産業上の利用可能性があるものを含む。），商標，商号その他事業活動に用いられる商品又は役務を表示するもの及び営業秘密その他の事業活動に有用な技術上又は営業上の情報をいう」**と規定されています。また第 5 条に国の責務として「国は，知的財産の創造，保護及び活用に関する基本理念にのっとり，知的財産の創造，保護及び活用に関する施策を策定し，及び実施する責務を有する」と書かれています。

特許権の存続期間は，特許出願の日から 20 年をもって終了します（実用新案権の存続期間は，出願の日から 10 年です。商標権の存続期間は，設定登録の日から 10 年ですが，何度でも更新が可能です。著作権は著作者の生存期間と死後 70 年となっています）。

■5-3-4■科学者・技術者の倫理

技術者の倫理や責任に関する問題が出されますが，出題頻度も低く，常識を問う問題が多いです。

第4章
適性科目の研究

第4章　適性科目の研究

　適性科目は，技術士等の義務・責務等を遵守する適性を問う問題が出題されます。適性科目試験の目的は，受験者の「法及び倫理という規範を遵守する適性を測ること」にあります。

　規範とは，人々が行動する際に参考にする基準となるもので，「～べきである」と記述されます。法規範や社会規範がその典型であり，道徳規範，倫理規範，論理規範，芸術規範，行動規範や宗教規範等があります。技術士第一次試験の適性科目は「技術士法第4章（技術士等の義務）の規定の遵守に関する適性を問う問題」が出題されます。

　技術士法第4章には，技術士及び技術士補として遵守すべき「3義務・1制限・2責務」（表4.1）が書かれています。

表4.1　「技術士等の3義務1制限2責務」一覧

技術士等の3義務1制限2責務		技術士法での条
3義務	信用失墜行為の禁止（義務）	技術士法（第44条）
	秘密保持義務	技術士法（第45条）
	名称表示の場合の義務	技術士法（第46条）
1制限	技術士補の業務の制限等	技術士法（第47条）
2責務	公益確保の責務	技術士法（第45条の2）
	資質向上の責務	技術士法（第47条の2）

　本章では，この順に出題傾向分析に基づいて，出題頻度が高い問題の要点解説と関連過去問解説を行います。表4.2は，出題傾向を掘り下げるために，「3義務1制限2責務」を，もう少し細分化して10年程度の分析結果としての出題頻度を示しています。適性科目の出題数は15問ですので，合計は15になっています。年平均出題数が1.0以上の問題は，ほぼ毎年出題されていることになります。なお，年平均出題数がかっこ付きで示されているのは，他の出題分野の問題の一部分として出題されていることを示します。

表4.2 出題内容別の適性科目試験出題頻度一覧

出題分野	出題内容	年平均出題数	割合
1．技術士法第4章（全般）	3義務1制限2責務全般	1.3	8.7%
2．信用失墜行為の禁止（義務）	(1) 技術者倫理	1.7	11.3%
	(2) 研究者等の倫理	1.2	8.0%
3．秘密保持義務	(1) 営業秘密等	0.4	2.7%
	(2) 情報セキュリティ	0.4	2.7%
4．名称表示の場合の義務		(0.8)	0％
5．技術士補の業務の制限		(1.1)	0％
6．公益確保の責務	(1) 公衆・公益・環境の保護	4.9	32.6%
	(2) 個人（労働者等）の保護	1.1	7.3%
	(3) 権利の保護	1.3	8.7%
	(4) リスクと安全対策	1.7	11.3%
	(5) 国際的な取組み	0.4	2.7%
7．資質向上の責務	(1) 継続研鑽（CPD）	0.5	3.3%
	(2) 技術士の国際的同等性	0.1	0.7%
	合　　計	15.0	100.0%

▼アドバイス△　適性科目の問題は，技術士を目指す技術者としての判断を求める基礎的な問題といえます。設問の出典は，関係する法律やネット上に公開されている規範等，受験者が等しく知ることが可能なものがほとんどです。中には，ある団体（学会等）の倫理綱領等もありますが，それを読んでいない場合でも常識的に解ける設問となっています。

4-1 | 技術士法第4章全般

（1）　適性科目試験の目的

適性科目試験の目的を理解するために，問題4-1-1を解いてみてください。

問題4-1-1　次の技術士第一次試験適性科目に関する次の記述の，□□□に入る語句として，最も適切なものはどれか。

適性科目試験の目的は，法及び倫理という　ア　を遵守する適性を測ることにある。

技術士第一次試験の適性科目は，技術士法施行規則に規定されており，技術士法施行規則では「法第四章の規定の遵守に関する適性に関するものとする」と明

記されている。この法第四章は，形式としては　イ　であるが，　ウ　としての性格を備えている。

	ア	イ	ウ
①	社会規範	倫理規範	法規範
②	行動規範	法規範	倫理規範
③	社会規範	法規範	倫理規範
④	行動規範	倫理規範	行動規範
⑤	社会規範	行動規範	倫理規範

［出題：令和元年度再試験　II-1］

解　説　適性科目試験の試験内容に関する出題です。これは技術士第一次試験の受験の手引きや，技術士法施行規則第5条第3項に記述されています。技術士法第4章には，「技術士等の義務」として「信用失墜行為の禁止」，「秘密保持義務」，「公益確保の責務」，「技術士の名称表示の場合の義務」，「資質向上の責務」（いわゆる「3義務2責務」）が記載されており，それを「規範」の観点から問う設問です。

　法や倫理は，「社会規範」といえます。「法規範」や「社会規範」は規範の典型で，「道徳」及び「倫理」もある種の規範です。

　技術士法は，その名のとおり「法規範」ですが，同法の第4章は，技術士としての適性に関する内容であり「倫理規範」としての性格を備えています。

　以上から，ア　社会規範，イ　法規範，ウ　倫理規範となり，　　　　に入る語句の組合せとして，最も適切なものは③です。　　　　　　　　　　　**答 ③**

▼アドバイス△　技術士法第4章は，付録に掲載のとおり，たった20行の条文です。受験者は，「技術士の3義務1制限2責務」と技術士法第4章の条文を，常に目にする机の前に貼り出す等して，自分のものにしてもらいたいです。

（2）　技術士法第4章全般について

　技術士法第4章は，全文の穴埋め問題等が，ほぼ毎年出題されています。ここで，問題4-1-2を解いてください。

問題4-1-2　次に掲げる技術士法第四章において，　ア　～　キ　に入る語句として，最も適切なものはどれか。

《技術士法第四章　技術士等の義務》

（信用失墜行為の禁止）

第44条 技術士又は技術士補は，技術士若しくは技術士補の信用を傷つけ，又は技術士及び技術士補全体の不名誉となるような行為をしてはならない。

（技術士等の秘密保持 ［ ア ］）

第45条 技術士又は技術士補は，正当の理由がなく，その業務に関して知り得た秘密を漏らし，又は盗用してはならない。技術士又は技術士補でなくなった後においても，同様とする。

（技術士等の ［ イ ］ 確保の ［ ウ ］）

第45条の2 技術士又は技術士補は，その業務を行うに当たっては，公共の安全，環境の保全その他の ［ イ ］ を害することのないよう努めなければならない。

（技術士の名称表示の場合の ［ ア ］）

第46条 技術士は，その業務に関して技術士の名称を表示するときは，その登録を受けた ［ エ ］ を明示してするものとし，登録を受けていない ［ エ ］ を表示してはならない。

（技術士補の業務の ［ オ ］ 等）

第47条 技術士補は，第2条第1項に規定する業務について技術士を補助する場合を除くほか，技術士補の名称を表示して当該業務を行ってはならない。

2 前条の規定は，技術士補がその補助する技術士の業務に関してする技術士補の名称の表示について ［ カ ］ する。

（技術士の ［ キ ］ 向上の ［ ウ ］）

第47条の2 技術士は，常に，その業務に関して有する知識及び技能の水準を向上させ，その他その ［ キ ］ の向上を図るよう努めなければならない。

	ア	イ	ウ	エ	オ	カ	キ
①	義務	公益	責務	技術部門	制限	準用	能力
②	責務	安全	義務	専門部門	制約	適用	能力
③	義務	公益	責務	技術部門	制約	適用	資質
④	責務	安全	義務	専門部門	制約	準用	資質
⑤	義務	公益	責務	技術部門	制限	準用	資質

［出題：令和2年度 II-1］

解 説 ほぼ毎年出題される技術士法第4章全体に関する設問です。「3義務2責務」を条文の順に「信秘公名資（義義責義責）」等と暗記している受験者がい

ます。「技術士は神秘の好名士だ」等と，もじって覚える受験者もいます。

（ア）「信」に続く2番目の「秘」なので「技術士等の秘密保持義務」です。

（イ）（ウ）　3番目の「公」で「義義責」なので「技術士等の公益確保の責務」です。

（エ）　4番目の「名」で，「技術士の名称を表示するときは，その登録を受けた『技術部門を明示』する義務」です。

（オ）「技術士補の業務の制限等」です。

（カ）　4番目の「名」にかかわる部分で，「準用する」となります。

（キ）　5番目の「資」で，「技術士の資質向上の責務」です。

　先に示した「信秘公名資（義義責義責）」から，答えの候補は③か⑤に絞られます。日本語のニュアンスから，（オ），（カ）は，「制約」・「適用」より「制限」・「準用」がふさわしいと気付けば，最も適切な組合せとして⑤が導き出せます。　　**答 ⑤**

▼アドバイス△　技術士法第4章の第46条「技術士の名称表示の場合の義務」と第47条「技術士補の業務の制限等」は，単独の設問として出題されたことはありませんが，問題4-1-2のように，同第4章全体に関する出題の選択肢の一つになっていることがあるので，理解しておいてください。

4-2 | 信用失墜行為の禁止（義務）

　技術士は技術者倫理・研究者倫理に基づいて活動し，信用を失墜させる行為を行ってはなりません。技術者や研究者等の倫理に関する出題は，毎回，平均で3問弱ほど出題されていますので，しっかり学んで備えてください。

▼アドバイス△　技術者倫理に関しては，第二次試験や口頭試問でも重要視されています。1961年に制定された「技術士倫理綱領」は，2023年3月に3度目の改定がなされています。付録に全文を掲載していますので，しっかり身につけてください。

　この綱領の本文は，10項目からなり，その1番目は，（安全・健康・福利の優先）「1. 技術士は，公衆の安全，健康及び福利を最優先する。」です。

（1）　公衆，公共とは何か

　過去に 「公衆」や「公共」は何を指すのかが出題されています。例えば「公衆電話」の「公衆」とは意味合いが違いますので，意識して解答してください。

問題4-2-1　「公衆の安全，健康，及び福利を最優先すること」は，技術者倫理で最も大切なことである。ここに示す「公衆」は，技術業の業務によって危険を受けうるが，技術者倫理における1つの考え方として，「公衆」は，「　ア　である」というものがある。

次の記述のうち，「　ア　」に入るものとして，最も適切なものはどれか。

① 国家や社会を形成している一般の人々

② 背景等を異にする多数の組織されていない人々

③ 専門職としての技術業についていない人々

④ よく知らされたうえでの同意を与えることができない人々

⑤ 広い地域に散在しながらメディアを通じて世論を形成する人々

[出題：令和3年度　II-2]

解　説　どれも適切だと思った読者もいるかもしれません。技術者倫理における公衆の定義は「インフォームド・コンセント（説明を受け納得したうえでの同意）を与えることができない人々」のことです。　　**答**　④

さらに，公衆や公共が，憲法・法律や技術者倫理においては，どのような意味合いで使用されているかについて学ぶために問題4-2-2を解いてください。

問題4-2-2　公衆や公共等に関する次の記述のうち，最も不適切なものはどれか。

① 憲法が国民に保障する自由及び権利は，国民の不断の努力によって，これを保持しなければならない。また，国民は，これを濫用してはならず，常に公共の福祉のためにこれを利用する責任を負う。また，私権は公共の福祉に適合しなければならない。

② 技術者倫理において公衆とは，技術業のサービスによる結果について自由な又はよく知られた上での同意を与える立場になく，影響される人々のことをいう。つまり公衆は，専門家に比べてある程度の無知，無力等の特性を有する。

③ 科学技術との関係で公衆は，よく知られた上での同意をするために，知る権利があり，これに対して，技術者には公衆を納得させるための説明責任があり，それを果たすためには情報開示が必要となる。

④ 公務員は，特に定めた場合を除き，職務上知ることのできた秘密を漏らし

　てはならない。その職を退いた後といえども同様である。

⑤　公益通報者保護法では，公益通報は，公務員を含む労働者が不正の目的で
　なく労務提供先等について犯罪行為が生じた旨を通報先に通報することと定
　義されており，生じようとしている状況では保護の対象とはならない。

［出題：平成 26 年度　II-6］

解　説　　公共，公衆，公務，公益等は，日常でよく使われている言葉ですので，この問題を解く中で理解を深めてもらいたいです。

　公益通報者保護法第 2 条に「通報対象事実が生じ，又はまさに生じようとしている」状況は通報の対象となる旨が記載されており，⑤は最も不適切です。**答** ⑤

(2)　技術者倫理

　技術者倫理の問題は，毎年 1 問は必ず出題されています。2 問以上出題される年もあり，平均すると毎年 2 問弱が出題されています。技術者倫理に関する出題の多くは，「技術士倫理綱領」を出典としています。技術士倫理綱領は，2023 年 3 月に改定されました。改定の理由は，肯定表現，前向き表現に改めたことですが，詳細は「『技術士倫理綱領』新旧対照表」として日本技術士会の Web サイト上に発表されていますので新倫理綱領と合わせて学習してください。

▼**アドバイス**△　着実に得点できる出題分野です。技術士第二次試験合格のためにも，社会で評価される技術者になるためにも，倫理綱領の勉強は必要です。

　改定された倫理綱領の前文には「技術士は，科学技術の利用が社会や環境に重大な影響を与えることを十分に認識し，業務の履行を通して安全で持続可能な社会の実現等，公益の確保に貢献する。技術士は，広く信頼を得てその使命を全うするため，本倫理綱領を遵守し，品位の向上と技術の研鑽に努め，多角的・国際的な視点に立ちつつ，公正・誠実を旨として自律的に行動する。」と記されています。

　『技術士倫理綱領』は，本書付録にも掲載しています。その骨子 10 項目は表 4.3 のとおりです。

表 4.3　技術士倫理綱領の骨子

1.	安全・健康・福利の優先	6.	公正かつ誠実な履行
2.	持続可能な社会の実現	7.	秘密情報の保護
3.	信用の保持	8.	法令等の遵守
4.	有能性の重視	9.	相互の尊重
5.	真実性の確保	10.	継続研鑽と人材育成

ここで，技術者倫理に関する問題を 2 問解いてください。最初の問題は，日本機械学会倫理規定からの設問です。選択肢はすべて「技術者は，」で始まっていることに着目してください。

問題4-2-3 さまざまな理工系学協会は，会員や学協会自身の倫理観の向上を目指して，倫理規程，倫理綱領を定め，公開しており，技術者の倫理的意思決定を行う上で参考になる。それらを踏まえた次の記述のうち，最も不適切なものはどれか。

① 技術者は，製品，技術及び知的生産物に関して，その品質，信頼性，安全性，及び環境保全に対する責任を有する。また，職務遂行においては常に公衆の安全，健康，福祉を最優先させる。

② 技術者は，研究・調査データの記録保存や厳正な取扱いを徹底し，ねつ造，改ざん，盗用等の不正行為をなさず，加担しない。ただし，顧客から要求があった場合は，要求に沿った多少のデータ修正を行ってもよい。

③ 技術者は，人種，性，年齢，地位，所属，思想・宗教等によって個人を差別せず，個人の人権と人格を尊重する。

④ 技術者は，不正行為を防止する公正なる環境の整備・維持も重要な責務であることを自覚し，技術者コミュニティ及び自らの所属組織の職務・研究環境を改善する取り組みに積極的に参加する。

⑤ 技術者は，自己の専門知識と経験を生かして，将来を担う技術者・研究者の指導・育成に努める。

[出題：令和 2 年度 II-2]

解 説 日本機械学会倫理規定からの設問です。受験生は，自らの専門分野に近い学会の倫理規定等を一読することをおすすめします。たとえ触れたことのない問題でも，自分の倫理観から自信をもって解答すれば，正解できると確信します。

①適切。これは，同倫理規定の「技術者としての社会的責任」の抜粋です。「技術士等の公益確保の責務」にも通じる内容です。

②不適切。同倫理規定には，「科学技術に関わる問題に対して，特定の権威・組織・利益によらない中立的・客観的な立場から討議し，責任をもって結論を導き，実行する。」と記述されており，顧客の要求によってデータを修正することは許されません。

③適切。これは，同倫理規定の「公平性の確保」の抜粋です。

④適切。これは，同倫理規定の「職務環境の整備」の抜粋です。

⑤適切。これは，同倫理規定の「教育と啓発」の抜粋です。

　以上から，最も不適切なものは②です。　　　　　　　　　　　**答** ②

　日本機械学会倫理規定は，1,600 字を超える前文と倫理綱領からなるものであり，Web にも公表されています。その骨子（12 項目）を表 4.4 に示します。

表 4.4　日本機械学会倫理規定　倫理綱領骨子

1.　技術者としての社会的責任	7.　利益相反の回避
2.　技術専門職としての研鑽と向上	8.　公平性の確保
3.　公正な活動	9.　専門職相互の協力と尊重
4.　法令の遵守	10.　研究対象，研究協力者等の保護
5.　契約の遵守	11.　職務環境の整備
6.　情報の公開	12.　教育と啓発

　次の問題は，電気学会行動規範からの設問です。

問題4-2-4　次の記述は，日本のある工学系学会が制定した行動規範における，［前文］の一部である。□□□ に入る語句の組合せとして，最も適切なものはどれか。

　会員は，専門家としての自覚と誇りをもって，主体的に ア 可能な社会の構築に向けた取組を行い，国際的な平和と協調を維持して次世代，未来世代の確固たる イ 権を確保することに努力する。また，近現代の社会が幾多の苦難を経て獲得してきた基本的人権や，産業社会の公正なる発展の原動力となった知的財産権を擁護するため，その基本理念を理解するとともに，諸権利を明文化した法令を遵守する。

　会員は，自らが所属する組織が追求する利益と，社会が享受する利益との調和を図るように努め，万一双方の利益が相反する場合には，何よりも人類と社会の ウ ， エ 及び福祉を最優先する行動を選択するものとする。そして，広く国内外に眼を向け，学術の進歩と文化の継承，文明の発展に寄与し， オ な見解を持つ人々との交流を通じて，その責務を果たしていく。

	ア	イ	ウ	エ	オ
①	持続	生存	安全	健康	同様
②	持続	幸福	安定	安心	同様
③	進歩	幸福	安定	安心	同様

④　持続　　生存　　安全　　健康　　多様
⑤　進歩　　幸福　　安全　　安心　　多様

［出題：平成 30 年度　II-5］

解　説　　この問題は，一般社団法人 電気学会行動規範の前文抜粋からの出題で，その内容は，次のとおりです。

「会員は，専門家として主体的に ア 持続 可能な社会の構築に向けた取組みを行い，次世代，未来世代の確固たる イ 生存 権を確保することに努力する。

また会員は，何よりも人類と社会の ウ 安全 ，エ 健康 及び福祉を最優先とする行動を選択し オ 多様 な見解をもつ人々との交流を通じて，その責務を果たしていく。」

以上から 　　　　 に入る語句の組合せとして，最も適切なものは④です。

答 ④

電気学会行動規範（8,000 字以上）は「電気学会　倫理綱領」の理念の具体化を図るものとして，Web でも公表されています。表 4.5 にその骨子を示します。

表 4.5　電気学会行動規範の骨子

1. 人類と社会の安全，健康，福祉をすべてに優先するとともに，持続可能な社会の構築に貢献する。
2. 自然環境，他者及び他世代との調和を図る。
3. 学術の発展と文化の向上に寄与する。
4. 他者の生命，財産，名誉，プライバシーを尊重する。
5. 他者の知的財産権と知的成果を尊重する。
6. すべての人々を思想，宗教，人種，国籍，性，年齢，障がい等に囚われることなく公平に扱う。
7. プロフェッショナル意識の高揚につとめ，業務に誇りと責任を持って最善を尽くす。
8. 技術的判断に際し，公衆や環境に害を及ぼす恐れのある要因については，その情報を時機を逸することなく，適切に公開する。
9. 技術上の主張や判断に際しては，自己及び組織の利益を優先することなく，学術的な誠実さと公正さを期する。
10. 技術的討論の場においては，率直に他者の意見や批判を求め，それに対して誠実に対応する。

（3）　研究者等の倫理

研究者等の倫理問題の出題頻度は，技術者倫理のそれよりも若干低いですが，平均すると毎年 1 問以上出題されており，2 問出題された年もあります。出題内容としては，科学者の行動規範からの問題や，研究・研究発表や論文投稿の不正に関す

る問題が出題されています。

▼アドバイス△　研究者等が所属する学会の多くには，「倫理綱領」が存在しています。受験者は，自分の専門分野に関連の深い学会のそれを一読しておくことをおすすめします。すべての倫理綱領を読む必要はなく，自らの倫理観を確立していれば，問題は解けます。

　日本学術会議が平成18年に発表し，平成25年に改訂した「科学者の行動規範」は，I. 科学者の責務，II. 公正な研究，III. 社会の中の科学，IV. 法令の遵守等の四つの区分があり，表4.6に示す16項目から成り立っています。この行動規範に関する過去問が出題されているので，解いてみてください。

表4.6　日本学術会議「科学者の行動規範」の概要

1.　科学者の基本的責任	9.　研究対象等への配慮
2.　科学者の姿勢	10.　他者との関係
3.　社会の中の科学者	11.　社会との対話
4.　社会的期待に応える研究	12.　科学的助言
5.　説明と公開	13.　政策立案・決定者に対する科学的助言
6.　科学研究の利用の両義性	14.　法令の遵守
7.　研究活動	15.　差別の排除
8.　研究環境の整備及び教育啓発の徹底	16.　利益相反

問題4-2-5　日本学術会議は，科学者が，社会の信頼と負託を得て，主体的かつ自律的に科学研究を進め，科学の健全な発達を促すため，平成18年10月に，すべての学術分野に共通する基本的な規範である声明「科学者の行動規範について」を決定，公表した。その後，データのねつ造や論文盗用といった研究活動における不正行為の事案が発生したことや，東日本大震災を契機として科学者の責任の問題がクローズアップされたこと，デュアルユース問題について議論が行われたことから，平成25年1月，同声明の改訂が行われた。次の「科学者の行動規範」に関する（ア）～（エ）の記述について，正しいものは○，誤っているものは×として適切な組合せはどれか。

　（ア）科学者は，研究成果を論文等で公表することで，各自が果たした役割に応じて功績の認知を得るとともに責任を負わなければならない。研究・調査データの記録保存や厳正な取扱いを徹底し，ねつ造，改ざん，盗用等の不正行為を為さず，また加担しない。

　（イ）科学者は，社会と科学者コミュニティとのより良い相互理解のために，

市民との対話と交流に積極的に参加する。また，社会の様々な課題の解決と福祉の実現を図るために政策立案・決定者に対して政策形成に有効な科学的助言の提供に努める。その際，科学者の合意に基づく助言を目指し，意見の相違が存在するときは科学者コミュニティ内での多数決により統一見解を決めてから助言を行う。

（ウ）科学者は，公共の福祉に資することを目的として研究活動を行い，客観的で科学的な根拠に基づく公正な助言を行う。その際，科学者の発言が世論及び政策形成に対して与える影響の重大さと責任を自覚し，権威を濫用しない。また，科学的助言の質の確保に最大限努め，同時に科学的知見に係る不確実性及び見解の多様性について明確に説明する。

（エ）科学者は，政策立案・決定者に対して科学的助言を行う際には，科学的知見が政策形成の過程において十分に尊重されるべきものであるが，政策決定の唯一の判断根拠ではないことを認識する。科学者コミュニティの助言とは異なる政策決定が為された場合，必要に応じて政策立案・決定者に社会への説明を要請する。

	ア	イ	ウ	エ
①	×	○	○	○
②	○	×	○	○
③	○	○	×	○
④	○	○	○	×
⑤	○	○	○	○

［出題：令和5年度　II-7］

解　説　（ア）正しい。同行動規範の「7. 研究活動」の一文です。

（イ）誤っている。同行動規範の「11. 社会との対話」の一文であるが，最後の部分は「意見の相違が存在するときはこれを解り易く説明する。」となっています。

（ウ）正しい。同行動規範の「12. 科学的助言」の一文です。

（エ）正しい。同行動規範の「13. 政策立案・決定者に対する科学的助言」の一文です。

したがって，適切な組合せは○，×，○，○となり，②が正解です。　**答** ②

日本学術会議「科学者の行動規範」（表4.5）の16番目は「利益相反」となっています。また，日本機械学会倫理規定（表4.3）の7番目は「利益相反の回避」と

なっています。「利益相反（Conflict of Interest：COI）とは，一般的には，ある行為が，一方の利益になると同時に，他方の不利益になるような行為」をいいます。COIの理解を深めるため，問題4-2-6を解いてみてください。

問題4-2-6　科学研究と産業が密接に連携する今日の社会において，科学者は複数の役割を担う状況が生まれている。このような背景のなか，科学者・研究者が外部との利益関係等によって，公的研究に必要な公正かつ適正な判断が損なわれる，または損なわれるのではないかと第三者から見なされかねない事態を利益相反（Conflict of Interest: COI）という。法律で判断できないグレーゾーンに属する問題が多いことから，研究活動において利益相反が問われる場合が少なくない。実際に弊害が生じていなくても，弊害が生じているかのごとく見られることも含まれるため，指摘を受けた場合に的確に説明できるよう，研究者及び所属機関は適切な対応を行う必要がある。以下に示すCOIに関する（ア）～（エ）の記述のうち，正しいものは○，誤っているものは×として，最も適切な組合せはどれか。

（ア）公的資金を用いた研究開発の技術指導を目的にA教授はZ社と有償での兼業を行っている。A教授の所属する大学からの兼業許可では，毎週水曜日が兼業の活動日とされているが，毎週土曜日にZ社で開催される技術会議に出席する必要が生じた。そこでA教授は所属する大学のCOI委員会にこのことを相談した。

（イ）B教授は自らの研究と非常に近い競争関係にある論文の査読を依頼された。しかし，その論文の内容に対して公正かつ正当な評価を行えるかに不安があり，その論文の査読を辞退した。

（ウ）C教授は公的資金によりY社が開発した技術の性能試験及び，その評価に携わった。その後Y社から自社の株購入のすすめがあり，少額の未公開株を購入した。取引はC教授の配偶者名義で行ったため，所属する大学のCOI委員会への相談は省略した。

（エ）D教授は自らの研究成果をもとに，D教授の所属する大学から兼業許可を得て研究成果活用型のベンチャー企業を設立した。公的資金で購入したD教授が管理する研究室の設備を，そのベンチャー企業が無償で使用する必要が生じた。そこでD教授は事前に所属する大学のCOI委員会にこのことを相談した。

	ア	イ	ウ	エ
①	○	○	×	○
②	○	○	○	×
③	○	○	×	○
④	○	×	○	○
⑤	×	○	○	○

[出題：令和2年度　II-3]

解 説　技術士倫理綱領には，「公衆の利益の優先」が記されています。受験生は，自他の幸せな人生のために終生，公益優先であってほしいです。その観点をもてば，容易に正解に至ると思います。

（ア）正しい。土曜日はA教授の大学の兼業活動日ではないので，大学のCOI委員会に相談するのは，正しい行為です。

（イ）正しい。B教授の研究と非常に近い競争関係の論文を査読した場合，私益優先の評価となりかねないので，査読を辞退することは正しい判断です。

（ウ）誤っている。Y社の未公開株をC教授の配偶者名で購入したことは，「厚生労働科学研究におけるCOIの管理に関する指針」には，「研究者と生計を一にする配偶者等についても，（中略）COI委員会等における検討の対象」と記述されているので正しくありません。

（エ）正しい。D教授の研究室設備を無償使用させることは，利益供与・私益優先となる恐れがあるので，COI委員会に相談したことは正しい行為です。

以上から，最も適切な組合せは③です。　　　　　　　　　　　　**答 ③**

4-3 秘密保持義務

技術士等の秘密保持義務について，技術士法第45条には，「技術士又は技術士補は，正当の理由がなく，その業務に関して知り得た秘密を漏らし，又は盗用してはならない。技術士又は技術士補でなくなった後においても，同様とする。」とあります。

▼アドバイス△　秘密保持義務に関しての出題は，「営業秘密等」が2年に1問程度，「情報セキュリティ」が同じく2年に1問程度，合わせると毎年1問程度出題されています。基礎的な設問が多いので，着実に得点したいところです。

（1）　営業秘密等の秘密保持

　ここでは，何が営業秘密にあたるのか，誰がどういう手段で情報漏洩してしまうのかを問う問題が出題されています。「営業秘密」の定義や要件については，不正競争防止法に明記されています。また，過去問解説にも具体例を含めて記述していますので，参考にしてください。

　ここで，営業秘密漏洩対策関連の過去問を解いてください。

問題4-3-1　近年，企業の情報漏洩が社会問題化している。営業秘密等の漏洩は，企業にとって社会的な信用低下や顧客への損害賠償等，甚大な損失を被るリスクがある。例えば，2012 年に提訴された，新日鐵住金において変圧器用の電磁鋼板の製造プロセス及び製造設備の設計図等が外国ライバル企業へ漏洩した事案では，賠償請求・差止め請求がなされた等，基幹技術等企業情報の漏洩事案が多発している。また，サイバー空間での窃取，拡散等漏洩態様も多様化しており，抑止力向上と処罰範囲の整備が必要となっている。

　営業秘密に関する次の（ア）～（エ）の記述のうち，正しいものは○，誤っているものは×として，最も適切な組合せはどれか。

　（ア）顧客名簿や新規事業計画書は，企業の研究・開発や営業活動の過程で生み出されたものなので営業秘密である。

　（イ）有害物質の垂れ流し，脱税等の反社会的な活動についての情報は，法が保護すべき正当な事業活動ではなく，有用性があるとはいえないため，営業秘密に該当しない。

　（ウ）刊行物に記載された情報や特許として公開されたものは，営業秘密に該当しない。

　（エ）「営業秘密」として法律により保護を受けるための要件の１つは，秘密として管理されていることである。

	ア	イ	ウ	エ
①	○	○	○	×
②	○	○	×	○
③	○	×	○	○
④	×	○	○	○
⑤	○	○	○	○

［出題：令和３年度　II-7］

解　説　　不正競争防止法第2条6項に「この法律において『営業秘密』とは，秘密として管理されている生産方法，販売方法その他の事業活動に有用な技術上又は営業上の情報であって，公然と知られていないものをいう。」と定義されています。

　（ア）正しい。顧客名簿や新規事業計画書は，「事業活動に有用な営業上の情報」です。

　（イ）正しい。有害物質の垂れ流し，脱税等の反社会的な活動についての情報は，「事業活動に有用な技術上又は営業上の情報」ではないので，営業秘密ではありません。

　（ウ）正しい。「刊行物に記載された情報や特許として公開されたもの」は，公然と知られているので営業秘密ではありません。

　（エ）正しい。技術やノウハウ等の情報が「営業秘密」として不正競争防止法で保護されるためには，（ⅰ）秘密として管理されていること，（ⅱ）有用な営業上又は技術上の情報であること，（ⅲ）公然と知られていないことの三つの要件のすべてにあてはまらなければなりません。「秘密として管理されていること」は要件の一つです。

　以上から，四つの選択肢すべてが正しいので，最も適切な組合せは⑤です。

答 ⑤

　もう1問，営業秘密漏洩対策に関する過去問を解いてみてください。営業秘密の具体例としては，顧客名簿，販売マニュアル，仕入れ先リスト，財務データや製造技術，設計図，実験データ，研究報告書等があげられます。

　営業秘密に対して，権限をもつ人にはアクセスしやすく，部外者等には鉄壁のガードが求められます。

問題4-3-2　　近年，企業の情報漏洩に関する問題が社会的現象となっており，営業秘密等の漏洩は企業にとって社会的な信用低下や顧客への損害賠償等，甚大な損失を被るリスクがある。

　営業秘密に関する次の（ア）～（エ）の記述について，正しいものは○，誤っているものは×として，最も適切な組合せはどれか。

　（ア）営業秘密は現実に利用されていることに有用性があるため，利用されることによって，経費の節約，経営効率の改善等に役立つものであっても，現実に利用されていない情報は，営業秘密に該当しない。

（イ）営業秘密は公然と知られていない必要があるため，刊行物に記載された情報や特許として公開されたものは，営業秘密に該当しない。

（ウ）情報漏洩は，現職従業員や中途退職者，取引先，共同研究先等を経由した多数のルートがあり，近年，サイバー攻撃による漏洩も急増している。

（エ）営業秘密には，設計図や製法，製造ノウハウ，顧客名簿や販売マニュアルに加え，企業の脱税や有害物質の垂れ流しといった反社会的な情報も該当する。

	ア	イ	ウ	エ
①	○	○	○	×
②	×	○	×	×
③	○	○	×	○
④	×	○	○	○
⑤	×	○	○	×

[出題：平成 30 年度　II-7]

解　説　営業秘密は，不正競争防止法第2条第6項で，「秘密として管理されている生産方法，販売方法その他の事業活動に有用な技術上又は営業上の情報であって，公然と知られていないもの」と定義しています。同法に示される営業秘密の3要件を表4.7に示します。この3要件すべてを満たすことが，法に基づく保護を受けるために必要となります。

表4.7　営業秘密の3要件

秘密管理性	秘密として管理されていること
有用性	生産方法，販売方法その他の事業活動に有用な技術上又は営業上の情報等
非公知性	公然と知られていないもの

（ア）誤っている。現実に利用されていない情報でも，利用によってコストの削減等経営効率の改善に役立つものは，営業秘密に該当します。

（イ）正しい。刊行物に記載された情報や特許として公開されたものは公然と知られた情報であり，非公知性が認められないため，営業秘密には該当しません。

（ウ）正しい。情報漏洩は，記述のように多様なルートがあります。また近年，サイバー攻撃による漏洩も多くなっています。

（エ）誤っている。企業の脱税や有害物質の垂れ流し等の反社会的な活動は，法が保護すべき正当な事業活動ではなく，有用性がないので，営業秘密には該当しま

せん。

　以上から，×，○，○，×となり，最も適切な組合せは⑤です。　　**答** ⑤

　法律が企業・団体の現場で営業秘密を守ってくれるわけではないので，企業や団体は，営業秘密管理体制をつくり，営業秘密管理指針を制定して守り抜くことが求められます。

（2）　情報セキュリティ

　情報セキュリティに関しては，基礎知識を問う問題や，職場等における行為の適切・不適切を問う問題が出題されています。

　情報セキュリティには，情報の機密性，完全性，可用性の三つの要素があります。これらは，情報を安全に保護し，改ざんや消失，物理的な破損を防ぎ，必要なときにいつでも使えるようにするために意識すべき要素を定義したものです。表4.8で，それぞれの要素について説明します。

表4.8　情報セキュリティ3要素の概要説明

情報セキュリティの3要素	各要素の説明
機密性（Confidentiality）	情報に対するアクセス権限を徹底して保護・管理することです。情報を外部に見せない，漏らさないことを意識することで，高い機密性を保持できます。
完全性（Integrity）	改ざんや過不足のない正確な情報が保持されている状態を指します。これが失われると，そのデータの正確性や信頼性が疑われ，利用価値が失われます。
可用性（Availability）	情報をいつでも使える状態を保持することです。必要なときに情報へアクセスでき，業務の目的を達成できるシステムは，可用性が高いといえます。

　ここで，情報セキュリティマネジメントの基礎知識を問う過去問を解いてもらいます。

問題4-3-3　情報通信技術が発達した社会においては，企業や組織が適切な情報セキュリティ対策をとることは当然の責務である。2020年は新型コロナウイルス感染症に関連した攻撃や，急速に普及したテレワークやオンライン会議環境の脆弱性を突く攻撃が世界的に問題となった。また，2017年に大きな被害をもたらしたランサムウェアが，企業・組織を標的に「恐喝」を行う新たな攻撃となり観測された。

　情報セキュリティマネジメントとは，組織が情報を適切に管理し，機密を守るための包括的枠組みを示すもので，情報資産を扱う際の基本方針やそれに基づい

た具体的な計画等トータルなリスクマネジメント体系を示すものである。情報セキュリティに関する次の（ア）～（オ）の記述について，正しいものは○，誤っているものは×として，適切な組合せはどれか。

（ア）　情報セキュリティマネジメントでは，組織が保護すべき情報資産について，情報の機密性，完全性，可用性を維持することが求められている。

（イ）　情報の可用性とは，保有する情報が正確であり，情報が破壊，改ざん又は消去されていない情報を確保することである。

（ウ）　情報セキュリティポリシーとは，情報管理に関して組織が規定する組織の方針や行動指針をまとめたものであり，PDCA サイクルを止めることなく実施し，ネットワーク等の情報セキュリティ監査や日常のモニタリング等で有効性を確認することが必要である。

（エ）　情報セキュリティは人の問題でもあり，組織幹部を含めた全員にセキュリティ教育を実施して遵守を徹底させることが重要であり，浸透具合をチェックすることも必要である。

（オ）　情報セキュリティに関わる事故やトラブルが発生した場合には，セキュリティポリシーに記載されている対応方法に則して，適切かつ迅速な初動処理を行い，事故の分析，復旧作業，再発防止策を実施する。必要な項目があれば，セキュリティポリシーの改定や見直しを行う。

	ア	イ	ウ	エ	オ
①	×	○	○	×	○
②	×	×	○	○	○
③	○	×	○	○	○
④	○	○	×	○	×
⑤	○	○	×	○	○

［出題：令和 4 年度　Ⅱ-13］

解　説　（ア）　正しい。「機密性」（Confidentiality），「完全性」（Integrity），「可用性」（Availability）は情報セキュリティの 3 要素と呼ばれ，それぞれの頭文字から CIA とも略されることがあります。

（イ）　誤り。完全性の説明です。

（ウ）　正しい。情報セキュリティポリシーをつくるだけでなく，それに則ってPDCA サイクルを回し，監査やモニタリングで，その有効性を検証していくことが

必要です。

（エ）　正しい。組織幹部が情報セキュリティの重要性を理解していないと組織の取組みが疎かになる可能性があります。浸透具合をチェックするためにダミーの不審メールを送信し，標的型メール攻撃に備えているかをモニターすること等も行われています。

（オ）　正しい。あらかじめ事故発生前に対応方法をマニュアル化しておくこと，事故発生後，セキュリティポリシーの改定や見直しを行うことは正しい処置です。

以上から，○，×，○，○，○となり，③が正解です。　　　　**答** ③

ここで，情報セキュリティ面から見た職場等での行為の適切・不適切を問う問題を解いてもらいます。日常から情報セキュリティを意識している受験者は，容易に解けると思います。

問題4-3-4　専門職としての技術者は，一般公衆が得ることのできない情報に接することができる。また技術者は，一般公衆が理解できない高度で複雑な内容の情報を理解でき，それに基づいて一般公衆よりもより多くのことを予見できる。このような特権的な立場に立っているがゆえに，技術者は適正に情報を発信したり，情報を管理したりする重い責任があるといえる。次の（ア）～（カ）の記述のうち，技術者の情報発信や情報管理のあり方として不適切なものの数はどれか。

（ア）技術者Aは，飲み会の席で，現在たずさわっているプロジェクトの技術的な内容を，技術業とは無関係の仕事をしている友人に話した。

（イ）技術者Bは納入する機器の仕様に変更があったことを知っていたが，専門知識のない顧客に説明しても理解できないと考えたため，そのことは話題にせずに機器の説明を行った。

（ウ）顧客は「詳しい話は聞くのが面倒だから説明はしなくていいよ」と言ったが，技術者Cは納入する製品のリスクや，それによってもたらされるかもしれない不利益等の情報を丁寧に説明した。

（エ）重要な専有情報の漏洩は，所属企業に直接的ないし間接的な不利益をもたらし，社員や株主等の関係者にもその影響が及ぶことが考えられるため，技術者Dは不要になった専有情報が保存されている記憶媒体を速やかに自宅のゴミ箱に捨てた。

（オ）研究の際に使用するデータに含まれる個人情報が漏洩した場合には，デー

タ提供者のプライバシーが侵害されると考えた技術者Eは，そのデータファイルに厳重にパスワードをかけ，記憶媒体に保存して，利用するとき以外は施錠可能な場所に保管した。

（カ）顧客から現在使用中の製品について問い合わせを受けた技術者Fは，それに答えるための十分なデータを手元に持ち合わせていなかったが，顧客を待たせないよう，記憶に基づいて問い合わせに答えた。

① 2　　② 3　　③ 4　　④ 5　　⑤ 6

[出題：令和元年度　II-10]

解　説　技術者の情報発信，情報管理に関する設問で，技術者と公衆（顧客を含みます）の関係をわきまえていれば解答できます。

（ア）不適切。「飲み会」の席で「現在」たずさわっているプロジェクトの「技術的な内容」を話すことは適切ではありません。相手の友人は「技術業と無関係の仕事」とありますが，守秘義務を果たすべきです。

（イ）不適切。専門知識がなくとも仕様を変更したならば顧客に説明するべきです。顧客にわかりやすく，仕様変更の理由を述べて納得してもらうのも技術を熟知した技術者の力量です。

（ウ）適切。「説明不要」といわれても，想定するリスクや不利益について顧客に説明することは適切であり，かつ技術者Cの信頼を高める行動です。

（エ）不適切。自宅のごみ箱に捨てた後に記憶媒体がどのような扱いを受けるかは不明なのでリスクを抱えることになります。このような場合はソフトウェアツールで記憶媒体の内容を完全に削除（消去）したうえで，物理的に破壊して捨てるべきです。

（オ）適切。データファイルにパスワードをかけ，施錠可能な場所に保管することは個人情報の管理として適切です。更に，データファイルを暗号化する，研究に差し支えないならデータ項目の住所を無意味なA県B市C町等に置換する等を行うとよいでしょう。

（カ）不適切。顧客を待たせないことも重要ですが，正しい回答の方が重要です。十分なデータが手元にない場合は，その旨を顧客に説明して後程回答するべきです。記憶に基づいて誤った回答をすると，訂正するのに多大な労力を必要とするとともに技術者Fへの信頼，更には所属する企業の信頼も失墜することにもなりかねません。

以上より不適切なものは4個で，正答は③です。　　　　　　　**答** ③

4-4 公益確保の責務

■4-4-1■公衆・公益・環境の保護

（1）公衆の保護

　皆さんはもう，技術士試験における「公衆」の意味を理解していますね？「エッ！」と思った方は4-2（1）をもう一度読みましょう。この公衆について，日本技術士会の倫理綱領の最初の文に「技術士は，公衆の安全，健康及び福利を最優先する」と明記されています。技術士は多方面で活躍しているため，公衆の保護についてもいろいろなことに考慮しなければなりません。肝になるところをみていきましょう。

❗ PL法

　公衆の保護で何度も出題されるのが「製造物責任法」，いわゆるPL法です。PL法は第6条までしかなく，かつわかりやすい文章ですので一度読んでおいてください。ではPL法の問題を解いて勘所をつかみましょう。

問題4-4-1　製造物責任（PL）法の目的は，その第1条に記載されており，「製造物の欠陥により人の生命，身体又は財産に係る被害が生じた場合における製造業者等の損害賠償の責任について定めることにより，被害者の保護を図り，もって国民生活の安定向上と国民経済の健全な発展に寄与する」とされている。次の（ア）～（ク）のうち，「PL法上の損害賠償責任」に該当しないものの数はどれか。

（ア）自動車輸入業者が輸入販売した高級スポーツカーにおいて，その製造工程で造り込まれたブレーキの欠陥により，運転者及び歩行者が怪我をした場合。

（イ）建設会社が造成した宅地において，その不適切な基礎工事により，建設された建物が損壊した場合。

（ウ）住宅メーカーが建築販売した住宅において，それに備え付けられていた電動シャッターの製造時の欠陥により，住民が怪我をした場合。

（エ）食品会社経営の大規模養鶏場から出荷された鶏卵において，それがサルモネラ菌におかされ，食中毒が発生した場合。

（オ）マンションの管理組合が発注したエレベータの保守点検において，その保守業者の作業ミスにより，住民が死亡した場合。

（カ）ロボット製造会社が製造販売した作業用ロボットにおいて，それに組み込まれたソフトウェアの欠陥により暴走し，工場作業者が怪我をした場合。

（キ）電力会社の電力系統において，その変動（周波数等）により，需要家である工場の設備が故障した場合。

（ク）大学ベンチャー企業が国内のある湾内で養殖し，出荷販売した鯛において，その養殖場で汚染した菌により食中毒が発生した場合。

① 8　　② 7　　③ 6　　④ 5　　⑤ 4

[出題：令和元年度　II-3]

解説　製造物責任法第2条に「この法律において製造物とは，製造又は加工された動産をいう」とあります。

（ア）該当する。高級スポーツカーは「製造された動産」です。輸入した場合は輸入した者が損害を賠償する責を負います。

（イ）該当しない。建物は「不動産」です。

（ウ）該当する。住宅は「不動産」ですが，それに備え付けられていた電動シャッターは「製造された動産」です。

（エ）該当しない。鶏卵は「加工」されていません。

（オ）該当しない。マンションのエレベータ保守点検作業は役務であり「製造又は加工された動産」ではありません。

（カ）該当する。ソフトウェア自体は無体物で，製造物責任法の対象とはなりません。しかし，ソフトウェアを組み込んだ製造物についてはこの法律の対象です。本事例ではソフトウェアの不具合が原因で，ソフトウェアを組み込んだ製造物による事故が発生したので，ソフトウェアの不具合がその製造物自体の欠陥と解され，産業用ロボットの製造業者に損害賠償責任が生じます。

（キ）該当しない。電気は民法上「動産」とは考えられていません。ただし，刑法では「電気は財物とみなす」となっていて，電気を盗むと処罰されることも注意してください。

（ク）該当しない。鯛は「加工」されていません。鯛焼きは原料の小麦粉や餡から「加工」している動産ですので，汚染した菌により食中毒が発生した場合は「PL法上の損害賠償責任」に該当します。

よって，該当しないものの数は 5 になります。正答は④です。　　**答** ④

⚠ 消安法

　公衆の保護に消費生活用製品安全法（以下，消安法）があり，何度か出題されています。消安法は消費者が日常使用する製品によって起きる事故の発生を防ぐため，「消費生活用製品」のうち構造，材質，使用状況等からみて，一般消費者の生命又は身体に対して特に危害を及ぼすおそれが多いと認められる製品を，「特定製品」として 12 品目を指定して製造，輸入及び販売を規制しています。磁石製娯楽用品と吸水性合成樹脂製玩具は 2023 年 5 月，新たに指定されましたので注意しましょう。「特定製品」は省令で定めた技術基準に適合しないと販売できません。技術上の基準に適合していることを表すため PSC（Product Safety ＝製品安全，Consumer ＝消費者）マークを付けています。このうち 4 品目は「特別特定製品」に指定しています。特定製品は自社で技術基準適合を確認すればよいのですが，「特別特定製品」は登録検査機関による検査が必要です。製品の経年劣化による事故発生率が社会的に許容し難い製品は「特定保守製品」に指定し，長期使用製品安全点検制度で，点検時期をメーカーが所有者に通知することとしています。事故率が減ったため 2021 年に従来の 9 品目を石油給湯機と石油ふろがまの 2 品目にしています。

表 4.9　特定製品と特別特定製品

区分	適合検査	製品名	備考
特定製品	自主	家庭用の圧力なべ及び圧力がま	
		乗車用ヘルメット	自動二輪車，原付用自転車に限る
		登山用ロープ	
		石油給湯機	
		石油ふろがま	
		石油ストーブ	
		磁石製娯楽用品	
		吸水性合成樹脂製玩具	例：水で膨らむボール
特別特定製品	自主＋登録機関	乳幼児用ベッド	
		携帯用レーザー応用装置	レーザーポインター含む
		浴槽用温水循環器	
		ライター	たばこ用，それ以外も含む

　それでは問題を解きながら「特定製品」や「特別特定製品」等の消安法を学びましょう。

問題4-4-2　2007 年 5 月，消費者保護のために，身の回りの製品に関わる重大事故情報の報告・公表制度を設けるために改正された「消費生活用製品安全法（以下，消安法という。）」が施行された。さらに，2009 年 4 月，経年劣化による重大事故を防ぐために，消安法の一部が改正された。消安法に関する次の（ア）〜（エ）の記述について，正しいものは○，誤っているものは×として，最も適切な組合せはどれか。

（ア）消安法は，重大製品事故が発生した場合に，事故情報を社会が共有することによって，再発を防ぐ目的で制定された。重大製品事故とは，死亡，火災，一酸化炭素中毒，後遺障害，治療に要する期間が 30 日以上の重傷病をさす。

（イ）事故報告制度は，消安法以前は事業者の協力に基づく任意制度として実施されていた。消安法では製造・輸入事業者が，重大製品事故発生を知った日を含めて 10 日以内に内閣総理大臣（消費者庁長官）に報告しなければならない。

（ウ）消費者庁は，報告受理後，一般消費者の生命や身体に重大な危害の発生及び拡大を防止するために，1 週間以内に事故情報を公表する。この場合，ガス・石油機器は，製品欠陥によって生じた事故でないことが完全に明白な場合を除き，また，ガス・石油機器以外で製品起因が疑われる事故は，直ちに，事業者名，機種・型式名，事故内容等を記者発表及びウェブサイトで公表する。

（エ）消安法で規定している「通常有すべき安全性」とは，合理的に予見可能な範囲の使用等における安全性で，絶対的な安全性をいうものではない。危険性・リスクをゼロにすることは不可能であるか著しく困難である。すべての商品に「危険性・リスク」ゼロを求めることは，新製品や役務の開発・供給を萎縮させたり，対価が高額となり，消費者の利便が損なわれることになる。

	ア	イ	ウ	エ
①	×	○	○	○
②	○	×	○	○
③	○	○	×	○
④	○	○	○	×
⑤	○	○	○	○

［出題：平成 30 年度　II-10］

解　説　（ア）適切。再発を防ぐとは明記していません。第 2 条の 6 に「この

法律において「重大製品事故」とは，製品事故のうち，発生し，又は発生するおそれがある危害が重大であるものとして，当該危害の内容又は事故の態様に関し政令で定める要件に該当するものをいう」とあり，消費生活用製品安全法施行令第5条に問題文の文意と同じ内容が記載されています。

（イ）適切。第35条に「消費生活用製品の製造又は輸入の事業を行う者は，その製造又は輸入に係る消費生活用製品について重大製品事故が生じたことを知つたときは，当該消費生活用製品の名称及び型式，事故の内容並びに当該消費生活用製品を製造し，又は輸入した数量及び販売した数量を内閣総理大臣に報告しなければならない」とあり，その2に「前項の規定による報告の期限及び様式は，内閣府令で定める」とあります。消費生活用製品安全法の規定に基づく重大事故報告等に関する内閣府令の第3条に「法第三十五条第一項の規定による報告をしようとする者は，その製造又は輸入に係る消費生活用製品について重大製品事故が生じたことを知った日から起算して十日以内に，様式第一による報告書を消費者庁長官に提出しなければならない。」とあります。

（ウ）適切。消費者庁の「消費生活用製品安全法に基づく製品事故情報報告・公表制度の解説～事業者用ハンドブック2018～」に「重大製品事故の公表までのフロー図」があり，問題文と同じ内容が図示されています。「ガス・石油機器は…完全に明白な場合を除き」「ガス・石油機器以外で…疑われる事故」とわかりづらい言い回し問題文章が縷々記されている場合は，法令等の文章に確実に合わせるために面倒な言い回しになっているのではないかと推測することも受験のテクニックで，往々にしてこのようなものは正しい文章です。

（エ）適切。問題文は正しい説明です。

以上より⑤が正答ですが，ここで注意するのは，消安法では「通常有すべき安全性」を明示的に規定しておらず，条文に「通常有すべき安全性」の文言もありません。しかし，受験者に消安法の意味を問う設問と考えるとこのような「文言」が条文にあるかないかを国家試験で問うとは考えられません。

例えば，平成26年度II-7の設問「製造物の欠陥は，一般に製造業者の故意若しくは過失によって生じる。この法律が制定されたことによって，被害者はその故意若しくは過失を立証しなくても，欠陥の存在を立証できれば損害賠償を求めることができるようになり，被害者救済の道が広がった。」は正しい文章とされていますが，一方，PL法では「科学又は技術に関する知見によっては当該製造物にその欠陥があることを認識することができなかったこと」で製造業者や販売業者は免責と

なり損害賠償を求められません。しかし，この免責をついて誤りとすることはないでしょう。

　同様に消安法の条文に「通常有すべき安全性」が明記されていないという事項のみで不適切とせず，出題者の意図を推察して（エ）は適切です。　　　　**答 ⑤**

❗ **個人情報保護**

　公衆の保護でたびたび出題されているのが個人情報保護法です。何が個人情報か，この個人情報の取扱い方は正しいか等が出題されています。

問題4-4-3　個人情報の保護に関する法律（以下，個人情報保護法と呼ぶ）は，利用者や消費者が安心できるように，企業や団体に個人情報をきちんと大切に扱ってもらったうえで，有効に活用できるよう共通のルールを定めた法律である。

　個人情報保護法に基づき，個人情報の取り扱いに関する次の（ア）～（エ）の記述のうち，正しいものは〇，誤っているものは×として，最も適切な組合せはどれか。

　（ア）学習塾で，生徒同士のトラブルが発生し，生徒Aが生徒Bにケガをさせてしまった。生徒Aの保護者は生徒Bとその保護者に謝罪するため，生徒Bの連絡先を教えて欲しいと学習塾に尋ねてきた。学習塾では，「謝罪したい」という理由を踏まえ，生徒名簿に記載されている生徒Bとその保護者の氏名，住所，電話番号を伝えた。

　（イ）クレジットカード会社に対し，カードホルダーから「請求に誤りがあるようなので確認して欲しい」との照会があり，クレジット会社が調査を行った結果，処理を誤った加盟店があることが判明した。クレジットカード会社は，当該加盟店に対し，直接カードホルダーに請求を誤った経緯等を説明するよう依頼するため，カードホルダーの連絡先を伝えた。

　（ウ）小売店を営んでおり，人手不足のためアルバイトを募集していたが，なかなか人が集まらなかった。そのため，店のポイントプログラムに登録している顧客をアルバイトに勧誘しようと思い，事前にその顧客の同意を得ることなく，登録された電話番号に電話をかけた。

　（エ）顧客の氏名，連絡先，購入履歴等を顧客リストとして作成し，新商品やセールの案内に活用しているが，複数の顧客にイベントの案内を電子メールで知らせる際に，CC（Carbon Copy）に顧客のメールアドレスを入力し，一斉送信した。

	ア	イ	ウ	エ
①	○	×	×	×
②	×	○	×	×
③	×	×	○	×
④	×	×	×	○
⑤	×	×	×	×

[出題：令和 3 年度　II-14]

解 説　　個人情報保護法第 15 条に（利用目的の特定）として「個人情報取扱事業者は，個人情報を取り扱うに当たっては，その利用の目的（以下「利用目的」という。）をできる限り特定しなければならない」とあり，第 16 条には（利用目的による制限）として「個人情報取扱事業者は，あらかじめ本人の同意を得ないで，前条の規定により特定された利用目的の達成に必要な範囲を超えて，個人情報を取り扱ってはならない」とあります。また，第 23 条に（第三者提供の制限）として「個人情報取扱事業者は，（中略）あらかじめ本人の同意を得ないで，個人データを第三者に提供してはならない」とあります。これらに該当するかが判断のよりどころです。なお，国の個人情報保護委員会が「個人情報保護法 ヒヤリハット事例集」（https://www.ppc.go.jp/files/pdf/pd_hiyari.pdf）として設問と同じ内容を事例として取り上げているので参考にしてください。

　（ア）×。謝罪したいというような理由であっても，本人に無断で個人データを第三者に提供してはなりません。提供する前に，生徒 B とその保護者からの同意が必要です。

　（イ）×。カードホルダーは，クレジットカード会社に対して調査を依頼しただけであって，加盟店に連絡先を提供することについては同意していません。第三者への提供にあたります。

　（ウ）×。顧客向けに提供されるサービスのために取得した個人情報を採用活動に利用しようとしており，利用目的外です。

　（エ）×。Cc で送付すると送付先全員にメールアドレスが明らかになります。「nanno-tarebei@ohmsha.co.jp」のようにフルネームが入っているメールアドレスは個人情報とみなされる可能性があり，第三者提供に相当します。このような場合は Bcc で送付するとメールアドレスが他の受信者に明らかになりません。

　よって，×，×，×，×となり最も適切な組合せは⑤です。　　　　　**答** ⑤

⚠ 説明責任

　公衆の保護の一つに，技術者としての説明責任があります。公衆は技術の専門家でないため技術者が何をしているのかわかりません。これを公衆にもわかりやすく説明して，公衆の信頼を得ることが必要です。医者が患者に病気の種類，対処法を説明して了解を得て治療するのと同じです。

問題4-4-4　科学技術に携わる者が自らの職務内容について，そのことを知ろうとする者に対して，わかりやすく説明する責任を説明責任（accountability）と呼ぶ。説明を行う者は，説明を求める相手に対して十分な情報を提供するとともに，説明を受ける者が理解しやすい説明を心がけることが重要である。以下に示す説明責任に関する（ア）〜（エ）の記述のうち，正しいものを○，誤ったものを×として，最も適切な組合せはどれか。

（ア）技術者は，説明責任を遂行するに当たり，説明を行う側が努力する一方で，説明を受ける側もそれを受け入れるために相応に努力することが重要である。

（イ）技術者は，自らが関わる業務において，利益相反の可能性がある場合には，説明責任と公正さを重視して，雇用者や依頼者に対し，利益相反に関連する情報を開示する。

（ウ）公正で責任ある研究活動を推進するうえで，どの研究領域であっても共有されるべき「価値」があり，その価値の1つに「研究実施における説明責任」がある。

（エ）技術者は，時として守秘義務と説明責任のはざまにおかれることがあり，守秘義務を果たしつつ説明責任を果たすことが求められる。

	ア	イ	ウ	エ
①	○	○	○	○
②	×	○	○	○
③	○	×	○	○
④	○	○	×	○
⑤	○	○	○	×

［出題：令和3年度　II-3］

解　説　（ア）適切。正しい記述です。

（イ）適切。「利益相反」とは，当事者の利益が競合，あるいは相反することの意

味です。国会議員がハンコの利用を推進するハンコ議員連盟の会長と，ハンコの利用を減らしてデジタル化を進める IT 政策担当大臣の両方を同時に務めることは利益相反になり，ハンコの利用をどうしようとしているのか国民から疑われます。

（ウ），（エ）適切。正しい記述です。

よって，○，○，○，○となり，正答は①です。 **答 ①**

（2） 公益の確保

技術士法第 45 条の 2 に「技術士又は技術士補は，その業務を行うに当たつては，公共の安全，環境の保全その他の公益を害することのないよう努めなければならない」とあり，技術士の責務として「公益確保」が記されています。公益確保に関連する出題をみていきましょう。

❗ 企業の社会的責任

企業の社会的責任（CSR: Corporate Social Responsibility）の国際規格として，ISO26000「Guidance on Social Responsibility」があります。これには七つの原則と七つの中核課題（「組織統治（ガバナンス）」「人権」「労働慣行」「環境」「公正な事業慣行」「消費者課題」「コミュニティへの参画及びコミュニティの発展」）が記してあります。特に，七つの原則に関して多く出題されています。ISO26000 は企業の社会的責任ですので，すべての企業に当てはまる原則かを考えるのがポイントです。では問題を解いてこの七つの原則を覚えましょう。

問題4-4-5 近年，世界中で環境破壊，貧困等，様々な社会的問題が深刻化している。また，情報ネットワークの発達によって，個々の組織の活動が社会に与える影響はますます大きく，そして広がるようになってきている。このため社会を構成するあらゆる組織に対して，社会的に責任ある行動がより強く求められている。ISO26000 には社会的責任の原則として「説明責任」，「透明性」，「倫理的な行動」等が記載されているが，社会的責任の原則として次の項目のうち，最も不適切なものはどれか。

① ステークホルダーの利害の尊重

② 法の支配の尊重

③ 国際行動規範の尊重

④ 人権の尊重

⑤ 技術ノウハウの尊重

［出題：平成 29 年度 II-11］

解　説　全部適切にみえますがおわかりですか？ ISO26000 を JIS 化した JIS Z 26000:2012 の中に「4　社会的責任の原則」があり，「説明責任，透明性，倫理的な行動，ステークホルダーの利害の尊重，法の支配の尊重，国際行動規範の尊重，人権の尊重」の七つが記載されています。

①～④適切，七つの原則に明記してあります。

⑤　不適切，七つの原則にありません。しかし，他人の技術ノウハウを尊重することは倫理的な行動ですし，知的財産の侵犯は法によって禁じられています。過去問（令和4年度 II-3）でも「技術の継承」が七つの原則に含まれるか問う出題があります。技術に立脚していない企業もあることを考えてください。

以上から最も不適切なものは⑤です。　　　　　　　　　　　**答**　⑤

⚠ 公益通報者保護法

公益の確保でたびたび出題されているのが「公益通報者保護法」です。公益通報者保護法で守られる通報者は次の条件を満たす必要があります。まず，「通報する人」は，正社員，派遣労働者，アルバイト，パートタイマー等のほか，公務員も含まれます。また，退職後1年以内の退職者及び，取締役，監査役等の役員も含まれます。「通報する内容」は法令違反なら何でもよいわけではなく，「国民の生命，身体，財産その他の利益の保護に関わる法律」として公益通報者保護法や政令で定められた約500本の法律（例えば愛玩動物看護師法）に違反する行為です。「通報先」は，事業者内部，権限を有する行政機関，そしてマスコミ等のその他の事業者の三つですが，その他の事業者に通報するのは，事業者内部や権限を有する行政機関に通報をすれば，不利益な取扱いを受ける，隠蔽される，通報したのに何もしない等の理由が必要なことに注意してください。令和3年の法改正に伴い令和4年に公益通報ハンドブック（https://www.caa.go.jp/policies/policy/consumer_partnerships/whisleblower_protection_system/overview/assets/overview_220705_0001.pdf）が消費者庁から発行されていて Web でも見ることができます。令和4年，令和5年に公益通報は出題されていないので直近で出題確率は高いと考えています。では問題で考えてみましょう。

問題4-4-6　公益通報（警笛鳴らし（Whistle Blowing）とも呼ばれる）が許される条件に関する次の（ア）～（エ）の記述について，正しいものは○，誤っているものは×として，最も適切な組合せはどれか。

（ア）従業員が製品のユーザーや一般大衆に深刻な被害が及ぶと認めた場合に

は，まず直属の上司にそのことを報告し，自己の道徳的懸念を伝えるべきである。

（イ）直属の上司が，自己の懸念や訴えに対して何ら有効なことを行わなかった場合には，即座に外部に現状を知らせるべきである。

（ウ）内部告発者は，予防原則を重視し，その企業の製品あるいは業務が，一般大衆，又はその製品のユーザーに，深刻で可能性が高い危険を引き起こすと予見される場合には，合理的で公平な第三者に確信させるだけの証拠を持っていなくとも，外部に現状を知らせなければならない。

（エ）従業員は，外部に公表することによって必要な変化がもたらされると信じるに足るだけの十分な理由を持たねばならない。成功をおさめる可能性は，個人が負うリスクとその人に振りかかる危険に見合うものでなければならない。

	ア	イ	ウ	エ
①	×	○	×	○
②	○	×	○	×
③	○	×	×	○
④	×	×	○	○
⑤	○	○	×	○

［出題：令和元年度再試験　II-5］

解　説　公益通報者保護法は関係法が多く技術者には理解が難しいところがあります。そこで「通報者」，「通報事項（その真実性）」，「通報先」の3点に特に注意して理解を深めるとよいでしょう。また，通報者は「個人の利益」，「組織の利益」，「公共の利益」を考えなければなりません。実社会にあってはこの三つの利益を守れるように粘り強く努力するとともに，不断のコミュニケーションにより共感，協調してくれるコミュニティを形づくることが大切です。

（ア）○。まずは組織内部での改善努力を求める意味で最初に選択されるべき通報先です（通報先）。

（イ）×。即座に外部に現状を知らせるのではなく，直属の上司の上司や内部通報窓口等，事業者内部に訴えるべきです（通報先）。

（ウ）×。合理的で公平な第三者に確信させるだけの証拠がなければ，外部に知らせることは情報漏洩になり，誤りです（通報事項）。

（エ）○。告発が成功する可能性があり，不適切な報復行為（リスク）から通報者が保護される必要があります（通報者）。

よって，○，×，×，○となります。 **答** ③

（2）　環境の保護

最近は環境基本法等の環境に関する法律に関連する出題と，エネルギー問題等の新しい動き，技術に関する出題があります。

❗ 環境とエネルギー

エネルギー関連については出題される用語の意味を知らないと答えようがないので，日頃から新聞を見るなりして勉強しておいてください。まずは，この用語が多数出る問題から解いてみましょう。

問題4-4-7　近年，地球温暖化に代表される地球環境問題の抑止の観点から，省エネルギー技術や化石燃料に頼らない，エネルギーの多様化推進に対する関心が高まっている。例えば，各種機械やプラント等のエネルギー効率の向上を図り，そこから排出される廃熱を回生することによって，化石燃料の化学エネルギー消費量を減らし，温室効果ガスの削減が行われている。とりわけ，環境負荷が小さい再生可能エネルギーの導入が注目されているが，現在のところ，急速な普及に至っていない。さまざまな課題を抱える地球規模でのエネルギー資源の解決には，主として「エネルギーの安定供給（Energy Security）」，「環境への適合（Environment）」，「経済効率性（Economic Efficiency）」の 3E の調和が大切である。

エネルギーに関する次の（ア）〜（エ）の記述について，正しいものは○，誤っているものは×として，最も適切な組合せはどれか。

（ア）再生可能エネルギーとは，化石燃料以外のエネルギー源のうち永続的に利用することができるものを利用したエネルギーであり，代表的な再生可能エネルギー源としては太陽光，風力，水力，地熱，バイオマス等が挙げられる。

（イ）スマートシティやスマートコミュニティにおいて，地域全体のエネルギー需給を最適化する管理システムを，「地域エネルギー管理システム（CEMS: Community Energy Management System）」という。

（ウ）コージェネレーション（Cogeneration）とは，熱と電気（または動力）を同時に供給するシステムをいう。

（エ）ネット・ゼロ・エネルギー・ハウス（ZEH）は，高効率機器を導入する

こと等を通じて大幅に省エネを実現した上で，再生可能エネルギーにより，年間の消費エネルギー量を正味でゼロとすることを目指す住宅をいう。

	ア	イ	ウ	エ
①	○	○	○	○
②	×	○	○	○
③	○	×	○	○
④	○	○	×	○
⑤	○	○	○	×

[出題：令和2年度　II-10]

解　説　環境にかかわるエネルギー源に関する用語の意味を問う多面的な設問で，新聞等でこれらに接していないと解答できない難問です。

（ア）○。再生可能エネルギーの正しい説明です。

（イ）○。地域エネルギー管理システムの正しい説明です。部門によっては聞きなれない地域エネルギー管理システムの用語に加え，英文の綴り，略称までを問う難問ですが，英文綴りの正誤を問うような設問は今まで出題されていないので安心してください。

（ウ）～（エ）○。正しい説明です。

以上より，○，○，○，○となり，最も適切な組合せは①です。　　**答　①**

これ以外にも過去問では次の用語説明の正誤を問う問題が出ていますので出題の可能性が高いと考え，参考までに掲載します。

（i）温室効果ガスとは，地球の大気に蓄積されると気候変動をもたらす物質として，京都議定書に規定された物質で，二酸化炭素（CO_2）とメタン（CH_4），亜酸化窒素（一酸化二窒素 /N_2O）のみを指す。

→不適切。京都議定書で削減目標が定められた温室効果ガスは二酸化炭素（CO_2），メタン（CH_4），亜酸化窒素（N_2O）のみではなく，ほかにハイドロフルオロカーボン類（HFCs），パーフルオロカーボン類（PFCs），六フッ化硫黄（SF_6）があります。本問は京都議定書に規定された物質がIPCC第5次評価報告書第1作業部会報告書にある温室ガスなのか，京都議定書に規定された温室ガスの種類は何か，そして，それらの組成式まで問う難問です。ただし，文末の「のみを指す」に注意してください。「のみ」と問題文にあるのは本当は「のみ」ではないと暗黙の示唆をしているのではないでしょうか？過去問で調べると「○○

のみである」と表示してある問題文のほとんどは「誤り」の文です（例：令和元年度II-6，同じくII-13）。受験のテクニックとして覚えておくとよいでしょう。

（ii）カーボンオフセットとは，社会の構成員が，自らの責任と定めることが一般に合理的と認められる範囲の温室効果ガスの排出量を認識し，主体的にこれを削減する努力を行うとともに，削減が困難な部分の排出量について，他の場所で実現した温室効果ガスの排出削減・吸収量等を購入すること又は他の場所で排出削減・吸収を実現するプロジェクトや活動を実現すること等により，その排出量の全部を埋め合わせた状態をいう。

→不適切。この説明はカーボンニュートラルの説明です。

（iii）カーボンニュートラルとは，社会の構成員が，自らの温室効果ガスの排出量を認識し，主体的にこれを削減する努力を行うとともに，削減が困難な部分の排出量について，他の場所で実現した温室効果ガスの排出削減・吸収量等を購入すること又は他の場所で排出削減・吸収を実現するプロジェクトや活動を実現すること等により，その排出量の全部又は一部を埋め合わせる取組みをいう。

→不適切。この説明はカーボンオフセットの説明です。

（iv）空気熱は，ヒートポンプを利用することにより温熱供給や冷熱供給が可能な，再生可能エネルギーの一つである。

→適切。正しい記述です。

（v）水素燃料は，クリーンなエネルギーであるが，天然にはほとんど存在していないため，水や化石燃料等の各種原料から製造しなければならず，再生可能エネルギーではない。

→適切。現在，世界で流通する水素の99%は化石燃料を改質して作る「グレー水素」と呼ばれるもので製造時にCO_2が発生し再生可能エネルギーではありません。なお，改質の際に発生するCO_2を回収して製造した水素を「ブルー水素」，製造過程でCO_2を発生させない水素を「グリーン水素」，天然で地中に存在する水素を「ホワイト（ゴールド）水素」と呼ぶことも覚えておいてください。

（vi）バイオガスは，生ゴミや家畜の糞尿を微生物等により分解して製造される生物資源の一つであるが，再生可能エネルギーではない。

→不適切。バイオガスは,生ゴミや家畜の糞尿を微生物の力により発酵や嫌気性消化により発生するガスで，非枯渇性の再生可能資源の一つとして位置付けられています。

（vii）カーボンオフセットとは，日常生活や経済活動において避けることができ

ない CO_2 等の温室効果ガスの排出について，まずできるだけ排出量が減るよう削減努力を行い，どうしても排出される温室効果ガスについて，排出量に見合った温室効果ガスの削減活動に投資すること等により，排出される温室効果ガスを埋め合わせるという考え方である。

　→適切。正しい説明です。

（viii）ゼロエミッション（Zero Emission）とは，産業により排出される様々な廃棄物・副産物について，他の産業の資源等として再活用することにより社会全体として廃棄物をゼロにしようとする考え方に基づいた，自然界に対する排出ゼロとなる社会システムのことである。

　→適切。正しい説明です。

（ix）生物濃縮とは，生物が外界から取り込んだ物質を環境中におけるよりも高い濃度に生体内に蓄積する現象のことである。特に生物が生活にそれほど必要でない元素・物質の濃縮は，生態学的にみて異常であり，環境問題となる。

　→適切。正しい説明です。

⚠ 環境関連法規

　つぎは法律関係の問題を解いてみましょう。法律の問題は条文と一致しているか，条文の範疇かを問います。一例として環境基本法に定められた，大気汚染，水質汚濁，土壌汚染，騒音，振動，地盤沈下，悪臭の合計七つの公害を典型7公害といいますが，これに「廃棄物投棄」を加えてどれが典型7公害かが令和4年度に問われています。

> **問題4-4-8**　循環型社会形成推進基本法は，環境基本法の基本理念にのっとり，循環型社会の形成について基本原則を定めている。この法律は，循環型社会の形成に関する施策を総合的かつ計画的に推進し，現在及び将来の国民の健康で文化的な生活の確保に寄与することを目的としている。次の（ア）～（エ）の記述について，正しいものは○，誤っているものは×として，適切な組合せはどれか。
>
> （ア）「循環型社会」とは，廃棄物等の発生抑制，循環資源の循環的な利用及び適正な処分が確保されることによって，天然資源の消費を抑制し，環境への負荷ができる限り低減される社会をいう。
>
> （イ）「循環的な利用」とは，再使用，再生利用及び熱回収をいう。
>
> （ウ）「再生利用」とは，循環資源を製品としてそのまま使用すること，並びに循環資源の全部又は一部を部品その他製品の一部として使用することをいう。

（エ）廃棄物等の処理の優先順位は，[1] 発生抑制，[2] 再生利用，[3] 再使用，[4] 熱回収，[5] 適正処分である。

	ア	イ	ウ	エ
①	○	○	○	○
②	×	○	×	○
③	○	×	○	×
④	○	○	×	×
⑤	○	×	○	○

[出題：令和 4 年度　II-10]

解　説　循環型社会形成推進基本法に関して用語の定義が法の言葉と一致しているかを問う形となっています。例えば（ア）の問題文で「環境への負荷ができる限り低減される社会をいう」が「環境への負荷が低減される社会をいう」となっていた場合，正誤の判断は悩ましくなりますが，今までの技術士試験ではこのような細かい語句の違いを判断させる設問はありません。環境省の Web サイトに環境法令ガイドがあり，その中に循環型社会形成推進基本法の説明もあるので一読してください。

（ア），（イ）○。循環型社会形成推進基本法に同様の文言があります。

（ウ）×。循環型社会形成推進基本法第 2 条の 6 の定義では「「再生利用」とは，循環資源の全部又は一部を原材料として利用することをいう」とあり，第 2 条の 5 の 1 で「循環資源を製品としてそのまま使用すること」は「再利用」と定義しています。

（エ）×。環境法令ガイドの循環型社会形成推進基本法の説明には，①発生抑制，②再使用，③再生利用，④熱回収，⑤適正処分とあり，問題文は「再使用」と「再生利用」が逆になっています。

以上より，○，○，×，×となります。　　　　　　　　　　　　　**答 ④**

❗ 遺伝子組換え技術

環境というと，気候変動，エネルギー問題，ゴミ問題等と考えがちですが遺伝子組換えについても出題されています。食品を除いてなかなか遺伝子組換えと向かい合うことは少ないでしょうが，ゲノム編集との違いを含め勉強しておきましょう。遺伝子組換えは，外から新たな遺伝子を「組み込む」技術で，もともともっていない新しい性質を付け加えることができます。しかし，これは自然界では余り生じな

いことですので既存の生物に影響することを考え，カルタヘナ法で規制されています。これに対し，ゲノム編集はもともと生物がもっている特定の遺伝子のみを「編集する」技術で，自然界でも突然変異として生じる可能性があります。ゲノム編集食品を販売する企業には，販売前に厚生労働省へ届出をするのみで追加で安全性審査をする必要はありません。遺伝子組換え表示制度が2023年に改正されていますので注意しましょう。

問題4-4-9　先端技術の一つであるバイオテクノロジーにおいて，遺伝子組換え技術の生物や食品への応用研究開発及びその実用化が進んでいる。

以下の遺伝子組換え技術に関する（ア）〜（エ）の記述のうち，正しいものは○，誤っているものは×として，最も適切な組合せはどれか。

（ア）遺伝子組換え技術は，その利用により生物に新たな形質を付与することができるため，人類が抱える様々な課題を解決する有効な手段として期待されている。しかし，作出された遺伝子組換え生物等の形質次第では，野生動植物の急激な減少等を引き起こし，生物の多様性に影響を与える可能性が危惧されている。

（イ）遺伝子組換え生物等の使用については，生物の多様性へ悪影響が及ぶことを防ぐため，国際的な枠組みが定められている。日本においても，「遺伝子組換え生物等の使用等の規制による生物の多様性の確保に関する法律」により，遺伝子組換え生物等を用いる際の規制措置を講じている。

（ウ）安全性審査を受けていない遺伝子組換え食品等の製造・輸入・販売は，法令に基づいて禁止されている。

（エ）遺伝子組換え食品等の安全性審査では，組換えDNA技術の応用による新たな有害成分が存在していないか等，その安全性について，食品安全委員会の意見を聴き，総合的に審査される。

	ア	イ	ウ	エ
①	○	○	○	○
②	○	○	○	×
③	○	○	×	○
④	○	×	○	○
⑤	×	○	○	○

［出題：令和2年度　II-14］

解　説　　遺伝子組換え技術に関する設問です。

（ア）〇。作出された遺伝子組換え生物が野生動植物の急激な減少等を引き起こさないか，生物多様性への影響についてのリスク評価を実施しています。

（イ）〇。「遺伝子組換え生物等の使用等の規制による生物の多様性の確保に関する法律」は 2000 年にカナダのモントリオールで開催された生物多様性条約特別締約国会議再開会合で採択されたカルタヘナ議定書により，通称「カルタヘナ法」と呼ばれています。2023 年 3 月，遺伝子を組み換えた赤く発光するメダカを未承認で飼育・販売したとして，初めてカルタヘナ法違反容疑で逮捕されたとの報道があったことも覚えておいてください。

（ウ）〇。審査を受けていない遺伝子組換え食品等や，これを原材料に用いた食品等の製造・輸入・販売は，食品衛生法に基づいて禁止されています。

（エ）〇。厚生労働省では，組換え DNA 技術の応用による新たな有害成分が存在していないか等，遺伝子組換え食品等の安全性について，食品安全委員会の意見を聴き，総合的に審査をしています。

よって，〇，〇，〇，〇となり最も適切な組合せは①です。　　**答　①**

（3）　AI と人間社会の関係

最近の AI の進歩は目を見張るものがあり，生成 AI の出現により人間の知的労働が AI に置き換わるのではないか，悪用したら人間社会を破壊するのではないかと取沙汰され，ガイドライン制定や法整備も検討されています。特に，2023 年の G7 広島サミットを契機に「広島 AI プロセス」として，Chat GPT を含む生成 AI の活用や開発，規制に関する国際的なルール作りを推進することになりましたので，これらをマスコミ等で注意しましょう。では，AI に関する問題です。

問題4-4-10　　AI に関する研究開発や利活用は今後飛躍的に発展することが期待されており，AI に対する信頼を醸成するための議論が国際的に実施されている。我が国では，政府において，「AI-Ready な社会」への変革を推進する観点から，2018 年 5 月より，政府統一の AI 社会原則に関する検討を開始し，2019 年 3 月に「人間中心の AI 社会原則」が策定・公表された。また，開発者及び事業者において，基本理念及び AI 社会原則を踏まえた AI 利活用の原則が作成・公表された。

以下に示す（ア）〜（コ）の記述のうち，AI の利活用者が留意すべき原則にあきらかに該当しないものの数を選べ。

（ア）適正利用の原則

（イ）適正学習の原則

（ウ）連携の原則

（エ）安全の原則

（オ）セキュリティの原則

（カ）プライバシーの原則

（キ）尊厳・自律の原則

（ク）公平性の原則

（ケ）透明性の原則

（コ）アカウンタビリティの原則

① 0　② 1　③ 2　④ 3　⑤ 4

[出題：令和 3 年度　II-6]

解　説　「人間中心の AI 社会原則」を読まれた方は少ないのではないでしょうか？この第 4 章には下記に示す AI 社会原則や AI 開発利用原則の考え方等が示されていて，（ア）〜（コ）の記述は多少，表現の違いはあるもののすべてがこれらの原則に当てはまります。明らかに該当しないものの数は 0 です。よって，正答は①です。

答 ①

▼アドバイス△　このように，一般の受験者が知らない文献に記載されているか否かを問う問題は，<u>全部正しいことが多い</u>ことも覚えておくとよいでしょう（例：平成 30 年度 II-12 のワーク・ライフ・バランスの出題は 10 項目全部が正しく，平成 30 年度 II-13（イ）の問題にある，1987 年のノルウェーの首相の名前や彼が公表した報告書名が正しいかなどは全部正しい）。

また，参考までに，AI 社会原則と AI 利活用の原則を次に示します。

☆AI 社会原則

（ⅰ）人間中心の原則，（ⅱ）教育・リテラシーの原則，（ⅲ）プライバシー確保の原則，（ⅳ）セキュリティ確保の原則，（ⅴ）公正競争確保の原則，（ⅵ）公平性，説明責任及び透明性の原則，（ⅶ）イノベーションの原則

☆AI 開発利用原則

「開発者及び事業者において，基本理念及び上記の AI 社会原則を踏まえた AI 開発利用原則を定め，遵守するべきと考える」とあり，AI 開発利用原則は関係者がそれぞれで定めるように提言しています。なお，基本理念として，（ⅰ）人間の尊

厳が尊重される社会（Dignity），（ⅱ）多様な背景をもつ人々が多様な幸せを追求できる社会（Diversity & Inclusion），（ⅲ）持続性ある社会（Sustainability）をあげています。

■4-4-2■個人（労働者等）の保護

公益確保の責務の対象として，技術士と共に働くことが多い労働者等も含まれます。ここでは，働き方改革（ワーク・ライフ・バランス），職場における多様性の尊重（ハラスメントの防止）やヒューマンエラーによる労災の防止が，合わせて毎年平均1問以上が出題されています。

（1）　働き方改革

少子高齢化や労働人口の減少等の社会的問題や，生活に対する価値観の変化等から，企業の経営者や労働者が働き方改革に取り組む現状があります。労働時間（残業等）の削減等は取組みの結果であり，そこに至る過程が大切です。ある職場では業務の再認識と再評価により，残業して作っていた会議資料を誰も参考にしていないこと等が判明したそうです。業務の抜け落ち防止のために新たなチェックシートを作成したら，従来からのチェックシートを一つ（できれば二つ）削減することを原則とし，チェックシートに使用期限も設けたところもあるとのことです。

▼アドバイス△　技術士第一次試験受験者には，職場経験のない大学生等が含まれていますが，働き方改革の問題は，日々の報道等を学ぶだけで解ける問題も多いので，チャレンジしてみてください。

問題4-4-11　我が国では人口減少社会の到来や少子化の進展を踏まえ，次世代の労働力を確保するために，仕事と育児・介護の両立や多様な働き方の実現が急務となっている。

この仕事と生活の調和（ワーク・ライフ・バランス）の実現に向けて，職場で実践すべき次の（ア）～（コ）の記述のうち，不適切なものの数はどれか。

（ア）会議の目的やゴールを明確にする。参加メンバーや開催時間を見直す。必ず結論を出す。

（イ）事前に社内資料の作成基準を明確にして，必要以上の資料の作成を抑制する。

（ウ）キャビネットやデスクの整理整頓を行い，書類を探すための時間を削減する。

（エ）「人に仕事がつく」スタイルを改め，業務を可能な限り標準化，マニュアル化する。

（オ）上司は部下の仕事と労働時間を把握し，部下も仕事の進捗報告をしっかり行う。

（カ）業務の流れを分析した上で，業務分担の適正化を図る。

（キ）周りの人が担当している業務を知り，業務負荷が高いときに助け合える環境をつくる。

（ク）時間管理ツールを用いてスケジュールの共有を図り，お互いの業務効率化に協力する。

（ケ）自分の業務や職場内での議論，コミュニケーションに集中できる時間をつくる。

（コ）研修等を開催して，効率的な仕事の進め方を共有する。

① 0　　② 1　　③ 2　　④ 3　　⑤ 4

［出題：平成30年度　II-12］

解　説　この設問は内閣府が発行した「ワーク・ライフ・バランスの実現に向けた「三つの心構え」と「10の実践」」をもとにしています。

（ア）　適切。上記内閣府の資料と一言一句違わない記述である。最後の「必ず結論を出す」と皆が考えて会議に参加することは素晴らしいことです。忖度等して，だらだら先送りするよりいいと思います。

（イ）　適切。先にも述べましたが，資料の棚卸をして，価値のない資料作りをやめましょう。

（ウ）　適切。次に使う人のことを考えて整理整頓するのは大切なことです。

（エ）　適切。自分にしかできない仕事にするか，誰にでもできる仕事にするかは大切です。

（オ）　適切。適切な管理や報連相は，働き方の基本です。

（カ）　適切。現実は，優秀な人ほど忙しく，そうでない人はそれなりです。なので，業務分析に基づく業務分担は大切です。

（キ）　適切。仕事を成し遂げるには，周囲に目を配り，皆の仕事がうまくいくように心を砕くことが大切です。単純作業でない限り，助ける人が優秀でないと，足手まといになります。

（ク）　適切。仕事の遅い人がクリティカルパスになりがちです。クラッシングす

235

るためにもグループウェアは大切です。

（ケ）　適切。コミュニケーションマネジメントは需要です。会議室等，集中できる場所も重要です。

（コ）　適切。特に渦中の人になっている人は，職場を離れての研修や座学で，効率的な仕事の進め方を共有することが大切です。

つまり，（ア）～（コ）はすべて適切です。選択肢の文は，上記内閣府の資料と一文一句違わない記述です。以上から，不適切なものは 0 個であり，正答は①です。

答　①

（2）　職場における多様性の尊重（ハラスメントの防止）

社会の縮図である職場では，多様な人が働いています。性差，年代層，職位，妊娠中，子育て中，介護中等，多様な人たちが，お互いをリスペクト（尊重）して楽しく，時には苦しみを分け合いながらも価値を創造できる職場を目指したいものです。

職場でのハラスメントの定義，誰がハラスメントをするか等を理解するために，以下の出題を解いてみてください。

問題4-4-12　職場のパワーハラスメントやセクシュアルハラスメント等の様々なハラスメントは，働く人が能力を十分に発揮することの妨げになることはもちろん，個人としての尊厳や人格を不当に傷つける等の人権に関わる許されない行為である。

また，企業等にとっても，職場秩序の乱れや業務への支障が生じたり，貴重な人材の損失につながり，社会的評価にも悪影響を与えかねない大きな問題である。職場のハラスメントに関する次の記述のうち，適切なものの数はどれか。

（ア）ハラスメントの行為者としては，事業主，上司，同僚，部下に限らず，取引先，顧客，患者及び教育機関における教員・学生等がなり得る。

（イ）ハラスメントであるか否かについては，相手から意思表示があるかないかにより決定される。

（ウ）職場の同僚の前で，上司が部下の失敗に対し，「ばか」，「のろま」等の言葉を用いて大声で叱責する行為は，本人はもとより職場全体のハラスメントとなり得る。

（エ）職場で不満を感じたりする指示や注意・指導があったとしても，客観的にみて，これらが業務の適切な範囲で行われている場合には，ハラスメントに

当たらない。

（オ）上司が，長時間労働をしている妊婦に対し，「妊婦には長時間労働は負担が大きいだろうから，業務分担の見直しを行い，あなたの残業量を減らそうと思うがどうか」と配慮する行為はハラスメントに該当する。

（カ）部下の性的指向（人の恋愛・性愛がいずれの性別を対象にするかをいう）または，性自認（性別に関する自己意識）を話題に挙げて上司が指導する行為は，ハラスメントになり得る。

（キ）職場のハラスメントにおいて，「優越的な関係」とは職務上の地位等の「人間関係による優位性」を対象とし，「専門知識による優位性」は含まれない。

① 1　　② 2　　③ 3　　④ 4　　⑤ 5

［出題：令和4年度　II-5］

解 説　職場のパワーハラスメントとは，職場において行われる①優越的な関係を背景とした言動であって，②業務上必要かつ相当な範囲を超えたものにより，③労働者の就業環境が害されるものであり，①から③までの三つの要素をすべて満たすものをいいます。

（ア）適切。厚生労働省のWebサイトに「セクシャルハラスメントの行為者とは？　事業主，上司，同僚に限らず，取引先，顧客，患者，学校における生徒等も行為者になり得る」とあります。

（イ）不適切。ハラスメントか否かの判断基準は，相手の意思表示の有無によりません。

（ウ）適切。厚生労働省のWebサイトに「職場の同僚の前で，直属の上司から「ばか」「のろま」等の言葉を毎日のように浴びせられる」との事例が示されています。

（エ）適切。業務の適切な範囲内で行われている場合はハラスメントにあたりません。

（オ）不適切。妊婦の長時間労働への配慮は，業務上必要かつ相当な範囲を超えたものとはいえません。

（カ）適切。厚生労働省のWebサイトに選択肢と同じ事例が示されています。

（キ）不適切。職場の優位性には「専門知識による優位性」も含まれています。

よって，適切なものは（ア），（ウ），（エ），（カ）の四つで，④が正解です。

答 ④

■4-4-3■権利の保護

　権利の保護については知的財産権制度に関して，ほぼ，毎年出題されています。知的財産権制度は特許法や著作権法に合致しているか否かの設問がほとんどです。制度の勉強をするとともに法令の変更，裁判の結果等がマスコミで大きく取り上げられたときは注意しておいてください（例：問題4-4-16の令和元年度再試験II-9では前年の平成31年1月1日に施行された著作権法が取り上げられています）。

（1）　知的財産権制度

　知的財産権制度を理解するには特許庁ホームページに掲載されている，次の図4.1をご覧ください。知的財産権の種類，内容，根拠法が記してあります。

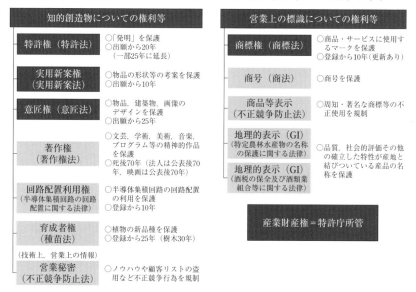

図4.1　知的財産権の種類

（https://www.jpo.go.jp/system/patent/gaiyo/seidogaiyo/chizai02.html より引用）

❗ 産業財産権

　図4.1で注意していただきたいのは「産業財産権」の範囲で，特許庁が所管する知的財産権をこう呼んでいます。回路配置利用権は経済産業省が所管するので「産業財産権」ではありません。知的財産権の種類や産業財産権に含まれるかは度々出題されていますが，知的財産権の種類の図を覚えていれば容易に解答できます。また，同図の中に営業秘密があります。4-3「秘密保持義務」に営業秘密がありましたね。不正競争防止法で営業秘密が守られているのはこの図でおわかりでしょう。

まずは簡単な問題から解いてみましょう。

問題4-4-13　産業財産権制度は，新しい技術，新しいデザイン，ネーミング等について独占権を与え，模倣防止のための保護，研究開発へのインセンティブを付与し，取引上の信用を維持することによって，産業の発展を図ることを目的にしている。これらの権利は，特許庁に出願し，登録することによって，一定期間，独占的に実施（使用）することができる。従来型の経営資源である人・物・金を活用して利益を確保する手法に加え，産業財産権を最大限に活用して利益を確保する手法について熟知することは，今や経営者及び技術者にとって必須の事項といえる。産業財産権の取得は，利益を確保するための手段であって目的ではなく，取得後どのように活用して利益を確保するかを，研究開発時や出願時等のあらゆる節目で十分に考えておくことが重要である。

次の知的財産権のうち，「産業財産権」に含まれないものはどれか。

① 特許権
② 実用新案権
③ 回路配置利用権
④ 意匠権
⑤ 商標権

［類似：令和3年度　II-13］

解　説　特許庁の知的財産権の種類の図を知っていれば簡単に解答できますね。ですが類似の問題は平成24年度II-9，令和元年度II-5，令和2年度II-5と度々出題されています。

①〜② 含まれる。産業財産権に含まれます。

③ 含まれない。回路配置利用権は産業財産権に含まれません。また，登録先が特許庁等の役所でなく，現在は，一般財団法人 ソフトウェア情報センター（SOFTIC）に登録することにも注意してください。

④〜⑤ 含まれる。産業財産権に含まれます。よって，③が含まれません。

答 ③

それでは，それ以外の問題を解いてみましょう。

問題4-4-14　ものづくりに携わる技術者にとって，特許法を理解することは非常に大事なことである。特許法の第１条には，「この法律は，発明の保護及び利用を図ることにより，発明を奨励し，もって産業の発達に寄与することを目的とする」とある。発明や考案は，目に見えない思想，アイディアなので，家や車のような有体物のように，目に見える形でだれかがそれを占有し，支配できるというものではない。したがって，制度により適切に保護がなされなければ，発明者は，自分の発明を他人に盗まれないように，秘密にしておこうとすることになる。しかしそれでは，発明者自身もそれを有効に利用することができないばかりでなく，他の人が同じものを発明しようとして無駄な研究，投資をすることとなってしまう。そこで，特許制度は，こういったことが起こらぬよう，発明者には一定期間，一定の条件のもとに特許権という独占的な権利を与えて発明の保護を図る一方，その発明を公開して利用を図ることにより新しい技術を人類共通の財産としていくことを定めて，これにより技術の進歩を促進し，産業の発達に寄与しようというものである。

　特許の要件に関する次の（ア）〜（エ）の記述について，正しいものは○，誤っているものは×として，最も適切な組合せはどれか。

（ア）「発明」とは，自然法則を利用した技術的思想の創作のうち高度なものであること

（イ）公の秩序，善良の風俗又は公衆の衛生を害するおそれがないこと

（ウ）産業上利用できる発明であること

（エ）国内外の刊行物等で発表されていること

	ア	イ	ウ	エ
①	×	○	○	×
②	○	×	○	○
③	×	○	○	○
④	○	○	○	×
⑤	○	○	×	×

［出題：令和元年度再試験　II-8］

解　説　特許法の中身についての設問ですが，特許が認められない発明もあることを示していますので取り上げました。

　（ア）○。特許法第２条に「この法律で「発明」とは，自然法則を利用した技術

的思想の創作のうち高度のものをいう」とあり，正しい記述です。

（イ）○。特許法第32条に「公の秩序，善良の風俗又は公衆の衛生を害するおそれがある発明については，（中略），特許を受けることができない」とあり，正しい記述です。

（ウ）○。特許法第29条に「産業上利用することができる発明をした者は，（中略），その発明について特許を受けることができる」とあり，正しい記述です。

（エ）×。特許を受けることができない発明として特許法第29条の三に「特許出願前に日本国内又は外国において，頒布された刊行物に記載された発明」とあり，公然と知られた発明に該当するため，誤りです。

よって，○，○，○，×となります。　　　　　　　　　　　　**答** ④

（2）　著作権

著作権は引用に関する出題が多く見受けられます。これは，技術士が自己の業績論文等で先人の論文を引用することが多いため，引用は技術士として具備すべき知識と考えてのことと推測します。では著作権の問題を解いてみましょう。

問題4-4-15　知的財産権の一種に，著作権がある。著作権については著作権法が定められている。この法律の目的は，著作物等に関し著作者の権利及びこれに隣接する権利を定め，これらの文化的所産の公正な利用に留意しつつ，著作者等の権利の保護を図り，文化の発展に寄与することである。著作物等の利用を野放しにしてしまっては著作者等は創作する人格的評価も財産的な対価も得られなくなり，創作意欲をかきたてにくくなる。その一方で，著作者等の権利の保護ばかりを重視すると，利用者は著作物等を利用しにくくなる。いずれの状態であっても，文化の発展にとって好ましいとはいえない。著作権法は文化の発展を目的に置きつつ，著作者等の権利の保護と利用者の公正な利用のあり方について，法的に明らかにしたものである。

公表された学術論文に記載されている内容を引用する際，論文の執筆者に承諾を得ずに引用を行う場合に関する次の記述のうち，最も適切なものはどれか。

① 著作権者の承諾がある場合を除き，引用は実質的に複製と同じ扱いとなるため，著作権者の承諾を得ることなく引用を行うことは，著作権侵害となる。

② 目的上正当な範囲内であれば，引用は認められているが，すべてを自由に引用できるわけではない。

③ 一般に公表されている論文であれば，自由に引用することができ，複製す

るることも認められている。

④　引用は認められているが，目的上正当な範囲内かつ研究の目的で行われる
ものに限られる。

⑤　引用する学術論文が外国語論文である場合には，日本語論文の中で引用し
て利用する場合であっても，元の外国語のまま引用しなければならない。

[出題：平成 27 年度　II-12]

解　説　引用に関する設問です。引用の正しい考え方を身につけておきまし
ょう。

①不適切。著作権法第 32 条に「公表された著作物は，引用して利用することが
できる。この場合において，その引用は，公正な慣行に合致するものであり，かつ，
報道，批評，研究その他の引用の目的上正当な範囲内で行なわれるものでなければ
ならない。」とあり，承諾なしの引用が認められています。

②適切。禁止する旨の表示がある場合は官公資料でも転載できないと著作権法第
32 条の 2 にあります。

③不適切。一般に公表されている論文でも，上記①での正当な範囲内を逸脱する
ような場合は，引用と認められないことになります。

④不適切。「研究の目的で行われるものに限られる」ことはなく，意見等の発表
で引用してもかまいません。また，試験問題に利用する場合，著作者の許可はいり
ません。本書の図 4.1 も特許庁の Web サイトから引用しています。

⑤不適切。著作権法第 43 条に「次の各号に掲げる規定により著作物を利用する
ことができる場合には，当該各号に掲げる方法により，当該著作物を当該各号に掲
げる規定に従って利用することができる。」とあり，著作権法第 43 条二号に掲げる
「第 32 条」の「引用」の方法としては「翻訳」を掲げてあります。同種の設問が，
平成 27 年度 II-12，平成 26 年度 II-14，平成 25 年度 II-13 と 3 年連続で出題され
たので留意してください。

よって，適切なものは②です。　**答**　②

また，平成 26 年度 II-14 では「著作物とは，思想又は感情を表現したものであっ
て，文芸，学術，美術又は音楽の範囲に属するものをいう。以前は「思想又は感情
を創作的に表現したもの」とされていたが，近年の著作権重視の流れの中で，「創
作的」である必要がなくなった。」と著作物に関する文の正誤を問うていますが「創
作的」であることは必須で，この文は誤りです。著作権は登録，届け出が不要で著

作物を制作したら直ちに著作権が発生することにも注意してください。さらに「著作者は財産価値を持つ著作権に加えて，著作物を公表する権利，著作者名を表示し，又は著作者名を表示しないこととする権利，著作物及びその題号の同一性を保持する権利からなる「著作者人格権」と呼ばれる権利を持つ」という問題も出題されていますが，こちらは正しい内容です。

　著作権ではもう一つ，AI 等のシステムで著作物を利用するときに一々著作者の了解を得ずともよい制度を著作権法改正で作っていることにも注目してください。文化庁でこの制度についてガイドラインの類を作成しようと検討しています。AI 関連の問題として取り上げられることもあると思います。次はこれに関する問題です。

問題4-4-16　IoT・ビッグデータ・人工知能（AI）等の技術革新による「第4次産業革命」は我が国の生産性向上の鍵と位置付けられ，これらの技術を活用し著作物を含む大量の情報の集積・組合せ・解析により付加価値を生み出すイノベーションの創出が期待されている。

　こうした状況の中，情報通信技術の進展等の時代の変化に対応した著作物の利用の円滑化を図るため，「柔軟な権利制限規定」の整備についての検討が文化審議会著作権分科会においてなされ，平成 31 年 1 月 1 日に，改正された著作権法が施行された。

　著作権法第 30 条の 4（著作物に表現された思想又は感情の享受を目的としない利用）では，著作物は，技術の開発等のための試験の用に供する場合，情報解析の用に供する場合，人の知覚による認識を伴うことなく電子計算機による情報処理の過程における利用等に供する場合その他の当該著作物に表現された思想又は感情を自ら享受し又は他人に享受させることを目的としない場合には，その必要と認められる限度において，利用することができるとされた。具体的な事例として，次の（ア）〜（カ）のうち，上記に該当するものの数はどれか。

　（ア）人工知能の開発に関し人工知能が学習するためのデータの収集行為，人工知能の開発を行う第三者への学習用データの提供行為

　（イ）プログラムの著作物のリバース・エンジニアリング

　（ウ）美術品の複製に適したカメラやプリンターを開発するために美術品を試験的に複製する行為や複製に適した和紙を開発するために美術品を試験的に複製する行為

（エ）日本語の表記の在り方に関する研究の過程においてある単語の送り仮名等の表記の方法の変遷を調査するために，特定の単語の表記の仕方に着目した研究の素材として著作物を複製する行為

（オ）特定の場所を撮影した写真等の著作物から当該場所の3DCG映像を作成するために著作物を複製する行為

（カ）書籍や資料等の全文をキーワード検索して，キーワードが用いられている書籍や資料のタイトルや著者名・作成者名等の検索結果を表示するために書籍や資料等を複製する行為

① 2　　② 3　　③ 4　　④ 5　　⑤ 6

[出題：令和元年度再試験　II-9]

解　説　　平成31年1月1日に施行された改正著作権法に関する問題が令和元年度再試験に出題されています。最新の法改正は出題される可能性が高いので注意してください。本改正に関し文化庁より「デジタル化・ネットワーク化の進展に対応した柔軟な権利制限規定に関する基本的な考え方（著作権法第30条の4，第47条の4及び第47条の5関係）」と題する冊子が発行され，改正に伴う種々の疑問に答えています。本問はこの冊子に記載されている著作権法第30条の4に関するもので，本項は「著作物は，当該著作物に表現された思想又は感情を自ら享受し又は他人に享受させることを目的としない場合には，その必要と認められる限度において，利用することができることとする」ために新設されました。解答にあたってはこれに該当するかを考えることになります。法改正時にはこのように所管官庁から冊子が発行されるので，技術士試験に度々出題される法律の勉強は難解な法律の条文を読むよりこのような冊子を読んで試験に備えましょう。

（ア）〜（カ）該当。いずれも「著作物に表現された思想又は感情」の「享受」を目的としない利用です。よって，6個すべてが該当します。　　　　**答** ⑤

■4-4-4■リスクと安全対策

　この分野は大きく分けて事業継続計画（BCP），労働安全衛生法，そして国際安全規格「ISO/IECガイド51」の出題例が多数を占めます。いずれも多数の書籍，Webでの解説があるので受験対策として図書館で借りるなり，一読してください。

（1）　リスク

リスク（risk）とは将来への「不確かさ」と，その「影響」のことです。プロジェ

クトがスタートするときは「不確かさ」は大きく，プロジェクトが終了したときには「不確かさ」はなくなるのでリスクは0になります。通常，リスクは悪い影響を与えるときに用いますので，リスク対策は安全に加えコストや工期を守ることにもつながります。リスクが顕在化すると，事故につながるのでリスク対策は安全対策と密接な関係があります。リスクについて次の問題を解いてみましょう。

問題4-4-17 気候の変化による災害が多発している。また，平成23年の東日本大震災を通じてさまざまな施設の安全には限度があるのではないかと市民は考えるようになった。事実，施設の強度や高さの設定根拠を上回る外力により，施設が危険な状態になることがあることも想定し，これは受容すべきリスクとして施設等を設計することが行われている。また，一般の産業や工事においても，安全を確保しているとされる機械や施工において事故が発生している。

これら安全の認識と対応に関する次のア）〜エ）の記述について，正しいものは○，誤っているものは×として，最も適切な組合せはどれか。

（ア）自然災害や産業において安全性を高める手法としてリスクマネジメント手法が用いられる。リスクアセスメントによりリスクの重大性が評価されたものに対する対処方法としては，リスク回避，リスク低減，リスク移転，リスク保有等があり，これを担当する科学者や技術者は最適な選択を行うように努力することが必要である。

（イ）さまざまな施設を設ける際に受容すべきリスクが存在するのであればリスクマネジメントを担当する科学者や技術者は，その受容すべきリスクがどのようなものであるのかを説明すべきであるが，もしリスクが顕在化した場合の被害については，知見の外なので説明の必要はない。

（ウ）産業においては，職場の潜在的な危険性や有害性を見つけ出し，低減・除去するための手法としてリスクアセスメント等の実施が努力義務化されている。これは災害が発生していない職場であっても潜在的な危険性や有害性は存在しており，これが放置されるといつか災害が発生する可能性があることを考慮したものである。

（エ）未経験なリスクに対して市民は過大や過小に評価する一般的傾向があるため，科学者や技術者は，自然災害や産業災害のリスクが一般市民に正しく伝達されるように，適切な助言を行う必要がある。

	ア	イ	ウ	エ
①	○	×	×	○
②	×	○	○	×
③	×	○	×	○
④	○	×	○	○
⑤	○	×	○	×

［出題：平成 26 年度　II-10］

解　説　　（ア）○。正しい記述です。

（イ）×。リスクが顕在化した場合の被害を減らすためにリスクマネジメントを行うので，説明する必要があります。

（ウ）×。リスクアセスメント等の実施は「必須」でなく「努力義務」です。これ以外は正しい説明で，災害が発生していない職場でもリスクアセスメント等を実施して災害予防することに注意してください。「必須」か「努力義務」かは法の条文を知らないと答えられない難問と考える方もいるでしょうが，冷静に自分の職場でリスクアセスメント等を「必須」として実施しているか考えるとよいでしょう。

（エ）○。一般市民に正しく伝達されるように行う助言をリスクコミュニケーションと呼びます。

よって，○，×，×，○となります。　　　　　　　　　　　　　　　**答** ①

（2）　ISO/IEC ガイド 51

これについては，まず次の問題を解いてみましょう。

問題4-4-18　技術者にとって安全確保は重要な使命の一つである。2014 年に国際安全規格「ISO/IEC ガイド 51」が改訂された。日本においても平成 28 年 6 月に労働安全衛生法が改正され施行された。リスクアセスメントとは，事業者自らが潜在的な危険性又は有害性を未然に除去・低減する先取り型の安全対策である。安全に関する次の記述のうち，最も不適切なものはどれか。

①　「ISO/IEC ガイド 51（2014 年改訂）」は安全の基本概念を示しており，安全は「許容されないリスクのないこと（受容できないリスクのないこと）」と定義されている。

②　リスクアセスメントは事故の未然防止のための科学的・体系的手法のことである。リスクアセスメントを実施することによってリスクは軽減される

が，すべてのリスクが解消できるわけではない。この残っているリスクを「残留リスク」といい，残留リスクは妥当性を確認し文書化する。

③　どこまでのリスクを許容するかは，時代や社会情勢によって変わるものではない。

④　リスク低減対策は，設計段階で可能な限り対策を講じ，人間の注意の前に機械設備側の安全化を優先する。リスク低減方策の実施は，本質安全設計，安全防護策及び付加防護方策，使用上の情報の順に優先順位がつけられている。

⑤　人は間違えるものであり，人が間違っても安全であるように対策を施すことが求められ，どうしてもハード対策ができない場合に作業者の訓練等の人による対策を考える。

[出題：平成 29 年度　II-12]

解　説　安全とリスクに関する設問です。

①適切。ISO/IEC ガイド 51：2014 には safty を「freedom from risk which is not tolerable」とあり，ISO/IEC ガイド 51：2014 を JIS 化した JIS Z 8051 の 3.14 項にも「安全（safety）：許容不可能なリスクがないこと」とある。問題文にある「許容されないリスクのないこと」は英文の和訳として適切です。

②適切。リスクアセスメントと残留リスクに関する正しい記述です。

③不適切。どこまでのリスクを許容するかは時代や社会情勢によって，変わっています。一例として無人航空機のドローンは従来，規制がありませんでしたが，総理大臣官邸への進入等に鑑みて航空法の一部を改正し，無人航空機の飛行に関する基本的なルールが定められました。これは科学技術の進歩により無人航空機によるリスクが現代の社会情勢において無視できないほど変化したためです。

④適切。リスク低減に関する正しい記述である。受験者は「本質安全設計」等，単語の意味を正しく理解しておいてください。

⑤適切。人が間違っても安全であるように対策を施すことを「フールプルーフ」，ハードもしくはシステムが誤動作，故障しても安全であるように対策を施すことを「フェールセーフ」と呼びます。

以上から最も不適切なものは③です。

答 ③

また，次の ALARP の考え方も何度か出題されていますので要注意です。平成 30 年度 II-11 は次の文章で出題されました。

リスク評価の考え方として，「ALARP の原則」がある。ALARP は，合理的に実

行可能なリスク低減措置を講じてリスクを低減することで，リスク低減措置を講じることによって得られる効果に比較して，リスク低減費用が著しく大きく，著しく合理性を欠く場合は，それ以上の低減対策を講じなくてもよいという考え方である。」

　→適切です。ALARP は"as low as reasonably practicable"の略で合理的か否かを判断基準としています。

　もう 1 問，用語の勉強を兼ねて，安全対策を問う問題を解いて理解を深めましょう。出題形式も特殊な形をしています。

問題4-4-19　次の（ア）〜（オ）の語句の説明について，最も適切な組合せはどれか。

（ア）システム安全

A　システム安全は，システムにおけるハードウェアのみに関する問題である。

B　システム安全は，環境要因，物的要因及び人的要因の総合的対策によって達成される。

（イ）機能安全

A　機能安全とは，安全のために，主として付加的に導入された電子機器を含んだ装置が，正しく働くことによって実現される安全である。

B　機能安全とは，機械の目的のための制御システムの部分で実現する安全機能である。

（ウ）機械の安全確保

A　機械の安全確保は，機械の製造等を行う者によって十分に行われることが原則である。

B　機械の製造等を行う者による保護方策で除去又は低減できなかった残留リスクへの対応は，すべて使用者に委ねられている。

（エ）安全工学

A　安全工学とは，製品が使用者に対する危害と，生産において作業者が受ける危害の両方に対して，人間の安全を確保したり，評価する技術である。

B　安全工学とは，原子力や航空分野に代表される大規模な事故や災害を問題視し，ヒューマンエラーを主とした分野である。

（オ）レジリエンス工学

A　レジリエンス工学は，事故の未然防止・再発防止のみに着目している。

　B　レジリエンス工学は，事故の未然防止・再発防止だけでなく，回復力を高
　めること等にも着目している。

	ア	イ	ウ	エ	オ
①	B	A	A	A	B
②	B	B	B	B	A
③	A	A	A	B	A
④	A	B	A	A	B
⑤	B	A	A	B	A

[出題：令和元年度　II-6]

解　説　（ア）システム安全→B

　Aは「ハードウェアのみに関する問題」の「のみ」と限定することが不適切で，
ハードウェアに限った問題ではありません。Bが適切です。

　（イ）機能安全→A

　Bは「機械の目的のための制御システムの部分」以外の装置によって安全を実現
してもかまいません。Aが適切です。

　（ウ）機械の安全確保→A

　Bの「残留リスクへの対応は，すべて使用者に委ねられている」の「すべて」が
不適切で製造等を行う者による教育等も残留リスク対応の一つです。Aが適切で
す。Aは「原則である」と原則以外があることも匂わせ，Bは「すべて」と厳しく
限定していることにも注意してください。

　（エ）安全工学→A

　Bの「大規模な事故や災害を問題視」，「ヒューマンエラーを主とした分野」が不
適切で，大規模災害に限ったものではなく，また，ヒューマンエラー以外も対象と
します。Aが適切です。

　（オ）レジリエンス工学→B

　Aの「のみに着目」が不適切で，回復力を高めること等にも着目しています。B
が適切です。ここでも不適切なものに「のみ」と記載してあることに注意してくだ
さい。よって，B，A，A，A，Bとなります。　　　　　　　　　　　**答** ①

（3）　事業継続計画（BCP）

　事業継続計画（以下，BCP）とはその名のとおり，災害等の緊急事態において事
業を継続する計画です。なお，BCPは災害を防ぐ防災計画とは違い，災害が起こっ

てしまったときの計画です。BCP と似た用語に BCM がありますが，これは BCP を運用・マネジメントすることで日本語では事業継続マネジメント（Business Continuity Management）と呼びます。BCP を作っただけでは計画倒れになる可能性もあるので，BCP の勉強会をする，訓練をする等を実施しますが，これは BCM の範疇です。内閣府の Web サイトにも事業継続ガイドライン（https://www.bousai.go.jp/kyoiku/kigyou/pdf/guideline202303.pdf）があります。BCM の進め方，BCP の作り方がわかりやすく説明されています。どのような事項が BCP として記されているかは，中小企業庁の Web サイト（https://www.chusho.meti.go.jp/bcp/contents/bcpgl_download.html#output）に「中小企業 BCP 策定運用指針」があるので，ここにある BCP のひな形を見ると BCP の内容，項目を確認することができます。ここで BCP に関する問題を解いてみてください。

問題4-4-20　企業に策定が求められている Business Continuity Plan（BCP）に関する次の（ア）〜（エ）の記述のうち，誤っているものの数はどれか。

（ア）BCP とは，企業が緊急事態に遭遇した場合において，事業資産の損害を最小限にとどめつつ，中核となる事業の継続あるいは早期復旧を可能とするために，平常時に行うべき活動や緊急時における事業継続のための方法，手段等を取り決めておく計画である。

（イ）BCP の対象は，自然災害のみである。

（ウ）わが国では，東日本大震災や相次ぐ自然災害を受け，現在では，大企業，中堅企業ともに，そのほぼ100%が BCP を策定している。

（エ）BCP の策定・運用により，緊急時の対応力は鍛えられるが，平常時にはメリットがない。

①　0　　②　1　　③　2　　④　3　　⑤　4

[出題：令和元年度　II-13]

解　説　（ア）正しい。説明のとおりです。

（イ）誤り。自然災害のみならず，停電，サプライチェーンの途絶，サイバー攻撃，パンデミック等，対象は多様です。「のみ」と限定して記載してあることにも注意してください。

（ウ）誤り。帝国データバンクの 2022 年 5 月の調査によると BCP を「策定している」大企業は 33.7%，中小企業は 14.7% となっています。また，事業継続が人の命にかかわる介護事業では 2024 年 3 月末までに BCP の策定が義務化されている

ことにも注意してください。

（エ）誤り。BCP の策定・運用により，平常時の業務についてもやり方の改善，効率化を図る機会となります。

よって，誤りの数は三つです。 **答 ④**

▼アドバイス△ 問題文で「のみ」と限定していたら「誤り」ではないかと疑ってみましょう。

また，令和 5 年度 II-10 にはこんな問題もありました。

「企業・組織の事業内容や業務体制，内外の環境は常に変化しているので，経営者が率先して，BCM の定期的及び必要な時期での見直しと，継続的な改善を実施することが必要である。」

→正しい文章です。計画を立てたら見直すことが正しいことはおわかりでしょう。

（4）労働安全衛生法

労働安全衛生法は「職場における労働者の安全と健康を確保するとともに，快適な職場環境の形成を促進することを目的とする」法律で，数年に一度は出題されています。法律の条文を読むと労働安全衛生にかかわる危険物質の話から免許までいろいろなことが記されていて戸惑うでしょうが，多岐にわたるのでリスク管理に絞って学習することをおすすめします。労働安全衛生法第 28 条の 2 には，「危険性又は有害性等の調査及びその結果に基づく措置」として，リスクアセスメントを行うこととその結果に基づき措置を実施することを努力義務としています。また，厚生労働省から「危険性又は有害性等の調査等に関する指針」が公表されています。過去問に加えリスクアセスメントを中心に準備をしてください。リスクアセスメントとは，危険性や有害性の特定，リスクの見積り，優先度の設定，リスク低減措置の決定の一連の手順です。図 4.2 も参照してください。

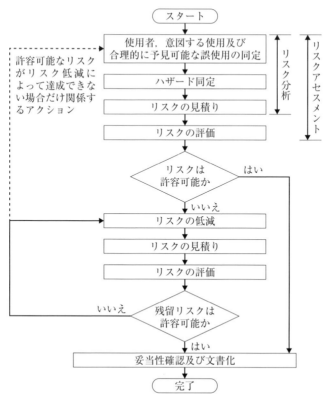

図4.2　リスク分析とリスクアセスメント

では，次のリスクにも関係する問題を解いてみましょう。

問題4-4-21　技術者にとって労働者の安全衛生を確保することは重要な使命の1つである。労働安全衛生法は「職場における労働者の安全と健康を確保」するとともに，「快適な職場環境を形成」する目的で制定されたものである。次に示す安全と衛生に関する（ア）〜（キ）の記述のうち，適切なものの数を選べ。

（ア）総合的かつ計画的な安全衛生対策を推進するためには，目的達成の手段方法として「労働災害防止のための危害防止基準の確立」「責任体制の明確化」「自主的活動の促進の措置」等がある。

（イ）労働災害の原因は，設備，原材料，環境等の「不安全な状態」と，労働者の「不安全な行動」に分けることができ，災害防止には不安全な状態・不安全な行動を無くす対策を講じることが重要である。

（ウ）ハインリッヒの法則では，「人間が起こした 330 件の災害のうち，1 件の重い災害があったとすると，29 回の軽傷，傷害のない事故を 300 回起こしている」とされる。29 の軽傷の要因を無くすことで重い災害を無くすことができる。

（エ）ヒヤリハット活動は，作業中に「ヒヤっとした」「ハッとした」危険有害情報を活用する災害防止活動である。情報は，朝礼等の機会に報告するようにし，「情報提供者を責めない」職場ルールでの実施が基本となる。

（オ）安全の 4S 活動は，職場の安全と労働者の健康を守り，そして生産性の向上を目指す活動として，整理（Seiri），整頓（Seiton），清掃（Seisou），しつけ（Shituke）がある。

（カ）安全データシート（SDS: Safety Data Sheet）は，化学物質の危険有害性情報を記載した文書のことであり，化学物質及び化学物質を含む製品の使用者は，危険有害性を把握し，リスクアセスメントを実施し，労働者へ周知しなければならない。

（キ）労働衛生の健康管理とは，労働者の健康状態を把握し管理することで，事業者には健康診断の実施が義務づけられている。一定規模以上の事業者は，健康診断の結果を行政機関へ提出しなければならない。

① 3　　② 4　　③ 5　　④ 6　　⑤ 7

[出題：令和 3 年度　II-12]

解　説　　度々出題される「労働安全衛生法」に関するものです。厚生労働省の Web サイト「職場のあんぜんサイト」（https://anzeninfo.mhlw.go.jp/yougo/yougo_index01.html）には関連する用語集があるので参考にしてください。

（ア）適切。労働安全衛生法の第 1 条に「この法律は，（中略）労働災害の防止のための危害防止基準の確立，責任体制の明確化及び自主的活動の促進の措置を講ずる等その防止に関する総合的計画的な対策を推進することにより職場における労働者の安全と健康を確保するとともに，快適な職場環境の形成を促進することを目的とする」とあります。

（イ）適切。上記，「職場のあんぜんサイト」に同じ趣旨の文言があります。

（ウ）不適切。ハインリッヒの法則では，「人間が起こした 330 件の災害のうち，1 件の重い災害があったとすると，29 回の軽傷，傷害のない事故を 300 回起こしている」は統計データの分析結果です。29 の軽傷の要因をなくすことで重い災害を

なくすことは必ずしもできません。そのために下記（エ）項の活動等を職場で行い，小さな事故から大きな事故まで防ぐことを行っています。

（エ）適切。「情報提供者を責めない」職場ルールにより，自分のヒヤリハット経験を報告する機会を増やして，同様の事故につながる事案を減らそうとしていることに注意してください。

（オ）不適切。4S は整理（Seiri），整頓（Seiton），清掃（Seiso），清潔（Seiketsu）で，しつけ（Shitsuke）を加えて 5S ともいいます。

（カ）適切。安全データシート（SDS: Safety Data Sheet）に直接，間接に携わった受験者は少ないかもしれませんが，これは正しい記述です。問題文の SDS のスペルは正しいか，「使用者」なのか「管理者」なのか，「リスクアセスメント」なのか「リスク評価」なのか，疑えばきりがない問題文ですが，技術士試験では受験者の中に門外漢が多い，このような難問は往々にして正しい記述としています。

（キ）適切。労働者が 50 人以上の事業場では，定期健康診断の結果を所轄の労働基準監督署長へ報告することが求められています。これも業務で携わった方は少ないと思いますが，正しい記述となっています。

以上より適切なものの数は 5 です。　　　　　　　　　　　　　　　　　　答 ③

▼**アドバイス△**　出題される内容は，技術士を目指す者に身に着けておいて欲しい事項です。よって，過去問の内容は参考書と考えて取り組みましょう。

▼**アドバイス△**　令和 5 年度に出題された「国土交通省インフラ長寿命化計画」は建設系の実務で携わる人を除き，他部門の受験者は目にする機会がないのではないでしょうか。特定の部門に偏った問題と考えますが，令和元年にも出題されています。なぜ，令和 5 年度に出題されたのでしょうか？ 問題文の中に「令和 3 年 6 月に今後の取組の方向性を示す第二期の行動計画が策定」と書いてあります。「国土交通省インフラ長寿命化計画」が改定されたのです。令和 3 年 6 月なら令和 5 年 7 月に受験者は知っておいておかしくないと 2〜3 年前の改定を出題しました。このように，過去に出題された問題に絡む，法令，公的な規則，ガイドラインの改定に注意しましょう。

■4-4-5■国際的な取組み

ここでは，国際的な取組みである SDGs の出題への対応について解説します。SDGs が最初に出題されたのは令和元年（2019 年）で，以降は隔年を上回る頻度で出題されています。

▼アドバイス△　SDGs は，2015 年に国連サミットにおいて全会一致で採択され，すべての国とすべての人間の行動計画です。「我々の世界を変革する：持続可能な開発のための 2030 アジェンダ（SDGs）」は，日本語訳（外務省仮訳）で 36 ページにわたる長文ですが，人類の一人として一読することをおすすめします。以下に，2030 年の実現を目指す 17 の国際目標（表 4.10）と SDGs の前文（冒頭部分）を示します。

表 4.10　SDGs（持続可能な開発目標）17 のゴール一覧

SDGs　17 のゴール	9.　産業と技術革新の基盤をつくろう
1.　貧困をなくそう	10.　人や国の不平等をなくそう
2.　飢餓をゼロ	11.　住み続けられるまちづくりを
3.　すべての人に健康と福祉を	12.　つくる責任 つかう責任
4.　質の高い教育をみんなに	13.　気候変動に具体的な対策を
5.　ジェンダー平等を実現しよう	14.　海の豊かさを守ろう
6.　安全な水とトイレを世界中に	15.　陸の豊かさも守ろう
7.　エネルギーをみんなに そしてクリーンに	16.　平和と公正をすべての人に
8.　働きがいも経済成長も	17.　パートナーシップで目標を達成しよう

★我々の世界を変革する：持続可能な開発のための 2030 アジェンダ★

「このアジェンダは，人間，地球及び繁栄のための行動計画である。これはまた，より大きな自由における普遍的な平和の強化を追求ものでもある。我々は，極端な貧困を含む，あらゆる形態と側面の貧困を撲滅することが最大の地球規模の課題であり，持続可能な開発のための不可欠な必要条件であると認識する。

すべての国及びすべてのステークホルダーは，協同的なパートナーシップの下，この計画を実行する。我々は，人類を貧困の恐怖及び欠乏の専制から解き放ち，地球を癒やし安全にすることを決意している。我々は，世界を持続的かつ強靱（レジリエント）な道筋に移行させるために緊急に必要な，大胆かつ変革的な手段をとることに決意している。我々はこの共同の旅路に乗り出すにあたり，誰一人取り残さないことを誓う。

今日我々が発表する 17 の持続可能な開発のための目標（SDGs）と，169 のターゲットは，この新しく普遍的なアジェンダの規模と野心を示している。これらの目標とターゲットは，ミレニアム開発目標（MDGs）を基にして，ミレニアム開発目標が達成できなかったものを全うすることを目指すものである。これらは，すべての人々の人権を実現し，ジェンダー平等とすべての女性と女児の能力強化を達成す

ることを目指す。これらの目標及びターゲットは，統合され不可分のものであり，持続可能な開発の三側面，すなわち経済，社会及び環境の三側面を調和させるものである。

これらの目標及びターゲットは，人類及び地球にとり極めて重要な分野で，向こう15年間にわたり，行動を促進するものになろう。」（出典：日本国外務省仮訳）

まず，SDGsの目標の説明の正誤を問う問題を解いてください。

問題4-4-22　SDGs（Sustainable Development Goals：持続可能な開発目標）とは，持続可能で多様性と包摂性のある社会の実現のため，2015年9月の国連サミットで全会一致で採択された国際目標である。次の（ア）〜（キ）の記述のうち，SDGsの説明として正しいものは○，誤っているものは×として，適切な組合せはどれか。

（ア）　SDGsは，先進国だけが実行する目標である。

（イ）　SDGsは，前身であるミレニアム開発目標（MDGs）を基にして，ミレニアム開発目標が達成できなかったものを全うすることを目指している。

（ウ）　SDGsは，経済，社会及び環境の三側面を調和させることを目指している。

（エ）　SDGsは，「誰一人取り残さない」ことを目指している。

（オ）　SDGsでは，すべての人々の人権を実現し，ジェンダー平等とすべての女性と女児のエンパワーメントを達成することが目指されている。

（カ）　SDGsは，すべてのステークホルダーが，協同的なパートナーシップの下で実行する。

（キ）　SDGsでは，気候変動対策等，環境問題に特化して取組が行われている。

	ア	イ	ウ	エ	オ	カ	キ
①	×	×	○	○	○	○	○
②	×	○	×	○	×	○	×
③	×	○	○	○	○	○	×
④	○	○	○	×	○	×	○
⑤	×	○	○	○	○	×	×

［出題：令和4年度　II-14］

解　説　（ア）誤り。前文に「すべての国及びすべてのステークホルダーは，協同的なパートナーシップの下，SDGsを実行する」とあります。先進国だけでな

く，また，国だけでなく企業や人類一人ひとりもステークホルダーと自覚し，実行することを認識しましょう。

（イ）　正しい。前文に「ミレニアム開発目標（MDGs）を基にして，ミレニアム開発目標が達成できなかったものを全うすることを目指すものである」とあります。

（ウ）　正しい。前文に「持続可能な開発の三側面，すなわち経済，社会及び環境の三側面を調和させるものである」とあります。

（エ）　正しい。前文に「我々はこの共同の旅路に乗り出すにあたり，誰一人取り残さないことを誓う」とあります。旅路とは SDGs の実行を意味します。

（オ）　正しい。前文では「すべての人々の人権を実現し，ジェンダー平等とすべての女性と女児の能力強化を達成することを目指す」とあり，問題文の「エンパワーメント」は前文では「能力強化」と表記しています。しかし，英文では「They seek to realize the human rights of all and to achieve gender equality and the empowerment of all women and girls」とあり，「エンパワーメント」は「empowerment」をカタカナ書きにしたもので同一とみなせるので，正しいです。

（カ）　正しい。前文に「すべての国及びすべてのステークホルダーは，協同的なパートナーシップの下，SDGs を実行する」とあります。

（キ）　誤り。SDGs 前文に「17 の持続可能な開発のための目標」とあり，17 の目標には（オ）に示す女性の地位向上を含め，貧困，飢餓からの脱却等，気候変動や環境以外も含まれます。

以上から，×，○，○，○，○，○，×となります。　　　　　　　答 ③

4-5 ｜ 資質向上の責務

（1）　継続研鑽

技術士法第 4 章には，「技術士は，常に，その業務に関して有する知識及び技能の水準を向上させ，その他その資質の向上を図るよう努めなければならない。」とあります。また技術士倫理綱領の継続研鑽の項には「技術士は，専門分野の力量及び技術と社会が接する領域の知識を常に高めるとともに，人材育成に努める。」とあります。

継続研鑽（CPD: Continuing Professional Development）は，技術士の責務であるだけでなく，権利です。そして人材育成のための研鑽は希望でもあります。

継続研鑽の足跡（実績）を残す仕組みとして，日本技術士会にCPD登録制度があります。また，日本技術士会，関連学協会や技術士コミュニティが開催する認定された講演会や研修会に参加したり，自己研鑽したりするとCPD実績を残すことができます。日本技術士会のWebサイト「技術士CPD（継続研鑽）ガイドライン（第3版）」に記載があるので，参考にしてください。

継続研鑽については，ほぼ毎年出題されています。それ単独で出題されるほか，技術士法第4章全般に関する問題の一部分として，出題されることもあります。

ここで，継続研鑽に関する過去問を解いてみてください。

問題4-5-1　CPD（Continuing Professional Development）は，技術者が自らの技術力や研究能力向上のために自分の能力を継続的に磨く活動を指し，継続教育，継続学習，継続研鑽等を意味する。CPDに関する次の（ア）〜（エ）の記述について，正しいものは○，誤っているものは×として，適切な組合せはどれか。

（ア）CPDへの適切な取組を促すため，それぞれの学協会は積極的な支援を行うとともに，質や量のチェックシステムを導入して，資格継続に制約を課している場合がある。

（イ）技術士のCPD活動の形態区分には，参加型（講演会，企業内研修，学協会活動），発信型（論文・報告文，講師・技術指導，図書執筆，技術協力），実務型（資格取得，業務成果），自己学習型（多様な自己学習）がある。

（ウ）技術者はCPDへの取組を記録し，その内容について証明可能な状態にしておく必要があるとされているので，記録や内容の証明がないものは実施の事実があったとしてもCPDとして有効と認められない場合がある。

（エ）技術提供サービスを行うコンサルティング企業に勤務し，日常の業務として自身の技術分野に相当する業務を遂行しているのであれば，それ自体がCPDの要件をすべて満足している。

[出題：令和4年度　II-15]

解　説　技術者と技術士の「継続研鑽（CPD）」に関する設問である。技術士は責務として自己研鑽により自己の能力を高めることを求められています。

（ア）正しい。学協会は，いわゆる講演会，論文発表の場の提供等を支援しています。また，APECエンジニアをはじめとして更新にCPDの実績を求める資格があります。技術士には資格更新はありません。

（イ）正しい。日本技術士会発行の技術士 CPD ガイドライン記載の表-3「CPD 活動の形態区分と形態項目」に同様の記述があります。

（ウ）正しい。証拠がないにもかかわらず，学協会が会員の CPD 実績を認めることは，学協会の CPD 登録の信頼性を失うことになります。

（エ）誤り。日常業務として自身の技術分野での業務遂行は，CPD の対象になりません。

以上から，○，○，○，×となり，正解は⑤です。　　　　　　　**答** ⑤

（2）　技術士の国際的同等性

技術士の国際的同等性（時に国際的通用性と表現される）に関する出題頻度はそれほど高くありません。令和5年度には，国際的同等性を考慮し，「技術士に求められる資質能力（コンピテンシー）」の一つとして「継続研鑽」が加えられ8項目になったことに関する出題がされています。

技術士の国際的同等性とは，技術士資格が国際的に通用することを指します。技術士資格は，日本国内でのみ有効です。しかし，APEC エンジニアや IPEA 国際エンジニア等の国際的なエンジニアリング資格と同等性が認められており，海外でも活躍することができます。日本では，APEC エンジニアの要件を満たす技術士が，日本技術士会に申請することで登録が可能です。海外関連業務に従事する可能性のある技術士は，この二つの国際エンジニアリング資格を申請・登録することをすすめます。

JABEE は，一般社団法人日本技術者教育認定機構の略称で，技術系の大学や専門学校の教育プログラムに対して認定を行っています。この教育プログラムの卒業生は，国際的な同等性が認められたことになり，国内外から受け入れられています。つまり，国際的に通用する技術者ということができます。JABEE 認定プログラムの修了者は，「修習技術者」として技術士第一次試験が免除され，必要な経験を積んだ後に技術士第二次試験を受験することができます。

表 4.11　技術士の国際資格相互認証国一覧（出典：文部科学省 Web サイト）

No.	国・地域	APEC エンジニア	IPEA 国際エンジニア
1	アイルランド		○
2	アメリカ	○	○
3	イギリス		○
4	インド		○
5	インドネシア	○	
6	オーストラリア	○	○
7	カナダ	○	○
8	韓国	○	○
9	シンガポール	○	○
10	スリランカ		○
11	タイ	○	
12	台湾	○	○
13	日本	○	○
14	ニュージーランド	○	○
15	パキスタン		△
16	バングラデッシュ		△
17	フィリピン	○	
18	香港	○	○
19	マレーシア	○	○
20	南アメリカ		○
21	ロシア	○	△
合計		14か国・地域	18か国・地域

※ △印は，暫定加盟国を表しています。

ここで，技術士の国際的同等性に関する過去問を解いてみてください。

問題4-5-2　技術者の国際的同等性を確保する取組に関する次の記述のうち，最も不適切なものはどれか。

① 我が国において，大学等の高等教育機関の工農理系学科で行われている技術者育成に関わる教育の認定を行う機関として日本技術者教育認定機構（JABEE）がある。技術者教育は国際的同等性を確保することが重要であり，そのため技術者教育認定の国際的枠組みに加盟している。エンジニアリングではワシントン協定，情報系はソウル協定，建築では UNESCO-UIA に加盟し，これらの協定に準拠した基準で審査を行う。

②　JABEE で認定された教育プログラムを修了・卒業すると，文部科学省所管の技術士制度における技術士第一次試験が免除され，自動的に技術士補となる。

③　国際エンジニア協定（IPEA）に加盟している各エコノミー（国と地域）の技術者団体は，加盟エコノミー間で合意された一定の基準を満たす技術者を，各国において国際エンジニア登録簿に登録を行うこととしており，我が国では技術士をこれに登録し，登録された技術士を IPEA 国際エンジニア（旧称：EMF 国際エンジニア）と呼ぶ。

④　太平洋を取り囲む国と地域の経済協力枠組みであるアジア太平洋経済協力（APEC）の制度参加国・地域が共通に定めた登録要件を満たす技術士，建築士を APEC エンジニア，APEC アーキテクトといい，登録されると参加国・地域間で技術士・建築士として同等の能力を有すると評価され，共通の称号である APEC エンジニア，APEC アーキテクトを名乗ることができる。

⑤　APEC では，二国間で合意すれば，相手国・地域における業務免許に必要な技術的能力の審査をお互いに免除することもできる。我が国は，豪州との間で，2003 年に技術士資格，2008 年に建築士資格について，それぞれ相互承認に関する覚書を取り交わし，2009 年にはニュージーランドとの間で建築士資格について同様の覚書を取り交わしている。

[出題：平成 27 年度　II-3]

解　説　この問題は，技術者の国際的同等性を確保する取組みとしての JABEE，IPEA 国際エンジニア，APEC エンジニア，APEC アーキテクトに関するものです。

①適切。技術者教育認定の国際的枠組みとして，エンジニアリングではワシントン協定，情報系はソウル協定，建築では UNESCO-UIA に加盟しています。

②最も不適切。JABEE 認定教育プログラム修了・卒業者は技術士第一次試験が免除されますが，技術士補となるためには，公益社団法人 日本技術士会に申請し，登録を受けなければなりません。

③適切。記述のとおりです。

④適切。記述のとおりです。

⑤適切。記述のとおりです。　　　　　　　　　　　　　　　　**答**　②

▼**アドバイス**△　例えば将来，日本企業の海外拠点で勤務するときに，名刺に

APEC エンジニアや IPEA 国際エンジニアの資格が記載されていると，現地の人達からリスペクトされるでしょう。そういう姿を思い浮かべながら，机の前に相互認証されている国や地域を色塗りした地図や表を貼っておくと，合格へのモチベーションになるでしょう。相互認証されているのは，表 4.11 に示す 21 か国・地域です。

適性科目合格のポイント（まとめ）

1. **出題頻度の高いところから学習する。**
   ①これまでの試験では，過去に類似問題が 90％程度出題されている。
   ②本書の学習で，合格点（8 問以上正解，正答率 50％以上）を目指す。
2. **技術士法第 4 章「技術士等の義務」を確実に理解する。**〈付録に収録〉
   ①三つの義務（信用失墜行為の禁止，秘密保持，名称表示の場合の義務）
   ②二つの責務（公益確保の責務，資質向上責務）
   ③一つの制限（技術士補の業務の制限）
3. **求められる倫理・行動原則・資質能力を理解する。**〈付録に収録〉
   ①技術士倫理綱領
   ②技術士に求められる資質能力（コンピテンシー）
   ③技術士プロフェッション宣言・技術士の行動原則
4. **学協会等の倫理綱領等（一部を以下に例示）を一読し理解する。**
   ①電気学会倫理綱領　　　②人工知能学会倫理指針
   ③土木技術者の倫理規定　④情報処理学会倫理綱領
5. **公益確保関係法令等の内容を理解する。**〈付録に収録〉
   ①個人情報保護法　　②公益通報者保護法
   ③特許法　　　　　　④製造物責任法（PL 法）
6. **時事問題や国際的課題に関心をもつ。**
   報道や専門誌等によって，重大事故，検査不正，データ改ざん事例等を理解する。またグローバルな視点から，SDGs 等の国際的取組みを理解する。

付録　関連法令

技術士法（抄）

昭和58年4月27日法律第25号
最終改正　令和4年6月17日法律第68号

第1章　総則

第1条（目的）　この法律は，技術士等の資格を定め，その業務の適正を図り，もって科学技術の向上と国民経済の発展に資することを目的とする。

第2条（定義）　この法律において「技術士」とは，第32条第1項の登録を受け，技術士の名称を用いて，科学技術（人文科学のみに係るものを除く。以下同じ）に関する高等の専門的応用能力を必要とする事項についての計画，研究，設計，分析，試験，評価又はこれらに関する指導の業務（他の法律においてその業務を行うことが制限されている業務を除く）を行う者をいう。

2　この法律において「技術士補」とは，技術士となるのに必要な技能を修習するため，第32条第2項の登録を受け，技術士補の名称を用いて，前項に規定する業務について技術士を補助する者をいう。

第3条（欠格条項）　次の各号のいずれかに該当する者は，技術士又は技術士補となることができない。

1　心身の故障により技術士又は技術士補の業務を適正に行うことができない者として文部科学省令で定めるもの

2　禁錮以上の刑に処せられ，その執行を終わり，又は執行を受けることがなくなった日から起算して2年を経過しない者

3　公務員で，懲戒免職の処分を受け，その処分を受けた日から起算して2年を経過しない者

4　第57条第1項又は第2項の規定に違反して，罰金の刑に処せられ，その執行を終わり，又は執行を受けることがなくなった日から起算して2年を経過しない者

5　第36条第1項第二号又は第2項の規定により登録を取り消され，その取消しの日から起算して2年を経過しない者

6　弁理士法（平成12年法律第49号）第32条第三号の規定により業務の禁止の処分を受けた者，測量法（昭和24年法律第188号）第52条第二号の規定により登録を削除された者，建築士法（昭和25年法律第202号）第10条第1項の規定により免許を取り消された者又は土地家屋調査士法（昭和25年法律第228号）第42条第三号の規定により業務の禁止の処分を受けた者で，これらの処分を受けた日から起算して2年を経過しないもの

第2章の2　技術士等の資格に関する特例

第31条の2　技術士と同等以上の科学技術に関する外国の資格のうち文部科学省令で定めるものを有する者であって，我が国においていずれかの技術部門について我が国の法令に基づ

き技術士の業務を行うのに必要な相当の知識及び能力を有すると文部科学大臣が認めたものは，第4条第3項の規定にかかわらず，技術士となる資格を有する。

2　大学その他の教育機関における課程であって科学技術に関するもののうちその修了が第1次試験の合格と同等であるものとして文部科学大臣が指定したものを修了した者は，第4条第2項の規定にかかわらず，技術士補となる資格を有する。

第4章　技術士等の義務

第44条（信用失墜行為の禁止）　技術士又は技術士補は，技術士若しくは技術士補の信用を傷つけ，又は技術士及び技術士補全体の不名誉となるような行為をしてはならない。

第45条（技術士等の秘密保持義務）　技術士又は技術士補は，正当の理由がなく，その業務に関して知り得た秘密を漏らし，又は盗用してはならない。技術士又は技術士補でなくなった後においても，同様とする。

第45条の2（技術士等の公益確保の責務）　技術士又は技術士補は，その業務を行うに当たっては，公共の安全，環境の保全その他の公益を害することのないよう努めなければならない。

第46条（技術士の名称表示の場合の義務）　技術士は，その業務に関して技術士の名称を表示するときは，その登録を受けた技術部門を明示してするものとし，登録を受けていない技術部門を表示してはならない。

第47条（技術士補の業務の制限等）　技術士補は，第2条第1項に規定する業務について技術士を補助する場合を除くほか，技術士補の名称を表示して当該業務を行ってはならない。

2　前条の規定は，技術士補がその補助する技術士の業務に関してする技術士補の名称の表示について準用する。

第47条の2（技術士の資質向上の責務）　技術士は，常に，その業務に関して有する知識及び技能の水準を向上させ，その他その資質の向上を図るよう努めなければならない。

第8章　罰則

第59条　第45条の規定に違反した者は，1年以下の懲役又は50万円以下の罰金に処する。

2　前項の罪は，告訴がなければ公訴を提起することができない。

第60条　第18条第1項（第42条において準用する場合を含む）の規定に違反した者は，1年以下の懲役又は30万円以下の罰金に処する。

第61条　第24条第2項（第42条において準用する場合を含む）の規定による試験事務又は登録事務の停止の命令に違反したときは，その違反行為をした指定試験機関又は指定登録機関の役員又は職員は，1年以下の懲役又は30万円以下の罰金に処する。

第62条　次の各号の一に該当する者は，30万円以下の罰金に処する。

1　第16条（第29条第5項において準用する場合を含む）の規定に違反して，不正の採点をした者

2　第36条第2項の規定により技術士又は技術士補の名称の使用の停止を命ぜられた者で，当該停止を命ぜられた期間中に，技術士又は技術士補の名称を使用したもの

3　第57条第1項又は第2項の規定に違反した者

附則（令和元年六月一四日法律第三七号）抄

第1条（施行期日）　この法律は，公布の日から起算して三月を経過した日から施行する。ただし，次の各号に掲げる規定は，当該各号に定める日から施行する。

第2条（行政庁の行為等に関する経過措置）　この法律（前条各号に掲げる規定にあっては，当該規定。以下この条及び次条において同じ。）の施行の日前に，この法律による改正前の法律又はこれに基づく命令の規定（欠格条項その他の権利の制限に係る措置を定めるものに限る。）に基づき行われた行政庁の処分その他の行為及び当該規定により生じた失職の効力については，なお従前の例による。

第3条（罰則に関する経過措置）　この法律の施行前にした行為に対する罰則の適用については，なお従前の例による。

附則（令和四年六月一七日法律第六八号）　抄

1（施行期日）　この法律は，刑法等一部改正法施行日から施行する。ただし，次の各号に掲げる規定は，当該各号に定める日から施行する。

一　第509条の規定　公布の日

技術士倫理綱領

昭和 36 年 3 月 14 日理事会制定

平成 11 年 3 月 9 日理事会変更承認

平成 23 年 3 月 17 日理事会変更承認

最終改定　令和 5 年 3 月 8 日理事会変更承認

【前文】

技術士は，科学技術の利用が社会や環境に重大な影響を与えることを十分に認識し，業務の履行を通して安全で持続可能な社会の実現など，公益の確保に貢献する。

技術士は，広く信頼を得てその使命を全うするため，本倫理綱領を遵守し，品位の向上と技術の研鑽に努め，多角的・国際的な視点に立ちつつ，公正・誠実を旨として自律的に行動する。

【基本綱領】

（安全・健康・福利の優先）

1. 技術士は，公衆の安全，健康及び福利を最優先する。

（持続可能な社会の実現）

2. 技術士は，地球環境の保全等，将来世代にわたって持続可能な社会の実現に貢献する。

（信用の保持）

3. 技術士は，品位の向上，信用の保持に努め，専門職にふさわしく行動する。

（有能性の重視）

4. 技術士は，自分や協業者の力量が及ぶ範囲で確信の持てる業務に携わる。

（真実性の確保）

5. 技術士は，報告，説明又は発表を，客観的でかつ事実に基づいた情報を用いて行う。

（公正かつ誠実な履行）

6. 技術士は，公正な分析と判断に基づき，託された業務を誠実に履行する。

（秘密情報の保護）

7. 技術士は，業務上知り得た秘密情報を適切に管理し，定められた範囲でのみ使用する。

（法令等の遵守）

8. 技術士は，業務に関わる国・地域の法令等を遵守し，文化を尊重する。

（相互の尊重）

9. 技術士は，業務上の関係者と相互に信頼し，相手の立場を尊重して協力する。

（継続研鑽と人材育成）

10. 技術士は，専門分野の力量及び技術と社会が接する領域の知識を常に高めるとともに，人材育成に努める。

（公益社団法人 日本技術士会技術士倫理綱領より転載）

《技術士プロフェッション宣言》

　われわれ技術士は，国家資格を有するプロフェッションにふさわしい者として，一人ひとりがここに定めた行動原則を守るとともに，公益社団法人日本技術士会に所属し，互いに協力して資質の保持・向上を図り，自律的な規範に従う。

　これにより，社会からの信頼を高め，産業の健全な発展ならびに人々の幸せな生活の実現のために，貢献することを宣言する。

【技術士の行動原則】

1. 高度な専門技術者にふさわしい知識と能力を持ち，技術進歩に応じてたえずこれを向上させ，自らの技術に対して責任を持つ。
2. 顧客の業務内容，品質などに関する要求内容について，課せられた守秘義務を順守しつつ，業務に誠実に取り組み，顧客に対して責任を持つ。
3. 業務履行にあたりそれが社会や環境に与える影響を十分に考慮し，これに適切に対処し，人々の安全，福祉などの公益をそこなうことのないよう，社会に対して責任を持つ。

【プロフェッションの概念】

1. 教育と経験により培われた高度の専門知識及びその応用能力を持つ。
2. 厳格な職業倫理を備える。
3. 広い視野で公益を確保する。
4. 職業資格を持ち，その職能を発揮できる専門職団体に所属する。

技術士に求められる資質能力（コンピテンシー）

平成 26 年 3 月 7 日

改訂　令和 5 年 1 月 25 日

科学技術・学術審議会

技術士分科会

　技術の高度化，統合化や経済社会のグローバル化等に伴い，技術者に求められる資質能力はますます高度化，多様化し，国際的な同等性を備えることも重要になっている。

　技術者が業務を履行するために，技術ごとの専門的な業務の性格・内容，業務上の立場は様々であるものの，（遅くとも）35 歳程度の技術者が，技術士資格の取得を通じて，実務経験に基づく専門的学識及び高等の専門的応用能力を有し，かつ，豊かな創造性を持って複合的な問題を明確にして解決できる技術者（技術士）として活躍することが期待される。

　技術士に求められる資質能力（コンピテンシー）について，国際エンジニアリング連合（IEA）が定める「修了生としての知識・能力（GA；Graduate Attributes）と専門職としてのコンピテンシー（PC；Professional Competencies）」に準拠することが求められている。2021 年 6 月に IEA により「GA & PC の改訂（第 4 版）」が行われ，国際連合による持続可能な開発目標（SDGs）や多様性，包摂性等，より複雑性を増す世界の動向への対応や，データ・情報技術，新興技術の活用やイノベーションへの対応等が新たに盛り込まれた。

　技術士制度においては，IEA の GA & PC も踏まえ技術士試験や CPD（継続研さん）制度の見直し等を通じ，我が国の技術士が国際的にも通用し活躍できる資格となるよう不断の制度改革を進めている。

　このたびの「GA & PC の改訂（第 4 版）」を踏まえた「技術士に求められる資質能力（コンピテンシー）」をキーワードに挙げて以下に示す。これらは，SDGs の達成や Society5.0 の実現に向けた科学技術・イノベーションの推進において更に大きな役割を果たすため，技術士であれば最低限備えるべき資質能力であり，今後も本分科会における制度検討を通じて，技術士制度に反映していくことが求められる。

【専門的学識】

・技術士が専門とする技術分野（技術部門）の業務に必要な，技術部門全般にわたる専門知識及び選択科目に関する専門知識を理解し応用すること。

・技術士の業務に必要な，我が国固有の法令等の制度及び社会・自然条件等に関する専門知識を理解し応用すること。

【問題解決】

・業務遂行上直面する複合的な問題に対して，これらの内容を明確にし，必要に応じてデータ・情報技術を活用して定義し，調査し，これらの背景に潜在する問題発生要因や制約要因を抽出し分析すること。

・複合的な問題に関して，多角的な視点を考慮し，ステークホルダーの意見を取り入れながら，

相反する要求事項（必要性，機能性，技術的実現性，安全性，経済性等），それらによって及ぼされる影響の重要度を考慮した上で，複数の選択肢を提起し，これらを踏まえた解決策を合理的に提案し，又は改善すること。

【マネジメント】

- 業務の計画・実行・検証・是正（変更）等の過程において，品質，コスト，納期及び生産性とリスク対応に関する要求事項，又は成果物（製品，システム，施設，プロジェクト，サービス等）に係る要求事項の特性（必要性，機能性，技術的実現性，安全性，経済性等）を満たすことを目的として，人員・設備・金銭・情報等の資源を配分すること。

【評価】

- 業務遂行上の各段階における結果，最終的に得られる成果やその波及効果を評価し，次段階や別の業務の改善に資すること。

【コミュニケーション】

- 業務履行上，情報技術を活用し，口頭や文書等の方法を通じて，雇用者，上司や同僚，クライアントやユーザー等多様な関係者との間で，明確かつ包摂的な意思疎通を図り，協働すること。
- 海外における業務に携わる際は，一定の語学力による業務上必要な意思疎通に加え，現地の社会的文化的多様性を理解し関係者との間で可能な限り協調すること。

【リーダーシップ】

- 業務遂行にあたり，明確なデザインと現場感覚を持ち，多様な関係者の利害等を調整し取りまとめることに努めること。
- 海外における業務に携わる際は，多様な価値観や能力を有する現地関係者とともに，プロジェクト等の事業や業務の遂行に努めること。

【技術者倫理】

- 業務遂行にあたり，公衆の安全，健康及び福利を最優先に考慮した上で，社会，文化及び環境に対する影響を予見し，地球環境の保全等，次世代にわたる社会の持続可能な成果の達成を目指し，技術士としての使命，社会的地位及び職責を自覚し，倫理的に行動すること。
- 業務履行上，関係法令等の制度が求めている事項を遵守し，文化的価値を尊重すること。
- 業務履行上行う決定に際して，自らの業務及び責任の範囲を明確にし，これらの責任を負うこと。

【継続研さん】

- CPD活動を行い，コンピテンシーを維持・向上させ，新しい技術とともに絶えず変化し続ける仕事の性質に適応する能力を高めること。

個人情報保護法（抄）

平成 15 年 5 月 30 日法律第 57 号
最終改正　令和 5 年 1 月 29 日法律第 79 号

第1章　総則

第1条（目的）

　この法律は，デジタル社会の進展に伴い個人情報の利用が著しく拡大していることに鑑み，個人情報の適正な取扱いに関し，基本理念及び政府による基本方針の作成その他の個人情報の保護に関する施策の基本となる事項を定め，国及び地方公共団体の責務等を明らかにし，個人情報を取り扱う事業者及び行政機関等についてこれらの特性に応じて遵守すべき義務等を定めるとともに，個人情報保護委員会を設置することにより，行政機関等の事務及び事業の適正かつ円滑な運営を図り，並びに個人情報の適正かつ効果的な活用が新たな産業の創出並びに活力ある経済社会及び豊かな国民生活の実現に資するものであることその他の個人情報の有用性に配慮しつつ，個人の権利利益を保護することを目的とする。

第2条（定義）

　この法律において「個人情報」とは，生存する個人に関する情報であって，次の各号のいずれかに該当するものをいう。

一　当該情報に含まれる氏名，生年月日その他の記述等（文書，図画若しくは電磁的記録（電磁的方式（電子的方式，磁気的方式その他人の知覚によっては認識することができない方式をいう。次項第二号において同じ。）で作られる記録をいう。以下同じ。）に記載され，若しくは記録され，又は音声，動作その他の方法を用いて表された一切の事項（個人識別符号を除く。）をいう。以下同じ。）により特定の個人を識別することができるもの（他の情報と容易に照合することができ，それにより特定の個人を識別することができることとなるものを含む。）

二　個人識別符号が含まれるもの

2　この法律において「個人識別符号」とは，次の各号のいずれかに該当する文字，番号，記号その他の符号のうち，政令で定めるものをいう。

一　特定の個人の身体の一部の特徴を電子計算機の用に供するために変換した文字，番号，記号その他の符号であって，当該特定の個人を識別することができるもの

二　個人に提供される役務の利用若しくは個人に販売される商品の購入に関し割り当てられ，又は個人に発行されるカードその他の書類に記載され，若しくは電磁的方式により記録された文字，番号，記号その他の符号であって，その利用者若しくは購入者又は発行を受ける者ごとに異なるものとなるように割り当てられ，又は記載され，若しくは記録されることにより，特定の利用者若しくは購入者又は発行を受ける者を識別することができるもの

3　この法律において「要配慮個人情報」とは，本人の人種，信条，社会的身分，病歴，犯罪の経歴，犯罪により害を被った事実その他本人に対する不当な差別，偏見その他の不利益が生じないようにその取扱いに特に配慮を要するものとして政令で定める記述等が含まれる個人情報をいう。

4　この法律において個人情報について「本人」とは，個人情報によって識別される特定の個人をいう。

5　この法律において「仮名加工情報」とは，次の各号に掲げる個人情報の区分に応じて当該各号に定める措置を講じて他の情報と照合しない限り特定の個人を識別することができないように個人情報を加工して得られる個人に関する情報をいう。

一　第1項第一号に該当する個人情報　当該個人情報に含まれる記述等の一部を削除すること（当該一部の記述等を復元することのできる規則性を有しない方法により他の記述等に置き換えることを含む。）。

二　第1項第二号に該当する個人情報　当該個人情報に含まれる個人識別符号の全部を削除すること（当該個人識別符号を復元することのできる規則性を有しない方法により他の記述等に置き換えることを含む。）。

6　この法律において「匿名加工情報」とは，次の各号に掲げる個人情報の区分に応じて当該各号に定める措置を講じて特定の個人を識別することができないように個人情報を加工して得られる個人に関する情報であって，当該個人情報を復元することができないようにしたものをいう。

一　第1項第一号に該当する個人情報　当該個人情報に含まれる記述等の一部を削除すること（当該一部の記述等を復元することのできる規則性を有しない方法により他の記述等に置き換えることを含む。）。

二　第1項第二号に該当する個人情報　当該個人情報に含まれる個人識別符号の全部を削除すること（当該個人識別符号を復元することのできる規則性を有しない方法により他の記述等に置き換えることを含む。）。

7　この法律において「個人関連情報」とは，生存する個人に関する情報であって，個人情報，仮名加工情報及び匿名加工情報のいずれにも該当しないものをいう。

8　この法律において「行政機関」とは，次に掲げる機関をいう。

一　法律の規定に基づき内閣に置かれる機関（内閣府を除く。）及び内閣の所轄の下に置かれる機関

二　内閣府，宮内庁並びに内閣府設置法（平成11年法律第89号）第49条第1項及び第2項に規定する機関（これらの機関のうち第四号の政令で定める機関が置かれる機関にあっては，当該政令で定める機関を除く。）

三　国家行政組織法（昭和23年法律第120号）第3条第2項に規定する機関（第五号の政令で定める機関が置かれる機関にあっては，当該政令で定める機関を除く。）

四　内閣府設置法第39条及び第55条並びに宮内庁法（昭和22年法律第70号）第16条第2項の機関並びに内閣府設置法第40条及び第56条（宮内庁法第18条第1項において準用する場合を含む。）の特別の機関で，政令で定めるもの

五　国家行政組織法第8条の二の施設等機関及び同法第8条の三の特別の機関で，政令で定めるもの

六　会計検査院

9　この法律において「独立行政法人等」とは，独立行政法人通則法（平成11年法律第103号）第2条第1項に規定する独立行政法人及び別表第一に掲げる法人をいう。

10　この法律において「地方独立行政法人」とは，地方独立行政法人法（平成15年法律第118号）第2条第1項に規定する地方独立行政法人をいう。

11　この法律において「行政機関等」とは，次に掲げる機関をいう。

一　行政機関

二　地方公共団体の機関（議会を除く。次章，第3章及び第69条第2項第三号を除き，以下同じ。）

三　独立行政法人等（別表第二に掲げる法人を除く。第16条第2項第三号，第63条，第78条第1項第七号イ及びロ，第89条第4項から第6項まで，第109条第5項から第7項まで並びに第125条第2項において同じ。）

四　地方独立行政法人（地方独立行政法人法第21条第一号に掲げる業務を主たる目的とするもの又は同条第二号若しくは第三号（チに係る部分に限る。）に掲げる業務を目的とするものを除く。第16条第2項第四号，第63条，第78条第1項第七号イ及びロ，第89条第7項から第9項まで，第109条第8項から第10項まで並びに第125条第2項において同じ。）

第3条（基本理念）

個人情報は，個人の人格尊重の理念の下に慎重に取り扱われるべきものであることに鑑み，その適正な取扱いが図られなければならない。

（以下，略）

第2章　国及び地方公共団体の責務等（第4条―第6条）

第3章　個人情報の保護に関する施策等（第7条―第15条）

第4章　個人情報取扱事業者等の義務等（第16条―第59条）

第5章　行政機関等の義務等（第60条―第129条）

第6章　個人情報保護委員会（第130条―第170条）

第7章　雑則（第171条―第175条）

第8章　罰則（第176条―第185条）

附則

公益通報者保護法（抄）

平成 16 年 6 月 18 日法律第 122 号
最終改正　令和 2 年 6 月 12 日法律第 51 号

第1章　総則

第1条（目的）

　この法律は，公益通報をしたことを理由とする公益通報者の解雇の無効及び不利益な取扱いの禁止等並びに公益通報に関し事業者及び行政機関がとるべき措置等を定めることにより，公益通報者の保護を図るとともに，国民の生命，身体，財産その他の利益の保護に関わる法令の規定の遵守を図り，もって国民生活の安定及び社会経済の健全な発展に資することを目的とする。

第2条（定義）

　この法律において「公益通報」とは，次の各号に掲げる者が，不正の利益を得る目的，他人に損害を加える目的その他の不正の目的でなく，当該各号に定める事業者（法人その他の団体及び事業を行う個人をいう。以下同じ。）（以下「役務提供先」という。）又は当該役務提供先の事業に従事する場合におけるその役員（法人の取締役，執行役，会計参与，監査役，理事，監事及び清算人並びにこれら以外の者で法令（法律及び法律に基づく命令をいう。以下同じ。）の規定に基づき法人の経営に従事している者（会計監査人を除く。）をいう。以下同じ。），従業員，代理人その他の者について通報対象事実が生じ，又はまさに生じようとしている旨を，当該役務提供先若しくは当該役務提供先があらかじめ定めた者（以下「役務提供先等」という。），当該通報対象事実について処分（命令，取消しその他公権力の行使に当たる行為をいう。以下同じ。）若しくは勧告等（勧告その他処分に当たらない行為をいう。以下同じ。）をする権限を有する行政機関若しくは当該行政機関があらかじめ定めた者（次条第二号及び第 6 条第二号において「行政機関等」という。）又はその者に対し当該通報対象事実を通報することがその発生若しくはこれによる被害の拡大を防止するために必要であると認められる者（当該通報対象事実により被害を受け又は受けるおそれがある者を含み，当該役務提供先の競争上の地位その他正当な利益を害するおそれがある者を除く。次条第三号及び第 6 条第三号において同じ。）に通報することをいう。

- 一　労働者（労働基準法（昭和 22 年法律第 49 号）第九条に規定する労働者をいう。以下同じ。）又は労働者であった者　当該労働者又は労働者であった者を自ら使用し，又は当該通報の日前 1 年以内に自ら使用していた事業者（次号に定める事業者を除く。）

- 二　派遣労働者（労働者派遣事業の適正な運営の確保及び派遣労働者の保護等に関する法律（昭和 60 年法律第 88 号。第 4 条において「労働者派遣法」という。）第 2 条第二号に規定する派遣労働者をいう。以下同じ。）又は派遣労働者であった者　当該派遣労働者又は派遣労働者であった者に係る労働者派遣（同条第一号に規定する労働者派遣をいう。第 4 条及び第 5 条第二項において同じ。）の役務の提供を受け，又は当該通報の日前 1 年以内に受けていた事業者

- 三　前二号に定める事業者が他の事業者との請負契約その他の契約に基づいて事業を行い，又は行っていた場合において，当該事業に従事し，又は当該通報の日前 1 年以内に従事していた労働者若しくは労働者であった者又は派遣労働者若しくは派遣労働者であった者　当該他

の事業者

四　役員　次に掲げる事業者

イ　当該役員に職務を行わせる事業者

ロ　イに掲げる事業者が他の事業者との請負契約その他の契約に基づいて事業を行う場合において，当該役員が当該事業に従事するときにおける当該他の事業者

2　この法律において「公益通報者」とは，公益通報をした者をいう。

3　この法律において「通報対象事実」とは，次の各号のいずれかの事実をいう。

一　この法律及び個人の生命又は身体の保護，消費者の利益の擁護，環境の保全，公正な競争の確保その他の国民の生命，身体，財産その他の利益の保護に関わる法律として別表に掲げるもの（これらの法律に基づく命令を含む。以下この項において同じ。）に規定する罪の犯罪行為の事実又はこの法律及び同表に掲げる法律に規定する過料の理由とされている事実

二　別表に掲げる法律の規定に基づく処分に違反することが前号に掲げる事実となる場合における当該処分の理由とされている事実（当該処分の理由とされている事実が同表に掲げる法律の規定に基づく他の処分に違反し，又は勧告等に従わない事実である場合における当該他の処分又は勧告等の理由とされている事実を含む。）

4　この法律において「行政機関」とは，次に掲げる機関をいう。

一　内閣府，宮内庁，内閣府設置法（平成 11 年法律第 89 号）第 49 条第一項若しくは第二項に規定する機関，デジタル庁，国家行政組織法（昭和 23 年法律第 120 号）第 3 条第二項に規定する機関，法律の規定に基づき内閣の所轄の下に置かれる機関若しくはこれらに置かれる機関又はこれらの機関の職員であって法律上独立に権限を行使することを認められた職員

二　地方公共団体の機関（議会を除く。）

第 2 章　公益通報をしたことを理由とする公益通報者の解雇の無効及び不利益な取扱いの禁止等

第 3 条（解雇の無効）

労働者である公益通報者が次の各号に掲げる場合においてそれぞれ当該各号に定める公益通報をしたことを理由として前条第 1 項第一号に定める事業者（当該労働者を自ら使用するものに限る。第 9 条において同じ。）が行った解雇は，無効とする。

一　通報対象事実が生じ，又はまさに生じようとしていると思料する場合　当該役務提供先等に対する公益通報

二　通報対象事実が生じ，若しくはまさに生じようとしていると信ずるに足りる相当の理由がある場合又は通報対象事実が生じ，若しくはまさに生じようとしていると思料し，かつ，次に掲げる事項を記載した書面（電子的方式，磁気的方式その他人の知覚によっては認識することができない方式で作られる記録を含む。次号ホにおいて同じ。）を提出する場合　当該通報対象事実について処分又は勧告等をする権限を有する行政機関等に対する公益通報

イ　公益通報者の氏名又は名称及び住所又は居所

ロ　当該通報対象事実の内容

ハ　当該通報対象事実が生じ，又はまさに生じようとしていると思料する理由

ニ　当該通報対象事実について法令に基づく措置その他適当な措置がとられるべきと思料する

理由

三　通報対象事実が生じ，又はまさに生じようとしていると信ずるに足りる相当の理由があり，かつ，次のいずれかに該当する場合　その者に対し当該通報対象事実を通報することがその発生又はこれによる被害の拡大を防止するために必要であると認められる者に対する公益通報

イ　前二号に定める公益通報をすれば解雇その他不利益な取扱いを受けると信ずるに足りる相当の理由がある場合

ロ　第一号に定める公益通報をすれば当該通報対象事実に係る証拠が隠滅され，偽造され，又は変造されるおそれがあると信ずるに足りる相当の理由がある場合

ハ　第一号に定める公益通報をすれば，役務提供先が，当該公益通報者について知り得た事項を，当該公益通報者を特定させるものであることを知りながら，正当な理由がなくて漏らすと信ずるに足りる相当の理由がある場合

ニ　役務提供先から前二号に定める公益通報をしないことを正当な理由がなくて要求された場合

ホ　書面により第一号に定める公益通報をした日から20日を経過しても，当該通報対象事実について，当該役務提供先等から調査を行う旨の通知がない場合又は当該役務提供先等が正当な理由がなくて調査を行わない場合

ヘ　個人の生命若しくは身体に対する危害又は個人（事業を行う場合におけるものを除く。以下このヘにおいて同じ。）の財産に対する損害（回復することができない損害又は著しく多数の個人における多額の損害であって，通報対象事実を直接の原因とするものに限る。第6条第二号ロ及び第三号ロにおいて同じ。）が発生し，又は発生する急迫した危険があると信ずるに足りる相当の理由がある場合

第4条（労働者派遣契約の解除の無効）

第2条第1項第二号に定める事業者（当該派遣労働者に係る労働者派遣の役務の提供を受けるものに限る。以下この条及び次条第2項において同じ。）の指揮命令の下に労働する派遣労働者である公益通報者が前条各号に定める公益通報をしたことを理由として第2条第1項第二号に定める事業者が行った労働者派遣契約（労働者派遣法第26条第1項に規定する労働者派遣契約をいう。）の解除は，無効とする。

第5条（不利益取扱いの禁止）　第3条に規定するもののほか，第2条第1項第一号に定める事業者は，その使用し，又は使用していた公益通報者が第3条各号に定める公益通報をしたことを理由として，当該公益通報者に対して，降格，減給，退職金の不支給その他不利益な取扱いをしてはならない。

2　前条に規定するもののほか，第2条第1項第二号に定める事業者は，その指揮命令の下に労働する派遣労働者である公益通報者が第3条各号に定める公益通報をしたことを理由として，当該公益通報者に対して，当該公益通報者に係る労働者派遣をする事業者に派遣労働者の交代を求めることその他不利益な取扱いをしてはならない。

3　第2条第1項第四号に定める事業者（同号イに掲げる事業者に限る。次条及び第8条第4項において同じ。）は，その職務を行わせ，又は行わせていた公益通報者が次条各号に定める公益通報をしたことを理由として，当該公益通報者に対して，報酬の減額その他不利益な

取扱い（解任を除く。）をしてはならない。

第3章　事業者がとるべき措置等

第11条（事業者がとるべき措置）

事業者は，第3条第一号及び第6条第一号に定める公益通報を受け，並びに当該公益通報に係る通報対象事実の調査をし，及びその是正に必要な措置をとる業務（次条において「公益通報対応業務」という。）に従事する者（次条において「公益通報対応業務従事者」という。）を定めなければならない。

2　事業者は，前項に定めるもののほか，公益通報者の保護を図るとともに，公益通報の内容の活用により国民の生命，身体，財産その他の利益の保護に関わる法令の規定の遵守を図るため，第3条第一号及び第6条第一号に定める公益通報に応じ，適切に対応するために必要な体制の整備その他の必要な措置をとらなければならない。

3　常時使用する労働者の数が300人以下の事業者については，第1項中「定めなければ」とあるのは「定めるように努めなければ」と，前項中「とらなければ」とあるのは「とるように努めなければ」とする。

4　内閣総理大臣は，第1項及び第2項（これらの規定を前項の規定により読み替えて適用する場合を含む。）の規定に基づき事業者がとるべき措置に関して，その適切かつ有効な実施を図るために必要な指針（以下この条において単に「指針」という。）を定めるものとする。

5　内閣総理大臣は，指針を定めようとするときは，あらかじめ，消費者委員会の意見を聴かなければならない。

6　内閣総理大臣は，指針を定めたときは，遅滞なく，これを公表するものとする。

7　前2項の規定は，指針の変更について準用する。

特許法（抄）

昭和 34 年 4 月 13 日法律第 121 号
最終改正令和 5 年 6 月 14 日法律第 51 号

第 1 条（目的）

　この法律は，発明の保護及び利用を図ることにより，発明を奨励し，もって産業の発達に寄与することを目的とする。

第 2 条（定義）

　この法律で「発明」とは，自然法則を利用した技術的思想の創作のうち高度のものをいう。

2　この法律で「特許発明」とは，特許を受けている発明をいう。

3　この法律で発明について「実施」とは，次に掲げる行為をいう。

一　物（プログラム等を含む。以下同じ）の発明にあっては，その物の生産，使用，譲渡等（譲渡及び貸渡しをいい，その物がプログラム等である場合には，電気通信回線を通じた提供を含む。以下同じ），輸出若しくは輸入又は譲渡等の申出（譲渡等のための展示を含む。以下同じ）をする行為

二　方法の発明にあっては，その方法の使用をする行為

三　物を生産する方法の発明にあっては，前号に掲げるもののほか，その方法により生産した物の使用，譲渡等，輸出若しくは輸入又は譲渡等の申出をする行為

4　この法律で「プログラム等」とは，プログラム（電子計算機に対する指令であって，一の結果を得ることができるように組み合わされたものをいう。以下この項において同じ）その他電子計算機による処理の用に供する情報であってプログラムに準ずるものをいう。

第 29 条（特許の要件）

　産業上利用することができる発明をした者は，次に掲げる発明を除き，その発明について特許を受けることができる。

一　特許出願前に日本国内又は外国において公然知られた発明

二　特許出願前に日本国内又は外国において公然実施をされた発明

三　特許出願前に日本国内又は外国において，頒布された刊行物に記載された発明又は電気通信回線を通じて公衆に利用可能となった発明

2　特許出願前にその発明の属する技術の分野における通常の知識を有する者が前項各号に掲げる発明に基いて容易に発明をすることができたときは，その発明については，同項の規定にかかわらず，特許を受けることができない。

製造物責任法（PL 法）

平成 6 年 7 月 1 日法律第 85 号

最終改正　平成 29 年 6 月 2 日法律第 45 号

第 1 条（目的）　この法律は，製造物の欠陥により人の生命，身体又は財産に係る被害が生じた場合における製造業者等の損害賠償の責任について定めることにより，被害者の保護を図り，もって国民生活の安定向上と国民経済の健全な発展に寄与することを目的とする。

第 2 条（定義）　この法律において「製造物」とは，製造又は加工された動産をいう。

2　この法律において「欠陥」とは，当該製造物の特性，その通常予見される使用形態，その製造業者等が当該製造物を引き渡した時期その他の当該製造物に係る事情を考慮して，当該製造物が通常有すべき安全性を欠いていることをいう。

3　この法律において「製造業者等」とは，次のいずれかに該当する者をいう。

一　当該製造物を業として製造，加工又は輸入した者（以下単に「製造業者」という。）

二　自ら当該製造物の製造業者として当該製造物にその氏名，商号，商標その他の表示（以下「氏名等の表示」という。）をした者又は当該製造物にその製造業者と誤認させるような氏名等の表示をした者

三　前号に掲げる者のほか，当該製造物の製造，加工，輸入又は販売に係る形態その他の事情からみて，当該製造物にその実質的な製造業者と認めることができる氏名等の表示をした者

第 3 条（製造物責任）　製造業者等は，その製造，加工，輸入又は前条第 3 項第二号若しくは第三号の氏名等の表示をした製造物であって，その引き渡したものの欠陥により他人の生命，身体又は財産を侵害したときは，これによって生じた損害を賠償する責めに任ずる。ただし，その損害が当該製造物についてのみ生じたときは，この限りでない。

第 4 条（免責事由）　前条の場合において，製造業者等は，次の各号に掲げる事項を証明したときは，同条に規定する賠償の責めに任じない。

一　当該製造物をその製造業者等が引き渡した時における科学又は技術に関する知見によっては，当該製造物にその欠陥があることを認識することができなかったこと。

二　当該製造物が他の製造物の部品又は原材料として使用された場合において，その欠陥が専ら当該他の製造物の製造業者が行った設計に関する指示に従ったことにより生じ，かつ，その欠陥が生じたことにつき過失がないこと。

第 5 条（消滅時効）　第 3 条に規定する損害賠償の請求権は，次に掲げる場合には，時効によって消滅する。

一　被害者又はその法定代理人が損害及び賠償義務者を知った時から 3 年間行使しないとき。

二　その製造業者等が当該製造物を引き渡した時から 10 年を経過したとき。

2　人の生命又は身体を侵害した場合における損害賠償の請求権の消滅時効についての前項第一号の規定の適用については，同号中「3 年間」とあるのは，「5 年間」とする。

3　第 1 項第二号の期間は，身体に蓄積した場合に人の健康を害することとなる物質による損害又は一定の潜伏期間が経過した後に症状が現れる損害については，その損害が生じた時から起算する。

第6条（民法の適用）　製造物の欠陥による製造業者等の損害賠償の責任については，この法律の規定によるほか，民法（明治29年法律第89号）の規定による。

附則抄（施行期日等）

1　この法律は，公布の日から起算して1年を経過した日から施行し，この法律の施行後にその製造業者等が引き渡した製造物について適用する。

附則（平成29年6月2日法律第45号）

この法律は，民法改正法の施行の日から施行する。ただし，第103条の2，第103条の3，第267条の2，第267条の3及び第362条の規定は，公布の日から施行する。

索　引

● ア 行 ●

アクティビティ　48
アセチレン系炭化水素 144
圧　縮　94
圧縮強度　152
アデニン（A）　161
後入れ先出し　94
アニーリング　164
アベイラビリティ　41
アボガドロ数　134
アミノ基　159
アミノ酸の構造　159
アローダイアグラム　47
暗号化　105
安全係数　71
安全工学　248
安全設計　155
安全データシート　253
安全防護　247
アンダーフロー　77
安定型処分場　171

イオン結合　135
異性体　145
一次エネルギー　183
一次応力　71
一次従属　117
一次電池　183
一次独立　117
一酸化炭素　171
遺伝子組換え　176

遺伝子組換え技術　230
遺伝子突然変異　162
遺伝的アルゴリズム　55
移入種　176
引　用　241

ウイルス　188
打切り誤差　76

営業秘密　208,238
枝　78,79
エッジ　78,79
エドワード・ジェンナー 187
エネルギー保存の法則 122
塩　基　139
エントロピー　136
エントロピー増大の法則 122,136

オイラー法　120
応力解析　126
応力集中　126,152
応力-歪曲線　64,151
オゾン層破壊　155
オゾンホール　172
オーバーフロー　77
親　87
オレフィン系炭化水素 144
温室効果ガス　173,227

● カ 行 ●

外国語論文　242
外　積　116
回線利用率　104
海洋プラスチックごみ 170
外来種　176
回路配置利用権　238
化学平衡　137
可逆圧縮　94
角運動量子数　134
加工硬化　69
荷　重　151
家電リサイクル法　168
稼働率　41
カーボンオフセット　228
カーボンニュートラル 179,228
カーボンフットプリント 173
鎌状赤血球貧血症　163
ガリレオ・ガリレイ　187
カルタヘナ法　232
カルノーサイクル　123
カルボキシ基　159
環境会計　167
環境監査　167
環境基準　167
環境基本法　229
還　元　140
環式化合物　144
含除の原理　84

関　数　112
感度分析　59
管理型処分場　171
緩和策　173

木　79
偽　77
幾何公差　38
企業の社会的責任　223
気候変動枠組条約　172
技術士等の義務・責務　194
技術士の国際的同等性　259
技術者倫理　200
技術士倫理綱領　200
基　数　74
奇数パリティ　91
基数変換　74
機能安全　248
逆行列　117
逆ポーランド記法　87
キャッシュメモリ　96
キュー　93
級数展開　113
脅　威　105
境界要素法　119
凝　結　143
凝固点効果　137
凝　集　143
凝集剤　143
凝　析　143
共通鍵暗号方式　105
京都議定書　173,227
強度試験　65
強度設計　71
共有結合　135
行　列　117
行列式　118

許容不可能なリスクがないこと　247
金属結合　135
金属組織　64
金属陽イオン　141

グアニン（G）　161
偶数パリティ　91
偶　力　123
偶力モーメント　123
グラフ理論　78
クリティカルパス　49
クリープ試験　66
クリープ変形　152
グリーン購入　167
グリーン水素　183,228
グリーントランスフォーメーション　179
グリーン冷媒　175

計算量　87
経時保全　43
継続研鑽　257
警笛鳴らし　224
下水処理　171
桁落ち　76
結合点　48
結晶構造　135
決定表　88
ゲノム編集　230
ゲル　144
原位置浄化技術　171
研究者等の倫理　203
原　子　133
原子核　134
原子力発電　189
顕　性　163
建設リサイクル法　169

公益確保の責務　234
公益通報者保護法　224
公開鍵暗号方式　105
光化学オキシダント　171
光学異性体　160
後行順探索　87
公　衆　198,215,222
合成化学　147
合成繊維ナイロン　189
構造異性　145
硬　度　64,152
国際的な取組み　254
コージェネレーション　226
個人情報取扱事業者　221
個人情報保護法　220
固定小数点数　75
コドン　161
固有振動数　124
固有値　120
コロイド分散系　140
混合整数計画問題　54
コンバインドサイクル発電　183

● サ行 ●

最外殻電子　134
再使用　230
再生可能エネルギー　226
再生利用　230
最早結合点時刻　49
最大荷重点　151
最遅結合点時刻　49
材料設計　71,154
先入れ先出し　93
作　業　48
錯　塩　140
座　屈　66,126
サービス時間　61

索　引

サービス率　*62*
差分法　*119*
差分方程式　*113*
酸　*139*
酸塩基反応　*139*
酸　化　*140*
酸化還元反応　*140*
産業財産権　*238*
産業廃棄物　*167*
三重水素　*134*
酸の強さ　*140*

ジェームズ・ワット　*187*
時間計画保全　*43*
事業継続計画　*244,249*
事業継続マネジメント
250
磁気量子数　*134*
時効硬化　*69*
事後保全　*43*
資質向上　*257*
指数分布　*61*
システム安全　*248*
ジスルフィド結合　*160*
実効速度　*103*
実在気体　*123*
質量流量測定　*122*
シトシン（C）　*161*
脂肪族炭化水素　*144*
しまりばめ　*39*
周期表　*134*
周期律表　*134*
終止コドン　*161*
重水素　*134*
重大製品事故　*219*
自由電子　*150*
種痘法　*187*
ジュラルミン　*69*
主量子数　*134*

循環型社会形成推進基本法
229
消安法　*217*
衝撃試験　*65*
使用上の情報　*247*
使用済小型家電由来の金属
168
状態監視保全　*43*
状態関数　*136*
消費生活用製品安全法
217
常微分方程式　*113*
情報落ち　*76*
情報セキュリティ　*211*
触　媒　*147*
真　*77*
伸　張　*94*
シンプレックス法　*54*
信用失墜行為　*198*
信頼度　*45*
真理値　*77*
真理値表　*77*

水素還元製鉄　*183*
水素結合　*161*
水素社会　*183*
数値解析　*119*
数値積分　*120*
数理最適化問題　*54*
すきまばめ　*39*
スタック　*94*
スピン量子数　*134*
スマートグリッド　*186*
スマートコミュニティ
186,226
スマートシティ　*226*
スマートハウス　*186*
スマートメーター　*186*

脆弱性　*105*
整数計画問題　*54*
製造物責任法　*215*
精　度　*119*
生物多様性国家戦略　*176*
生物多様性条約　*172,176*
生物濃縮　*229*
製　錬　*147*
精　錬　*147*
石油化学　*147*
絶縁体　*153*
節　点　*78,79*
説明責任　*222*
セメント　*147*
ゼロエミッション　*229*
ゼロカーボンシティ　*174*
零行列　*117*
線形計画問題　*54*
先行順探索　*87*
潜　性　*163*
せん断応力　*152*
せん断弾性歪エネルギー
126

双対問題　*57*
相同染色体　*163*
塑性変形　*65,151*
ゾ　ル　*144*

● タ　行 ●

第一角法　*36*
ダイオキシン類対策　*171*
対価支払型 DR　*184*
台形公式　*120*
第三角法　*36*
代数方程式　*120*
体積弾性係数　*125*
体積流量測定　*122*
代替フロン　*175*

縦弾性係数　*125*
ダミー　*48*
多目的最適化問題　*55*
多様性の尊重　*236*
単位行列　*117*
弾性係数　*125*
弾性限界　*65*
弾性歪エネルギー　*126*
弾性変形　*65,151*
弾性率　*65,150*
タンパク質　*159*
タンパク質の一次構造　*159*
タンパク質の高次構造　*160*
単量体　*147*

地域エネルギー管理システム　*226*
地球温暖化係数　*173*
知的財産権制度　*238*
チミン（T）　*161*
中間順探索　*87*
中間ばめ　*39*
中立突然変異　*162*
長期エネルギー需給見通し　*180*
超伝導体（超電動体）　*153*
チョークポイント　*177*
著作権　*241*
著作権法　*238*
著作者人格権　*243*

通報先　*224*
通報する内容　*224*
通報する人　*224*

定期保全　*43*
ディジタル署名　*106*

適応策　*173*
展延性　*150*
電気泳動　*144*
電気二重層キャパシタ　*183*
典型7公害　*166,229*
電磁界解析　*132*
電磁波　*188*
伝送時間　*103*
天体観測　*187*
転置行列　*117*
伝熱現象　*123*

同位体　*134*
導関数　*113*
動産　*216*
透析　*144*
同素体　*134*
導体　*153*
到着率　*62*
特定製品　*217*
特定保守製品　*217*
特別管理産業廃棄物　*168*
特別特定製品　*217*
特許法　*238*
突然変異　*162*
トラフィック密度　*62*
トランジスタ　*189*
トレース　*99*
トレードオフ　*55*

● ナ　行 ●

内積　*116*
内点法　*54*
ナンセンス突然変異　*162*

二国間オフセット・クレジット制度　*173*
二酸化硫黄　*171*

二酸化窒素　*171*
二次エネルギー　*183*
二次応力　*71*
二次電池　*183*
ニュートン力学　*123*
ニュートン流体　*121*
人間中心のAI社会原則　*232*

ヌクレオチド　*164*

根　*79*
熱処理　*69,150*
熱伝導性　*153*
ネット・ゼロ・エネルギー・ハウス　*175,226*
熱膨張　*153*
熱力学　*122*
熱力学第一法則　*122*
熱力学第二法則　*122*
燃料アンモニア　*184*
燃料化学　*148*
燃料電池　*183*

ノード　*48,78,79*
ノーマライゼーション　*39*

● 八　行 ●

葉　*79*
バイオガス　*228*
廃棄物　*167*
排他的論理和　*77*
ハインリッヒの法則　*253*
破壊　*151*
バーガースベクトル　*152*
バーゼル条約　*169*
働き方改革　*234*
バネ定数　*125*
ハミング符号　*91*

はめあい　　39
パラフィン系炭化水素　144
バリアフリー　　39
パリ協定　　173
パリティチェック　　91
パレート最適　　55
半導体　　153
半透膜　　143
反応速度式　　136
反応速度論　　136

非可逆圧縮　　94
比強度　　71
ピーク応力　　71
非晶質　　135
歪　　124
歪エネルギー　　126
非線形計画問題　　54
左の子　　87
引　張　　151
引張圧縮歪エネルギー　126
引張強度　　151
引張試験　　65
否　定　　77
ヒートポンプ　　228
非ニュートン流体　　121
秘密保持義務　　207
ヒヤリハット活動　　253
標的型攻撃　　105
表面処理　　69
比例限界　　65
疲　労　　151
疲労試験　　66
疲労破壊　　66,152
広島 AI プロセス　　232

ファイアウォール　　109

フェールセーフ　　42,247
フェールソフト　　42
フォールトトレランス　　42
付加防護方策　　247
復　号　　105
複合強化　　69
副量子数　　134
腐　食　　154
浮体式洋上風力発電　　184
フックの法則　　125
沸点上昇　　137
浮動小数点数　　75
プライマー　　164
プラスチックごみ　　169
プラスチック資源環境戦略　169
ブルー水素　　183
フールプルーフ　　42,247
フレームシフト突然変異　163
ブレンステッド・ローリーの
酸・塩基　　139
分散相　　140
分散媒　　140
分　子　　133
分子結晶　　136

平均系内滞在時間　　62
平均故障間隔　　41
平均サービス時間　　62
平均修復時間　　41
平均処理時間　　62
平均到着間隔　　62
平均変化率　　113
平均待ち行列長さ　　62
平均待ち時間　　62
ベクトル　　116
ベクトル解析　　117
ペプチド結合　　159

ベル研究所　　189
ベルヌーイの式　　121
ペロブスカイト太陽電池　184
変　形　　151
偏微分　　114
偏微分方程式　　114
ポアソン比　　125
ポアソン分布　　61
方位量子数　　134
芳香族炭化水素　　144
防　食　　154
補　数　　75
保全性工学　　42
ポリマー　　147
ポリメラーゼ連鎖反応　163
本質安全設計　　247

●　マ　行　●

待ち行列　　61
マルテンサイト相　　69
マルテンサイト変態　　69
丸め誤差　　76

未活用エネルギー　　183
右の子　　87

命　題　　77
名目速度　　103
メタヒューリスティクス　55

目的関数　　54
モノマー　　147
モル　　134
モル沸点上昇率　　137
モントリオール議定書

172

● ヤ 行 ●

焼入れ　*69*
ヤング率　*65,125*

有機化合物　*144*
有限要素法　*119*
有向グラフ　*78*
優　性　*163*
ユニバーサルデザイン　*40*

容器包装リサイクル法　*168*
揚水式水力電池　*183*
溶体化処理　*69*
横弾性係数　*125*
予防保全　*43*
四大公害病　*166*

● ラ行・ワ行 ●

ライフサイクルアセスメント　*155,167*
ラウールの法則　*139*

利益相反　*206,222*
離散最適化問題　*54*
リスク　*244*
リスクアセスメント　*246,251*
リスク管理　*251*
リスクコミュニケーション　*192*
理想気体　*122*
立体異性　*145*
リーフ　*79*
硫酸ピッチ　*169*
流量測定　*122*
利用者認証　*105*

量子力学　*189*

ルイスの酸・塩基　*139*
ルート　*79*
ルンゲ・クッタ法　*120*

冷凍・ヒートポンプサイクル　*123*
レイノルズ数　*122*
レギュラトリーサイエンス　*191*
レジリエンス工学　*248*
劣　性　*163*
連続最適化問題　*54*
連立方程式　*120*

労働安全衛生法　*251*
論理演算　*77*
論理積　*77*
論理和　*77*

ワット式蒸気機関　*187*

● 英数字 ●

accountability　*222*
AI 開発利用原則　*233*
AI 社会原則　*233*
ALARP　*247*
AND　*77*

BCM　*250*
BCP　*244,249*
BNF　*87*

CBM　*43*
CEMS　*226*
Cogeneration　*226*
CPD　*257*
CPM　*48*

CSR　*223*

D 体　*160*
dequeue　*93*
DMZ　*109*
DNA の熱変性　*161*
DNA ポリメラーゼ　*164*

enqueue　*93*
E-waste　*168*

FIFO　*93*
FIP 制度　*183*
FIT 制度　*183*

GIF　*94*
GX　*179*

HEMS　*186*

IP　*54*
IP アドレス　*104*
ISO/IEC ガイド 51　*244*
ISO 26000　*223*

JPEG　*94*

L 体　*160*
LCA　*155*
LIFO　*94*
LP　*54*

MIP　*54*
M/M/1 型の待ち行列　*61*
MPEG-1　*94*
MPEG-2　*94*
MPEG-3　*94*
MTBF　*41*
MTTR　*41*

索　　引

NLP　*54*

NOT　*77*

O 記法　*87*

OR　*77*

PCR 法　*163*

PERT　*47*

PL 法　*215*

PM2.5　*171*

PNG　*94*

pop　*94*

push　*94*

RDF　*168*

RE100　*174*

RPF　*168*

SDGs　*167,255*

SDS　*156,253*

S-S 結合　*160*

SSL　*110*

S + 3E　*178*

TBM　*43*

TCFD　*174*

TLS　*110*

van der Waals 結合　*135*

v4　*104*

v6　*104*

XOR　*77*

ZEH　*174,226*

ZEH-M　*174*

0-1 整数計画問題　*54*

16 進数　*74*

2 進数　*74*

2 値整数計画問題　*54*

2 の補数　*75*

2 分木　*86*

2 本鎖 DNA　*161*

3R　*156,169*

3R + Renewable　*170*

30 by 30　*176*

4S 活動　*253*

- 本書の内容に関する質問は，オーム社ホームページの「サポート」から，「お問合せ」の「書籍に関するお問合せ」をご参照いただくか，または書状にてオーム社編集局宛にお願いします。お受けできる質問は本書で紹介した内容に限らせていただきます。なお，電話での質問にはお答えできませんので，あらかじめご了承ください。
- 万一，落丁・乱丁の場合は，送料当社負担でお取替えいたします。当社販売課宛にお送りください。
- 本書の一部の複写複製を希望される場合は，本書扉裏を参照してください。

技術士第一次試験　基礎・適性科目　完全対策

2024年7月22日　　第1版第1刷発行

編　　者　オ ー ム 社
発 行 者　村 上 和 夫
発 行 所　株式会社 オ ー ム 社
　　　　　郵便番号　101-8460
　　　　　東京都千代田区神田錦町 3-1
　　　　　電話　03(3233)0641(代表)
　　　　　URL　https://www.ohmsha.co.jp/

©オーム社 2024

印刷・製本　精文堂印刷
ISBN978-4-274-23222-0　Printed in Japan

本書の感想募集 https://www.ohmsha.co.jp/kansou/
本書をお読みになった感想を上記サイトまでお寄せください。
お寄せいただいた方には，抽選でプレゼントを差し上げます。